魔 方 陣

作り方の魔術とその種明かし

松 島 省 二

はじめに

　小倉百人一首は10次の魔方陣によって配列されているという説が，テレビ朝日の久米宏氏の番組，『ニュース　ステーション』の中で紹介されたのは，平成6年（1994年）7月の頃であったであろうか．その内容は太田明氏の著書[1]に示されている．

　小倉百人一首のほかに百人秀歌があり二つは対をなしており，二つの関係の謎解きから，10次魔方陣が誘導されるという説である．当時世界中でも10次魔方陣はいまだ誰にも作られていなかったであろうと考えられる時代にすでに人知れず10次魔方陣を組み上げて密かに隠していたとする太田氏の論説は非常にすばらしいものであったが，ただ一つ読み物として構成された部分が強すぎるかなというのが読後感でもあった．もっと明瞭簡潔に百人一首と10次魔方陣とをつないで，なおかつ10次魔方陣に組み上げていることを秘密にしたこと，秘密にしなければならなかったことの謎解きまで一気に踏み込むことはできなかったのかなというのが無責任な外野としての感想でもある．

　太田氏の次回の著作を期待しつつ筆者としては魔方陣にこだわってみたい．魔方陣自体について掘り下げて考えてみたいと考えて国内の数編の文献について調査してみたが，魔方陣の特性に関する記述については筆者にとってはかなり不満足な感想であった．従来の魔方陣の研究はややもすると単にいろいろな特徴の配列を求めることにとどまっていたのではないかと感じる．またその構成法についても組織的にまとめ上げることがおろそかにされていたりして，各研究者の散発的な方法にとどまっていたように思われる．これらの文献を読んだ限りではそれらの文献の書かれた20世紀後半までのまとめができていないように感じているし，21世紀に入った現在でもそのようなまとめの文献は未だに存在しないようである．本編では主として魔方陣の成立する条件，法則について従来の取り扱い方法に欠けている部分を補充しながらできるだけ組織的，総合的に考察を進めて，<u>20世紀までのまとめとして貢献できるよう魔方陣の配列と特性について統一的に考えてみたい</u>．

　筆者の魔方陣に関する知識は上記の数編の文献によるものである．これらの数編の文献に盛り込むことができなかった内容，またこれらの文献以後に指摘された内容はいろいろあるかもしれないが，これらの数編の文献を補充して述べる内容や，全く触れられていない内容については筆者のオリジナルな考察であると記述することを許していただきたい．筆者のオリジナルな考察と考えるものについては［**筆者の提案その１**］から順次その項目を示している．世の専門家の人々に判定して頂ければ有り難いことと考えている．また筆者がまだ目にしていない情報に接することがあれば，それによって本編の記述を訂正していきたいとも考えている．

　本編の内容はごく一部の部分を除けば数学に関する知識は高校生レベルであれば十分に理解できるものである．魔方陣の構成法に隠されていた魔術の種明かしとして楽しんでいただければと希望している．最後に筆者の願望でもあるが国内には魔方陣に関する情報や用語の統一，特性の表現方法に関する統一見解，などなどを取り仕切る「魔方陣協議会」または「魔方陣学会」のようなものはないのであろうか．そのような機関があれば魔方陣の発展が加速されるものと思う．

目　　　次

[１] 魔方陣の歴史とその形について ……………………………………………… 7
　[１－１] 魔方陣の歴史とその背景 ……………………………………………… 7
　[１－２] 魔方陣の形と用語について …………………………………………… 11
　[１－３] 魔方陣の図形上の特性 ………………………………………………… 13
　　[１－３－１] 魔方陣平面 …………………………………………………… 13
　　[１－３－２] 両対角の組み合わせの特性－奇数次と偶数次の特性の相違 …… 14
　　[１－３－３] 行，列と汎対角線の入れ替え変換 …………………………… 17
　[１－４] 魔方陣の分別と個数の数え方 ………………………………………… 24
[２] 魔方陣の表示方法について ………………………………………………… 27
　[２－１] 通常の10進法を用いる表示方法 ……………………………………… 27
　[２－２] 大小対称表示 …………………………………………………………… 28
　　[２－２－１] 補対の構成 …………………………………………………… 28
　　[２－２－２] 補対対と補対和 ……………………………………………… 30
　[２－３] Ｎ進法表示 ……………………………………………………………… 32
　　[２－３－１] Ｎ進法表示の表現方法 ……………………………………… 32
　　[２－３－２] Ｎ進法表示と対称表示の融和 ……………………………… 34
　　[２－３－３] 補助方陣による魔法陣の表示方法 ………………………… 35
　　[２－３－４] 定和成立タイプの分類 ……………………………………… 36
　　[２－３－５] ラテン方陣及びオイラー方陣との関係 …………………… 40
　[２－４] ２進法表示，４進法表示他 …………………………………………… 40
　[２－５] 不連続数列の魔方陣について ………………………………………… 41
　　[２－５－１] 不連続数列の魔方陣その１ ………………………………… 41
　　[２－５－２] 不連続数列その１の補助方陣表示 ………………………… 42
[３] 分配陣と魔方陣 ……………………………………………………………… 45
　[３－１] 分配陣と魔方陣 ………………………………………………………… 45
　[３－２] 数字の分配と配置替え ………………………………………………… 47
　　[３－２－１] 数字の分配 …………………………………………………… 47
　　[３－２－２] 配置替え ……………………………………………………… 47
　　[３－２－３] 補助方陣表示に於ける分配陣と配置替えの考え方 ……… 55
　[３－３] 数値の変換 ……………………………………………………………… 62
[４] 一般魔方陣の解法について ………………………………………………… 65

[4－1] 周期的配列による構成 ････････････････････････････････ 66
　[4－1－1] 奇数次自然方陣からのスタートその1 ････････････････ 66
　[4－1－2] 奇数次自然方陣からのスタートその2 ････････････････ 69
　[4－1－3] 偶数次自然方陣からのスタート ････････････････････ 72
　[4－1－4] 千鳥配列からのスタート ･･････････････････････････ 76
　[4－1－5] 向き入れ替え千鳥配列からのスタート ････････････････ 78
　[4－1－6] 交差千鳥配列からのスタート　久留島義太の方陣[3]他 ････ 80
　[4－1－7] 交差千鳥配列からのスタートその2　ワィデマンの魔方陣 ･･ 82

[4－2] 連続配列について ･･････････････････････････････････ 83
　[4－2－1] 連続配列の特性とその歴史 ････････････････････････ 83
　[4－2－2] 斜めとび配列 ････････････････････････････････････ 85
　[4－2－3] 桂馬とび配列 ････････････････････････････････････ 92
　[4－2－4] 斜めとび配列と桂馬とび配列のまとめ ････････････････ 97

[4－3] 合成魔方陣 ･･ 100

[4－4] 対称表示及び混成半直斜変換の応用　－　4次魔方陣の検討 ･･････ 103
　[4－4－1] 分配の形とその表示方法 ･･････････････････････････ 103
　[4－4－2] 補対対の配置タイプの分類 ････････････････････････ 105
　[4－4－3] 分配形の詳細な検討 ･･････････････････････････････ 108

[4－5] 連立方程式による解法 ･･････････････････････････････ 114
　[4－5－1] 3次魔方陣の場合 ････････････････････････････････ 114
　[4－5－2] 4次魔方陣の性質 ････････････････････････････････ 115
　[4－5－3] 5次魔方陣 ･･････････････････････････････････････ 117

[4－6] コンピュータによる順次確認について ････････････････････ 120
　[4－6－1] 魔方陣検討の手順 ････････････････････････････････ 120
　[4－6－2] 計数プログラムの組み方 ･･････････････････････････ 122

[5] 親子魔方陣 ･･ 131

[5－1] 親子魔方陣とその関連魔方陣 ････････････････････････････ 131
　[5－1－1] 親子魔方陣の形と特性 ････････････････････････････ 131
　[5－1－2] 親子魔方陣の組替えについて ･･････････････････････ 134
　[5－1－3] ブロック越え配置替え魔方陣について ･･････････････ 136

[5－2] 親子魔方陣の解法（従来説のまとめ） ････････････････････ 137
　[5－2－1] 親子魔方陣の構成法 ･･････････････････････････････ 137
　[5－2－2] 奇数次の親子魔方陣 ･･････････････････････････････ 141
　[5－2－3] 偶数次親子魔方陣 ････････････････････････････････ 150
　[5－2－4] 百人一首の親子魔方陣 ････････････････････････････ 157

[6] 重複魔方陣と汎魔方陣 ･･･ **161**
[6-1] 偶数次と奇数次汎魔方陣の対角の組み合わせの違い ･･････････････ **161**
[6-2] 汎魔方陣の組替え ･･･ **162**
[6-2-1] 奇数次汎魔方陣の直斜変換 ･･･････････････････････････････････ 162
[6-2-2] 奇数次汎魔方陣の半直斜変換 ･････････････････････････････････ 164
[6-2-3] 偶数次汎魔方陣の半直斜変換 ･････････････････････････････････ 165
[6-2-4] 偶数次汎魔方陣の混成半直斜変換 ･････････････････････････････ 166
[6-3] 汎魔方陣の作り方のまとめ ･･･ **169**
[6-3-1] 桂馬とびによる汎魔方陣の構成 ･･･････････････････････････････ 170
[6-3-2] 単偶数次汎魔方陣ができない理由 ････････････････････････････ 173
[6-3-3] 複偶数汎魔方陣 ･･･ 174
[6-3-4] 奇数次完全魔方陣（Ｎが３の倍数でない場合） ･･････････････････ 179
[6-3-5] 奇数次完全魔方陣（Ｎが３の倍数の場合） ･･････････････････････ 183
[6-4] 単偶数次汎魔方陣 ･･･ **185**
[6-4-1] Planck の汎魔方陣 ･･･ 185

[7] 桂馬とび配置補助方陣による汎魔方陣の検討 ････････････････････････ **189**
[7-1] 桂馬とび魔方陣の補助方陣による表現の特性 ･･････････････････････ **189**
[7-1-1] 桂馬とび補助方陣の形とその代表表示 ････････････････････････ 189
[7-1-2] 奇数次補助方陣の桂馬とび配置 ･･･････････････････････････････ 190
[7-1-3] 奇数次補助方陣の組み合わせ ･･････････････････････････････････ 192
[7-1-4] 偶数次補助方陣の桂馬とび配置 ･･･････････････････････････････ 193
[7-1-5] 偶数次補助方陣の組み合わせ ･･････････････････････････････････ 194
[7-2] 素数次の桂馬とび汎魔方陣 ･･･ **195**
[7-2-1] 5次汎魔方陣 ･･ 195
[7-2-2] 7次汎魔方陣 ･･ 201
[7-2-3] 11次汎魔方陣 ･･･ 205
[7-2-4] 素数次の桂馬とびによる汎魔方陣総数のまとめ ････････････････ 206
[7-3] 素数以外の奇数次の桂馬とび汎魔方陣 ･･････････････････････････････ **207**
[7-3-1] 9次汎魔方陣 ･･ 207
[7-4] 偶数次の桂馬とび汎魔方陣 ･･･ **227**
[7-4-1] 4次汎魔方陣 ･･ 227

[8] 不規則汎魔方陣 ･･･ **231**
[8-1] 不規則汎魔方陣の歴史 ･･･ **232**
[8-2] 不規則汎魔方陣の全数 ･･･ **234**

[9] 魔方陣の総数の推定 ・・ **235**

 [9－1] N次の数字の全並べ替えと有効並べ替え及び拡大分配陣の個数 ・・・・・・ **236**

 [9－2] 分配陣成立確率の考え方 ・・・・・・・・・・・・・・・・・・・・・・・・・・・・・・・・ **238**

 [9－3] 魔方陣及び汎魔方陣の成立確率 ・・・・・・・・・・・・・・・・・・・・・・・・・・ **244**

おわりに ・・・ **249**

参考文献 ・・ **250**

カバーデザイン・鈴木ワタル

[1] 魔方陣の歴史とその形について

[1－1] 魔方陣の歴史とその背景

今日までの魔方陣の歴史についてはブリタニカ国際大百科事典[2]に非常に分かりやすく解説されている．平山諦，阿部楽方の『方陣の研究』[3]および大森清美の『新編　魔方陣』[4]と合わせて見れば，中国，イスラム諸国，インド，ヨーロッパ，アメリカ，及び日本などの各地の役割と特徴が適切に理解できる．

いずれの地域においても，初期の魔方陣は宗教的象徴であったが，後にはまじないとか護符として用いられ，これもやがて意味を失い，単に珍奇な判じ物と考えられるようになったと述べられている．20世紀の後半以降では数学的な対象として再評価されている．

中国の魔方陣はすでに前4世紀頃には3次魔方陣が作られていた．その後5次，7次，9次魔方陣と共に偶数次の4次，8次魔方陣，更には6次魔方陣が作られていく．作り方の基本的なところは楊輝の楊輝算法(1275年)に述べられているが，中国の作り方の基本は$1 \sim N^2$の数字をN行N列に順序通りに並べた**自然方陣**からスタートし，これの数字を互いに入れ替えて組み上げていく方法である．また3次魔方陣の数字配列を応用して5次，7次，9次魔方陣を組み上げたり，3次魔方陣を核としてその周囲を次々に囲んで5次，7次魔方陣を作ったりというように，その方法は「**静的である**」と評価されている．

3次魔方陣

4	9	2
3	5	7
8	1	6

4次魔方陣

2	16	13	3
11	5	8	10
7	9	12	6
14	4	1	15

5次魔方陣

1	23	16	4	21
15	14	7	18	11
24	17	13	9	2
20	8	19	12	6
5	3	10	22	25

6次魔方陣

13	22	18	27	11	20
31	4	36	9	29	2
12	21	14	23	16	25
30	3	5	32	34	7
17	26	10	19	15	24
8	35	28	1	6	33

図　1－1　中国の魔方陣

イスラム諸国の魔方陣は9世紀末頃に3次魔方陣が文献にあらわれ，10世紀末頃には3次から9次までの魔方陣が集められている．13世紀になるとペルシャの写本に示されるように数字の斜め配列とか，チェスのナイトの動きに**ブレイクムーブ**を導入した方法が作られている．これらの方法は中国の静的な方法に比較して「**動的である**」と評価されている．ブレイクムーブについては［4－2］節の連続配分についてを参照してほしい．

また，4次魔方陣では3種類の**汎魔方陣**が発見され，この汎魔方陣を基礎として4次魔方陣の880種類すべてを作り出せることが分かっていると述べられているが，具体的な手順については述べられていないので，詳しいことは不明である．しかし筆者がまとめた**半直斜変換**や**混**

成半直斜変換を用いた対称表示による表現方法を利用すると，4次魔方陣の880種類は3個の汎魔方陣を原点とする3系統の系統図にまとめることができる．イスラムやヨーロッパでも多分この対称表示に近い方法によって分類整理し，汎魔方陣からの誘導という形を考えているものと推察する．半直斜変換や混成半直斜変換については［1－3］節魔方陣の図形上の特性を参照のこと．

汎魔方陣1

1	14	4	15
8	11	5	10
13	2	16	3
12	7	9	6

汎魔方陣2

1	12	7	14
8	13	2	11
10	3	16	5
15	6	9	4

汎魔方陣3

1	12	6	15
8	13	3	10
11	2	16	5
14	7	9	4

図 1-2　4次の汎魔方陣

さらに親子魔方陣に関しては北アフリカのアルブーニー（？～1225）によって**周辺魔方陣**が作られている[2]．この方法は前半の数字で中心核から外側に向かって規則的に枠の半分を埋め，後半の数字で残りの枠を外側から順次埋め尽くして完成させるものである．この方法は中国の静的な方法と違って**連続的（動的）**であると評価されている．

7次親子魔方陣

16	33	18	31	20	29	28
39	7	42	9	40	27	11
12	46	2	47	26	4	38
37	5	49	25	1	45	13
14	44	24	3	48	6	36
35	23	8	41	10	43	15
22	17	32	19	30	21	34

8次親子魔方陣

26	45	36	27	40	23	44	19
34	14	55	50	13	54	9	31
33	17	7	62	1	60	48	32
30	47	2	59	8	61	18	35
28	49	64	5	58	3	16	37
41	12	57	4	63	6	53	24
22	56	10	15	52	11	51	43
46	20	29	38	25	42	21	39

図 1-3　アルブーニーの魔方陣

インドにおける魔方陣の発展は14世紀半ばの文献に多種類の魔方陣として示されていると共にインドのすぐれた作成方法が示されている．またヒンズー教による魔法陣の作り方は2つの補助方陣を結合して魔方陣を作るものである．この方法は現在のN進法表示につながっていくものである．

ヨーロッパには14世紀にペルシャの魔方陣が伝えられている．また16世紀には周辺魔方陣を作るイスラムの方法も解説されている．17および18世紀になるとフェルマーやオイラーなどの著名な数学者の名前も見られるようになり重要な論点を数学的に取り扱うことが行なわれる

ようになってきたようである．しかしその成果は**オイラー型**などの数学的な取り扱いに適した形のものに限られている．**ラテン方陣**とオイラー型については［２－３］節Ｎ進法表示を参照のこと．

　アメリカにおいてはフランクリンなどの名前も見られるが，フランクリン型のものは一般魔方陣とは一線を画すものであるので本編では割愛する．ここでも数学的な取り扱いはラテン方陣の応用という程度に限定されている．

　わが国でも江戸期の和算家達が好んで研究をしているようである．それらについては文献（３）に詳しく解説されている．本編に使用した我が国の魔方陣は文献（３）から採用しているので，詳細についてはそちらを参照されたい．明治期以後の研究の発展が次々と発表されているが生粋の数学者を除いて，多くの研究者たちの関心は魔方陣の基本となる特性や作り方を研究するというよりも特定の形とかめずらしい形の魔方陣を作る方に傾いており，逆にその作り方や考え方についてまとめていく記述は少ないように感じる．また従来の多くの研究者たちはその結果の魔方陣そのものは発表しているが，それを導いた考え方や変換術の内容は発表しない傾向があるようだ．

　文献（３）によると1683年に４次の汎魔方陣３種類48個が田中由真によって発表されており，1693年に４次魔方陣の全数880個がフランスのド・ベッシーによって発表されているが，汎魔方陣の基本型は３種類であり，魔方陣の総数は880個であることが定着して認められるようになったのは1940年前後のことであるようだ．

　1966年に５次の汎魔方陣144種類が山本行雄によって発表され，単偶数次の場合には汎魔方陣が成立しないことが証明されている．５次魔方陣の総数は1976年にアメリカのシュレーペルによって68,826,306個であると発表され，1981年に岡島喜三郎によって275,305,224個と発表されている．筆者の計算によると岡島喜三郎と同じ値が得られている．６次魔方陣以上のものについては未だにその総数は発表されていないようである．そのような状況の中で，1998年にモンテカルロの模擬実験法と統計力学の手法によって６次の魔方陣の概数は1.77×10^{19}個であると見積もられたという情報が内田伏一の魔方陣にみる数のしくみ[5]に紹介されている．

　このような歴史的な背景の詳細については上記の文献を参照していただきたい．このように魔方陣の歴史は紀元前に始まるとはいうものの，その発展の足どりは誠に遅々として進んでいないように感じている．また筆者が指摘するように，魔方陣の図形上の特性やＮ進法表示による取り扱い方及び汎魔方陣における特性のまとめ方などには従来の研究者の関心が払われていない分野が多々見られ，数学的な取り扱い以前の問題として改善されていかなければならないと考えている．コンピューターによって単にいろいろな条件の魔方陣を探したり総数を数え上げたりするだけではなく，まず魔方陣の図形上の特性やそのまとめ方などが改善された後，魔方陣を数学的に取り扱う方法についての発展がより大きく期待されるところである．このことが21世紀における魔方陣の発展するべき方向であろうと感じている．

　20世紀に入ると桂馬とび魔方陣に関する高木貞治の『数学小景』[6]などの文献も見られるようになってはいるがいろいろな魔方陣の分野に対してもっと数学的な考察の裏づけがほしいと感じている．魔方陣が数学的な裏づけを持った**魔方陣学**というようなものになっていくため

には，でき上がった結果の魔方陣を単発的に発表するだけでなく，それを導いた考え方について整理統合して，魔方陣にかかわる者の共通の確認事項にしていく事が何よりも重要であると考える．20世紀の終わり頃になると集合論や行列の表現方法を取り入れたものが見られるようになってくる．また21世紀に入ってくると魔方陣の取り扱いにさらに現代数学的なものが導入されてくるようである．一般魔方陣は行と列の定和が成立するだけでなく，両対角の定和が成立することが要求されているが，この一部の対角だけの定和が要求されていることは数学的にみれば非常に取り扱いにくい構成になっているようであり，すべての対角の定和が成立することが要求される汎魔方陣であれば一面では取り扱い易くなってくるようである．したがって数学的なアプローチをしようとすればまず対角の要求を取り除いた**分配陣**の形について考察していくものが考えられて佐藤肇，一楽重雄の『新版　幾何の魔術』[7]のようなものが現れている．反対にすべての対角の要求を取り入れた汎魔方陣であれば文献（5）のようなものになってくるようである．

　今筆者が一番注目しているものは1940年にキャンディーによって初めて発見され，1976年にベンソンによって掘り起こされたといわれる**不規則汎魔方陣**に関する情報である．1981年及び1982年には阿部楽方[3]によって相当に発展しているようであるが，この不規則汎魔方陣の取り扱い方法に関する情報には大いに期待している．

　インターネット上に「不規則完全魔方陣」[8]というホームページがあり読ませていただいた．本ページの内容は阿部楽方が先鞭をつけている不規則完全魔方陣についてのもう一つの研究成果である．インターネットに慣れていない筆者にとっては開設者の名前すら確認できないでいるが少なくとも素数次の，7次，11次，13次あたりの不規則完全魔方陣の総数を知ることが出来れば非常にありがたいことであると期待している．

　2004年4月になってからインターネット上で摂田寛二開設の「魔方陣の研究」[9]というホームページを読ませていただいた．この論文では一般の魔方陣の中では主に対称魔方陣や汎魔方陣について考察されている．

　この本編の原稿を書き上げた後で，2006年の12月になってインターネット上ですばらしい情報に出会った．ドイツの Walter Trump のホームページ[12]を読ませていただいた．この論文は主に21世紀にはいってから2005年までの間にあらゆる魔法陣の成立総数を徹底的に追求している．筆者が第9章で検討を加えている魔方陣の総数を検討する手法は本ホームページの考え方と基本的には同一であるものであったが，筆者の取り扱っている内容は，はるかに及ばないものであることが分ってきた．このようにすばらしい文献に今まで気づかずに，筆者のつたない内容を書き上げてしまったことは残念ではあるが，筆者のこの本編を数学者のすばらしい業績を理解するための入門編として利用していただきたい．

[1－2] 魔方陣の形と用語について

　1～N^2の数字をN×N個の正方形の形に配列し，縦横の各列及び各行と共に両対角の斜めの数字を合計したものがそれぞれ等しくなるように配置したものが魔方陣である．江戸期の和算家は方陣と称していたが，明治以降英語の"Magic square"に対する**魔方陣**の訳語が定着している．一部の文献の中には両対角の合計については条件に加えていないものをそのまま魔方陣と表示したり，半魔方陣という名前を使用したりしているが，筆者は両対角の条件を加えない状態のものの概念をより明確に分類しておきたいと考えるので**分配陣**と名づけておく．

　しかも次の［3］章で述べるように魔方陣を考える手法として，第1段階で分配陣を求め，第2段階で魔方陣の成立する両対角の条件を加えるという解法を採用してみると，この分配陣という分類及び考え方もまた非常に重要な概念であると考えられる．この魔方陣の前段階に分配陣という段階を挿入することによって，魔方陣のグループ分けや分類に対する重要な手がかりが見えてくる．

　N×Nの方陣をN方陣又は**N次魔方陣**という．このN次を魔方陣の**大きさ**または**サイズ**といい，サイズが大きい小さいと表現する．（次数が高い低いと言う表現も使われている．）横の配列を**行**，縦の配列を**列**，右下がりの対角の配列を**主対角**，左下がりの対角の配列を副対角又は**従対角**という．魔方陣の各行，各列及び各対角を構成する数字を**構成要素**という．各行，各列および両対角を構成する数字の合計がそれぞれ等しくなることが求められる．そのときの合計数を定和，定数，魔方陣定数などというが，筆者は**定和**を用いる．魔方陣をN進法で表示した場合の2つの**補助方陣**に対しても同じ定和を用いる．後で述べるように補助方陣の中ではこの定和という値は成立しない場合があると考えたり，いろいろな値をとることがあると考えたりするので魔方陣の中で使用する定和と補助方陣の中で使用する定和という名前を混乱しないようにしなければならない．後で述べるように筆者はこの補助方陣の定和に繰り上がりという考え方を導入する．またN×N個のそれぞれを格，目又は**桝目**と呼び，固定された桝目にいろいろな数字が配当されると見なして魔法陣の特性を考察することもできる．

　両対角と平行な合計2N個の斜めの列を総称して分離対角線又は**汎対角線**と言い，汎対角線のすべての定和が成立している場合を完全魔方陣といっていたが最近では英語のpanmagic squareまたはpandiagonal magic squareに対応して**汎魔方陣**という．汎魔方陣の場合にはN^2個の魔方陣が重複している．汎対角線の一部の定和のみが重複して成立しており，複数個の魔方陣が重複して成立する場合を**重複魔方陣**という．次の［図1－4］は5次魔方陣の一例であり，汎対角線のすべての定和が成立している．汎魔方陣は両対角方向の定和が成立する条件が多くなる分，一般的には構成要素である数字の配列に規則性がより多く求められるため成立する個数も少なく，一般の魔方陣を作るより逆に取り付きやすい面もある．

　定和が成立する条件がより多くなるものを**高級な魔方陣**と表現することがある．代表的なものが**対称魔方陣**である．構成要素の数字N^2個を$N^2/2$個（奇数次魔方陣の場合には中央の数字1個は単独に扱って魔方陣の中央に配置する．）の大小対称なセットと分類してこれを**補数同士**と表現する．補数同士が対称形に配置されているものが対称魔方陣であり，規則的な配列

の代表的なものである．点対称なものを対称魔方陣として定義し，軸対称なものは分離して取り扱う方がきれいに分類できるものと思っている．

1	15	24	18	7
23	17	6	5	14
10	4	13	22	16
12	21	20	9	3
19	8	2	11	25

図 1-4 魔方陣

次にN次魔方陣の中心部の（N－2）次部分も魔方陣として成立している場合，これを同心魔方陣又は**親子魔方陣**という．英語ではnested magic square というようであるので入れ子魔方陣が良いかもしれない．外側のN次ブロックを**周辺ブロック**，中心の（N－2）次部分を**内蔵魔方陣**という．周辺ブロックの中の A－a，B－b，$D_1－d_1$，$D_2－d_2\cdots$，$E_1－e_1$，$E_2－e_2\cdots$これらは必ず互いに補数が配置される．親子魔方陣を利用すれば，小さいサイズの内蔵魔方陣の周囲に周辺ブロックを配置することによって，大きいサイズの魔方陣を比較的容易に作ることができる．特に太田明氏によると百人一首は内蔵8次魔方陣の周りに周辺ブロックを配置した10次親子魔方陣を構成しているということであるので注目される形である．

A	D_1	D_2	…	B
E_1				e_1
E_2	内	蔵魔	方陣	e_2
…				…
b	d_1	d_2	…	a

図 1-5 親子魔方陣

内蔵魔方陣の中が更に親子魔方陣となっているもの，つまり奇数次魔方陣の場合には3次魔方陣を中心核とし，偶数次魔方陣の場合には4次魔方陣を中心核として，その中心核のまわりを次々に周辺ブロックで囲んで得られた方陣がそれぞれ魔方陣となっているものを特に**周辺魔方陣**という．

このような魔方陣に関する用語についてもっと統一することが必要であるし，これらの定義自体をもっと明確にして正確に統一する必要があると考えている．

[1−3] 魔方陣の図形上の特性

[1−3−1] 魔方陣平面

　魔方陣の特性を考える時，魔方陣の左右はつながっていると考えることができる．同様に上下もつながっていると考えることができる．このように左右及び上下がつながっていることを表す方法として，魔方陣は壁紙状に広がっているという表現方法や，**魔方陣平面**という表現方法がある．これを採用しておくと魔方陣の特性や代表表示形の解説に非常に便利である．

20	9	3	12	21	20	9	3	12	21	20	9
2	11	25	19	8	2	11	25	19	8	2	11
24	18	7	1	15	24	18	7	1	15	24	18
6	5	14	23	17	6	5	14	23	17	6	5
13	22	16	10	4	13	22	16	10	4	13	22
20	9	3	12	21	20	9	3	12	21	20	9
2	11	25	19	8	2	11	25	19	8	2	11
24	18	7	1	15	24	18	7	1	15	24	18
6	5	14	23	17	6	5	14	23	17	6	5

図 1-6　魔方陣平面

　例えば前記の５次魔方陣の場合には上に示すように連続して広がっている平面の上に乗っていると考える．汎魔方陣の場合にはこのような魔方陣平面のどこを切り取っても魔方陣が成立していることがよく分かる表現方法となる．

　このような表現方法は次の［２−３］節のＮ進法表示における２個の**補助方陣**に対しても同様に用いられ，補助方陣の分類や組み合わせの考察に対して非常に有効な方法となる．後記の**転置方陣**はこの魔方陣平面を，主対角線を対称軸として裏返したものであり，それぞれ４種類の回転対称なものはそれぞれ上下左右方向から見たものと考えることができる．

　この魔方陣平面という表現方法は何時頃から考えられるようになったのであろうか．不思議なことであるが，従来の文献の中ではこのように壁紙状に広がっているとか，平面状に広がっている等の考え方を積極的に使用した取り扱い方法や魔方陣平面という表現はなかなか見当たらない．最近になって，内田伏一の文献（５）の中に壁紙模様という表現があり，インターネット上の摂田寛二の文献（９）に方陣拡張空間という表現などがある．従来の文献では魔方陣の配列の特徴を１次元方向の特性だけで分類，説明していく傾向が残っているようである．魔方陣の行方向と列方向の２方向の配列を平面的に考慮してその回転対称などの特性を明瞭な形で説明していくという視点が育っていないように感じている．したがって次に出てくる"奇数次の汎魔方陣平面を市松模様にカバーする"という表現などが新鮮な響きをもつ．

［1-3-2］両対角の組み合わせの特性－奇数次と偶数次の特性の相違

　魔方陣はすべての行と列の定和が成立すると共に，両対角の定和が成立することが追加して要求されている．この両対角の組み合わせについては奇数次魔方陣と偶数次魔方陣の場合では，形の上で大きく異なる特性がある．下図に示される通り，奇数次魔方陣の場合には主対角Ｄに対して従対角方向の汎対角線はすべて主対角とどこかの桝目を共有して交差している．共有する桝目は必ず１点のみで発生する．それに対して，偶数次魔方陣の場合には主対角Ｄに対して従対角方向の汎対角線は半数ずつ，桝目を共有して交差するものと共有しないものとに分かれる．しかも共有して交差するものは必ず主対角Ｄ上の２点で共有する．下図のようにこれらのａ－Ａ，ｂ－Ｂ，ｃ－Ｃ，ｄ－Ｄなどの２点同士を互いに**対蹠点（たいせきてん）**[5]と称する．桝目を共有しないで交差するものは２点とも共有しない．しかも偶数次魔方陣の主対角と従対角の組み合わせは必ず桝目を共有しないで交差するものである．この点が奇数次魔方陣と偶数次魔方陣における大きな違いの一つである．従って後で指摘されるように奇数次魔方陣には中心となる**桝目Ｍ**が存在するが，偶数次魔方陣には存在しないと言う特性になる．また偶数次魔方陣の場合には同じ対角成分の組み合わせで必ず２個の形が成立することになる．

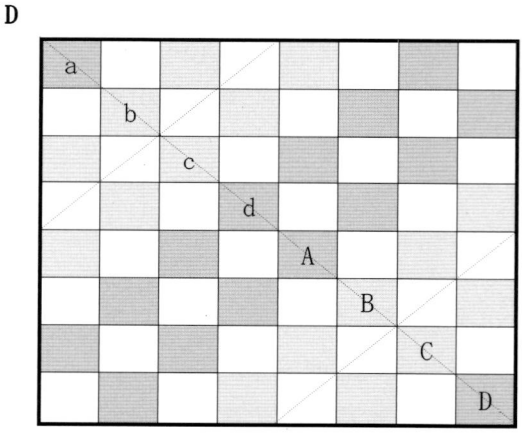

［Ａ］奇数次魔方陣　　　　　　　　　　　　　［Ｂ］偶数次魔方陣

図 1-7　両対角の組み合わせ

　このような図形上の相違点については当たり前のこととして見過ごされており，従来の研究者によって特に注目されているようには思われない．上図右の［Ｂ］偶数次魔方陣の形を見ると気づくように，偶数次魔方陣の場合には上記の様な特性により，１本おきの主対角方向の桝目と１本おきの従対角方向の桝目とは完全に分離されていることが認められる．
　このような特性は特に汎魔方陣の場合に重要な特性となるので，次に概略を考察しておく．詳細については［６］章の重複魔方陣と汎魔方陣を参照してほしい．重複魔方陣は汎魔方陣の一部であると考えればよいので，まず汎魔方陣について考察しておけばよい．
　これらの行，列と両対角の関係は定和が成立しているかどうかには関係なく，実は魔方陣の形に根本的に付随成立している特徴である．したがって次に述べる分配陣の配置替えなどの場

合にも常に成立している特性であるが，汎魔方陣を例にして説明すると非常にイメージしやすく理解しやすいので，次のように取り扱っていく．

（1）N：偶数次の場合

例えばNが4次の場合，汎魔方陣では下図のように8本の汎対角線の定和が成立している．

	A	B	C	D				
	a_{11}	a_{12}	a_{13}	a_{14}	a_{11}	a_{12}	a_{13}
	a_{21}	a_{22}	a_{23}	a_{24}	a_{21}	a_{22}	a_{23}
	a_{31}	a_{32}	a_{33}	a_{34}	a_{31}	a_{32}	a_{33}
	a_{41}	a_{42}	a_{43}	a_{44}	a_{41}	a_{42}	a_{43}
	a	b	c	d			

これの**循環配置替え**を行なうと16種類の魔方陣が派生してその対角成分は次の［表 1-1］のようになる．これを見ると主対角と従対角が同一である各2個の**配置替え魔方陣**が8種類と考えることができると共に，主対角と従対角各2種ずつはその位置関係から互いに主対角と従対角を構成するものとしないものがあり，結局第Ⅰグループと第Ⅱグループの各4種類が2重に重複しているとも考えることができる．そしてこのすべての魔方陣が2個ずつ重複しているのは偶数次魔方陣の特徴であり，汎魔方陣及び重複魔方陣だけでなくすべての一般魔方陣で成立している．循環配置替えと配置替え魔方陣については［3-2］節を参照してほしい．

従って偶数次魔方陣の場合にはこの同一対角成分の2種類の重複のみのものはいわゆる重複魔方陣の分類には入れないことにする．

表 1-1　4次魔方陣の対角の組み合わせ

〈Ⅰ〉グループ	主対角	従対角	〈Ⅱ〉グループ	主対角	従対角
（1），（11）	A	a	（2），（12）	B	b
（3），（ 9）	C	c	（4），（10）	D	d
（6），（16）	A	c	（5），（15）	D	b
（8），（14）	C	a	（7），（13）	B	d

次に汎魔方陣について重要な指摘がある．文献（3）および（4）によるとNが偶数の場合には複偶数と単偶数に分けて考えなければならないことが示されている．汎魔方陣が成立するのは複偶数（N＝4m）の場合のみであり，単偶数（N＝4m＋2）の場合には汎魔方陣は成立せず重複魔方陣のみが成立することが示されている．

重複魔方陣ではこの汎魔方陣の一部のみが成立するものであるとみなすことができる．4次重複魔方陣では主対角，従対角各4種類の対角成分のうち一部のみが成立するものである．多くのものは上記の第Ⅰグループまたは第Ⅱグループの4種類が成立するタイプのものである

が，一部には両グループの一部ずつが成立するものもある．

　従来の文献においてはこのように偶数次魔方陣の対角成分はその位置関係によって2つのグループに分かれているという特性について注目した記述が認められず，この特性によるまとめ方がおろそかにされていたように考える．両対角の位置を奇数番目と偶数番目に分けて取り扱うと次の［1-3-3］項で述べる**混成半直斜変換**につながってくる．

（2）N：奇数次の場合

　例えばNが5次の場合には，汎魔方陣であれば下記のように10本の汎対角線の定和が成立しており，偶数次の汎魔方陣の場合と同様に循環配置替えを行なってみると25種類の魔方陣が派生する．偶数次の場合には主対角と従対角はその位置関係によって互いに魔方陣を構成するものが分かれていたが，奇数次魔方陣の場合には主対角と従対角はその位置関係に関係なくすべての組み合わせが成立する．主対角と従対角は各5種類あり，互いが1種ずつ組み合わされて合計25種類の組み合わせが成立する．従って奇数次の魔方陣の場合には両対角の組み合わせが同一で循環配置替えになっているものはない．

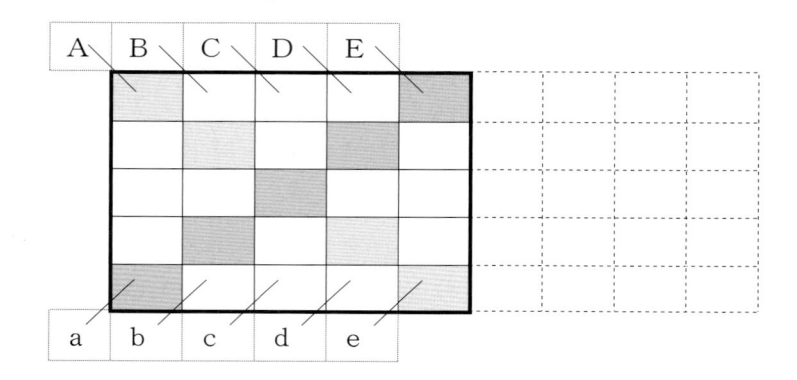

　重複魔方陣は偶数次の場合と同様にして主対角と従対角の一部のみが成立しているものと考えることができる．そうして奇数次の場合には対角成分の位置関係によるグループ分けが成立していないので，重複魔方陣は常に偶発的に成立するかのように見える宿命を負っているように思える．

［１－３－３］行，列と汎対角線の入れ替え変換

一つの汎魔方陣ができ上がると，これらの行，列と汎対角線成分の入れ替えによって別の分配陣または魔方陣が数種類誘導される．奇数次の場合には一つは直斜変換である．この直斜変換は必ず自動的に成立するので奇数次の汎魔方陣の分類，整理には便利に応用できる．もう一つは半直斜変換である．偶数次の場合には半直斜変換と混成半直斜変換とが成立する．

これらの特性は魔方陣平面上で確認するときれいな形に表現されている．しかもこれらの特性は魔方陣平面に必ず付随する特性であり，汎魔方陣のみに成立するするものではなくすべての分配陣に共通して成立する性質であることが理解できる．

（１）奇数次汎魔方陣の直斜変換

奇数次汎魔方陣の場合には汎対角線成分と行，列の成分を互いに入れ替えると新しい別の魔方陣が誘導される．これを直斜変換と名づける．これを魔方陣平面上で表してみると下図のようになっていると考えられる．

例えば５次の汎魔方陣の例で示すと，まず魔方陣平面上を市松模様にカバーし，次に残った数字で45°回転した魔方陣を切り取って確認してみる．元の汎魔方陣と見比べてみると行，列の成分と両対角の成分が互いに入れ替わったものになっており，もう一つの汎魔方陣が成立していることが確認できる．もちろんこの場合にも25個の魔方陣に対応して25個の切り取り方ができる．

13	22	16	10	4	13	22	16	10	4	13
20	9	3	12	21	20	9	3	12	21	20
2	11	25	19	8	2	11	25	19	8	2
24	18	7	1	15	24	18	7	1	15	24
6	5	14	23	17	6	5	14	23	17	6
13	22	16	10	4	13	22	16	10	4	13
20	9	3	12	21	20	9	3	12	21	20
2	11	25	19	8	2	11	25	19	8	2
24	18	7	1	15	24	18	7	1	15	24
6	5	14	23	17	6	5	14	23	17	6
13	22	16	10	4	13	22	16	10	4	13

図 1-8　魔方陣平面上の直斜変換

このように表してみると直斜変換の形を明らかな形で示すことができる．５次汎魔方陣について確認してみると［図１－９］のように必ず計４種類の汎魔方陣がセットで誘導される．［Ａ１］→［Ａ２］→［Ａ３］→［Ａ４］→［Ａ１］と変換されるたびに行及び列と両斜の成

分が互いに入れ替わっているのでこの変換を直斜変換とよぶ．このように変換させることを変換の形から回転させると表現しておく．回転の方向は下図のように回転させたものを代表にしておく．また回転の中心すなわち魔方陣の中心も中央単数22を中心にする．

　［A1］と［A3］，及び［A2］と［A4］は魔方陣の組替え配置替えの関係になっている．このように直斜変換によって結びつけられる汎魔方陣の形，タイプは非常に近い，似かよったものであるだろうことは直斜変換の構造から十分に予想されることである．［A1］と［A3］，及び［A2］と［A4］は一つのグループとし，いずれかのものを代表表示とすればよい．

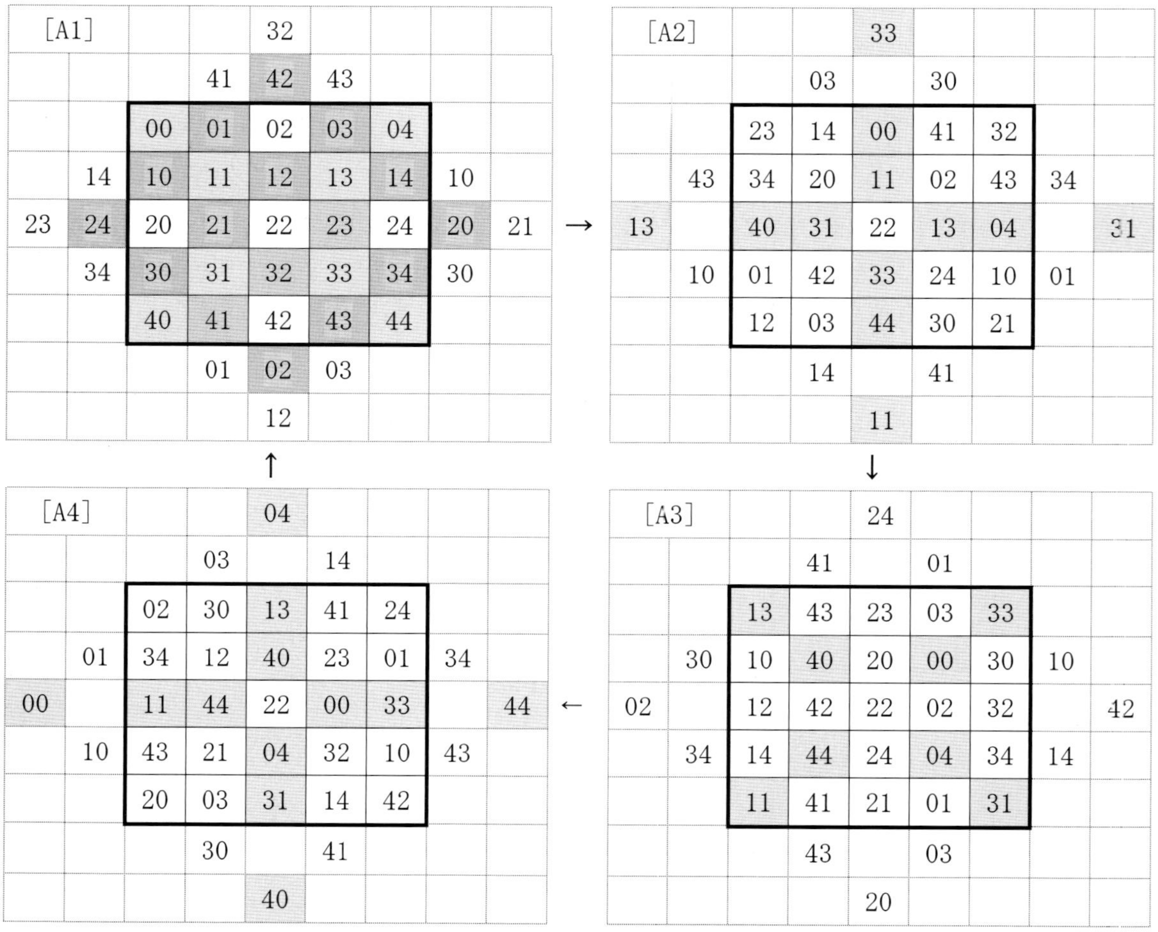

図　1-9　魔方陣平面上の直斜変換の回転

　5次魔方陣の場合には上のように計4個の変換が存在するが7次，9次……の汎魔方陣ではどうなるであろうか．この直斜変換の数は次数Nによってどのように表されるのかという検討は後の［6］章で考察する．

［筆者提案その1］　魔方陣平面という表現および奇数次の場合にはこの表面上を市松模様にカバーするという表現を有効に活用する

18

（2）奇数次汎魔方陣の半直斜変換

奇数次汎魔方陣の主対角または従対角を列方向に入れると別の分配陣が誘導されると考えることができる．魔方陣平面を下図の上のように対角方向が列方向になるように変形してみると，下図の下のような魔方陣平面になる．それぞれ行，列方向および一方の対角方向は元の魔方陣平面と同様な配列になっており定和が成立しているが，残りの実線と点線で示される一方だけの対角方向の配列は変化しているので，この新しい配列の対角の定和が成立するか否か検討してみることが必要になる．

2	11	25	19	8	2	11	25	19	8	2	11	25	19	8	2	11	25	19	8
24	18	7	1	15	24	18	7	1	15	24	18	7	1	15	24	18	7	1	15
6	5	14	23	17	6	5	14	23	17	6	5	14	23	17	6	5	14	23	17
13	22	16	10	4	13	22	16	10	4	13	22	16	10	4	13	22	16	10	4
20	9	3	12	21	20	9	3	12	21	20	9	3	12	21	20	9	3	12	21
2	11	25	19	8	2	11	25	19	8	2	11	25	19	8	2	11	25	19	8
24	18	7	1	15	24	18	7	1	15	24	18	7	1	15	24	18	7	1	15

↓　↓

19	8	2	11	25	19	8	2	11
15	24	18	7	1	15	24	18	7
6	5	14	23	17	6	5	14	23
22	16	10	4	13	22	16	10	4
3	12	21	20	9	3	12	21	20
19	8	2	11	25	19	8	2	11
15	24	18	7	1	15	24	18	7

8	2	11	25	19	8	2	11	25
1	15	24	18	7	1	15	24	18
14	23	17	6	5	14	23	17	6
22	16	10	4	13	22	16	10	4
20	9	3	12	21	20	9	3	12
8	2	11	25	19	8	2	11	25
1	15	24	18	7	1	15	24	18

図 1−10　奇数次汎魔方陣の半直斜変換

上の例では対角を列方向に入れ直したが，同様に行方向に入れることもでき，同様に成立し，これらの４系列を半直斜変換としてまとめていくことができる．５次の魔方陣について確認してみると144種類のすべての汎魔方陣についてすべての新しい配列の対角の中で必ず中央単数13を含む対角の定和が成立することが分かってくる．

（3）直斜変換と半直斜変換の重複

汎魔方陣とその直斜変換によって誘導されたものに更に４種類の半直斜変換を行なうと全体として元の汎魔方陣に対する４種類の半直斜変換と重複することが分かる．これは前ページの直斜変換［A１］，［A２］，［A３］および［A４］に４種類の半直斜変換を適用してみると明らかであるし，半直斜変換の行と列の成分の替わり方を考えてみると明らかである．従って直斜変換によって誘導される汎魔方陣のグループにはその代表表示のものにのみ半直斜変換を検討すればすべての半直斜変換は過不足なく網羅されている．

（4）従来の変換との関係および魔方陣組み上げへの応用

　奇数次の直斜変換は文献（3）の第11章　不規則汎方陣の中で一部紹介されているところの行列両斜変換や横瀬バシェー変換と同一のものである．文献の中の説明ではこれらの特性について今ひとつ明確ではないが，これらの変換を筆者の解説するように直斜変換と解釈していけば，変換の形の説明が補足され，汎魔方陣の形とどのように関係しているか明らかになり，非常に明快なイメージを得ることができる．

　同じ文献の第8章にも5次の場合について一部示されている．横瀬杜美也の発見した『横瀬バシェー変換』として紹介されている．その変換の性質はよく分からないとしているが，この変換は上記の直斜変換の一部であり，直斜変換という考え方によって明確に説明，理解できる．

　また同じく文献の第2章に横瀬杜美也の前に奇数次の魔方陣を組み上げる方法としてバシェーの方法が考案されていたことが示されている．この方法は1～N^2の数字を斜めに周期的に配列しておいてそれをN^2の桝目に機械的に押し込んでいく方法として示されているが，後で周期的な配列による魔法陣の組み立て方法の項で示すように押し込む操作は全く直斜変換そのものであることが［図1－9］によって理解される．このように汎対角と中央の行及び列の定和が成立する状態，配列を作ることができれば，直斜変換によって簡単に魔方陣を誘導することができる．

　上記の文献（3）では行列両斜変換の説明をする際に中央の行と列を両対角に配列するとして説明されている．従って残りの数字の配置をどこに持っていけばよいのかなかなか一目では理解できにくい．摂田寛二のインターネット上の文献（9）等でもそのように説明されている．これは上記の変換の例を［A2］→［A1］に逆にたどる説明である．**筆者のように魔方陣平面を市松模様にカバーするとか，両対角を行と列に配列すると説明すれば，上記のように非常に明確なイメージを得ることができて理解し易いと考える**．また次々に繰り返して変換の操作を行なうというイメージがつかみやすい．

　また同じ変換の項目の中に安部元章変換が紹介されているが，これは前に示されている半直斜変換4個のうちの1個である．完全魔方陣を変換しても完全魔方陣にはならないことがあると説明されているが，この変換は一般的には魔方陣が成立するか否かから検討，確認しなければならないと考えておくべきである．

［筆者提案その2］　汎魔方陣の直斜変換というまとめ方および半直斜変換という考え方を導入することにより，従来から断片的に知られていた変換の手順を正確にまとめることができる．

（5）偶数次汎魔方陣の半直斜変換

　偶数次汎魔方陣の場合にも同様に汎対角線成分を行または列の成分に入れると別の分配陣が誘導されて，別の新しい魔方陣が誘導される可能性がある．新しい分配陣では主対角と従対角のいずれか一方のみの対角は自動的に成立しているが他方の対角は成立するか否か不明であるのでそれらの対角の定和についてその成否を検討しなければならないことは奇数次魔方陣の場合と同じである．この半直斜変換を模式的に図示すると下の図のようになる．

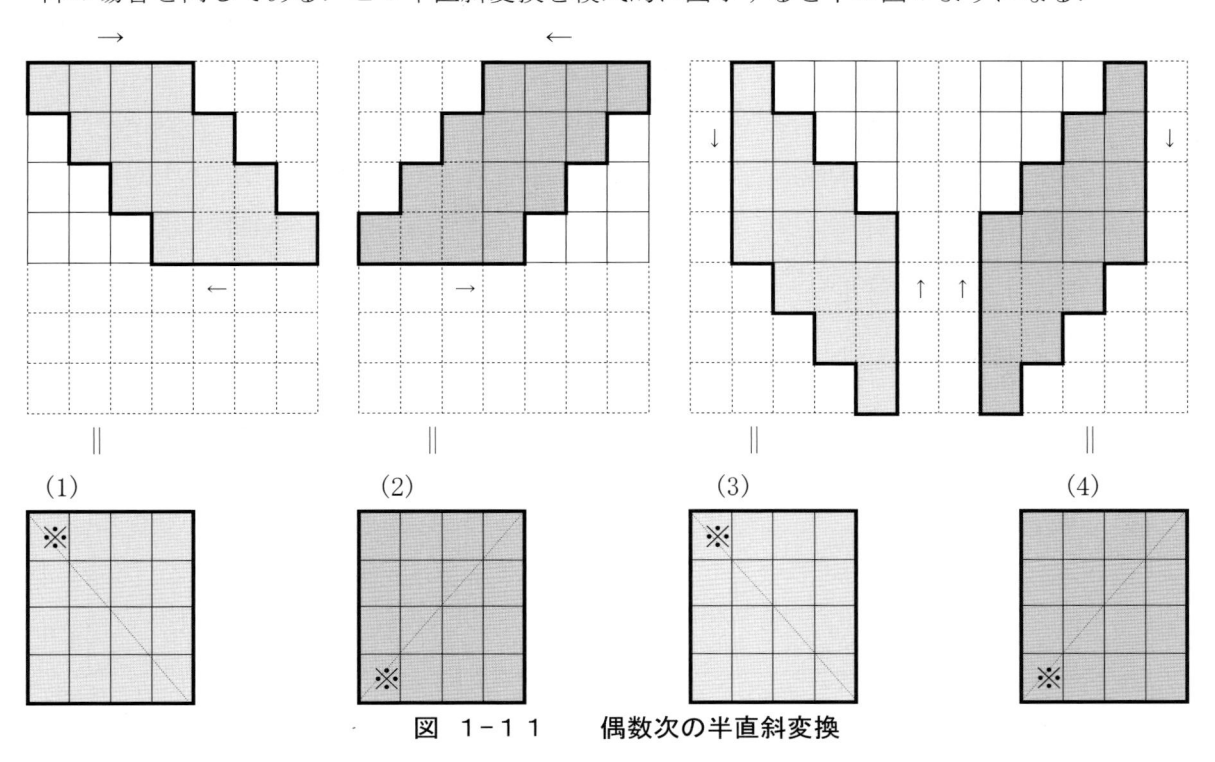

　　図 1-11　　偶数次の半直斜変換

　この半直斜変換の形は汎魔方陣のどの形からスタートしても同一のものになる．従って代表表示の汎魔方陣に対して半直斜変換を行ない成立する魔方陣を選び出せばよい．しかし4次の汎魔方陣3種類に対してこの半直斜変換を実施してみると，そのままの形では，※印で示される新しく成立する対角で定和の成立するものは存在しないことが分かってくる．しかし次にこれらはすべて分配陣と見なし，これに**組替え配置替え**を行なうと下図右のような形が成立することになる．これらについては［6］章で詳しく考察する．組替え配置替えについては［3］章を参照のこと．

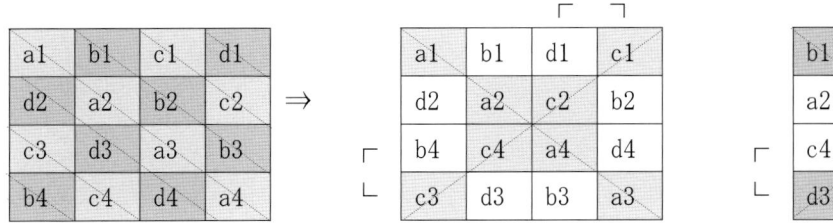

a1	b1	c1	d1
d2	a2	b2	c2
c3	d3	a3	b3
b4	c4	d4	a4

⇒

a1	b1	d1	c1
d2	a2	c2	b2
b4	c4	a4	d4
c3	d3	b3	a3

b1	c1	a1	d1
a2	b2	d2	c2
c4	d4	b4	a4
d3	a3	c3	b3

(6) 混成半直斜変換の成立

　偶数次の混成半直斜変換については従来の文献には明らかな形で述べられているものはなかったように思う．汎魔方陣の形は崩れるが整った形の重複魔方陣は必ず成立するので，魔方陣の整理分類には重要な手段となる．偶数次汎魔方陣の場合には下図のように汎対角線成分の奇数番目と偶数番目との半分ずつを実線または点線のように選んで列または行の成分に入れると別の分配陣が誘導されて，別の新しい魔方陣が誘導される可能性がある．元の分配陣の主対角の半分と従対角の半分ずつが列または行に変換されているとみなしてこの変換を**混成半直斜変換**と名づける．（1）のタイプを列タイプ，（2）のタイプを行タイプとしておく．各2種類計4種類の混成半直斜変換が成立する．この混成半直斜変換の適用に際しては利用しない残りの対角については定和の成立は要求されないので，実線または点線のいずれかの対角の定和が成立していない重複魔方陣の形でも列タイプ，行タイプの各1種類計2種類の混成半直斜変換が成立する．

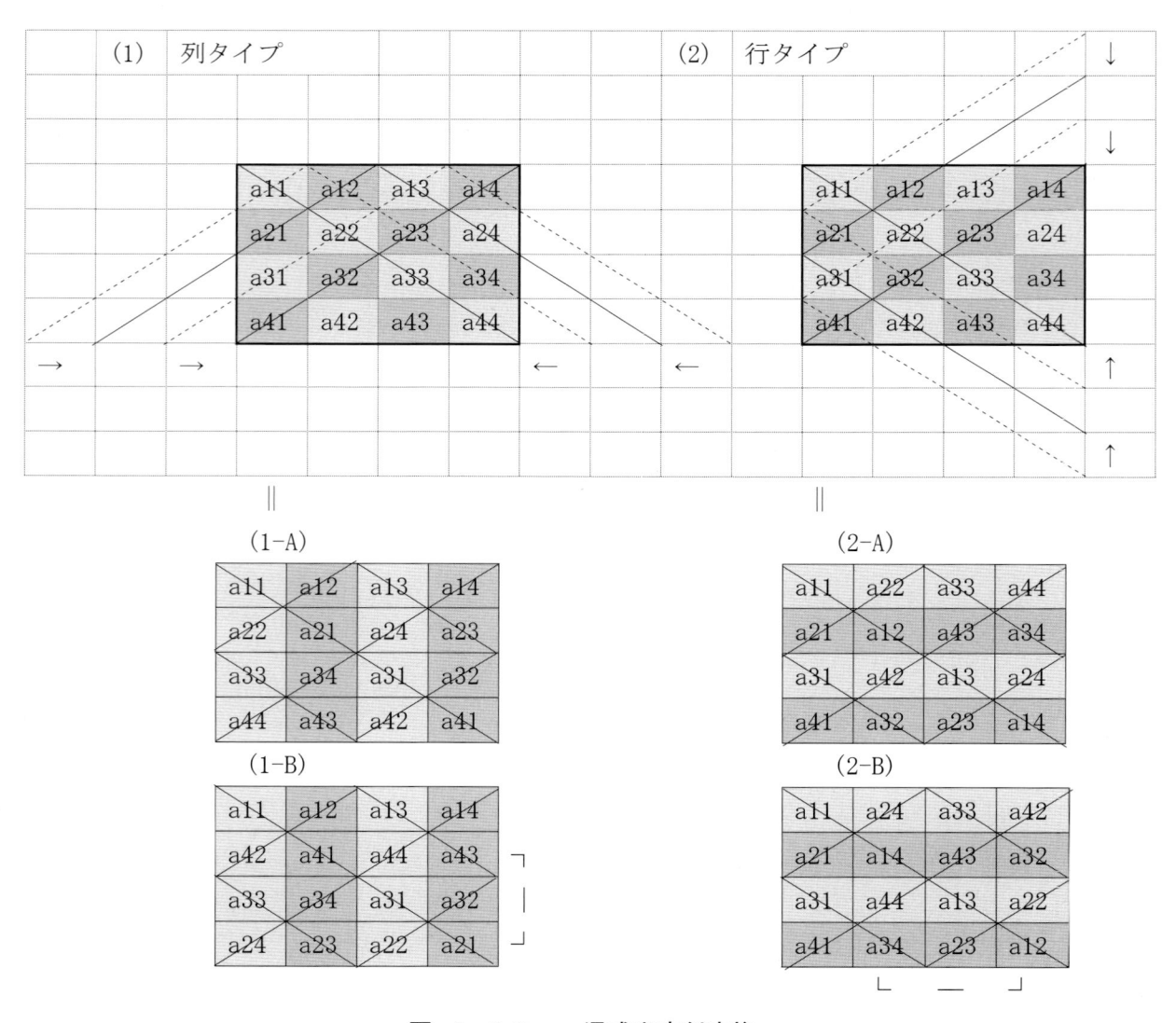

図 1-12　　混成半直斜変換

[1] 魔方陣の歴史とその形について

　この混成半直斜変換によって誘導される分配陣の形も前記の半直斜変換と同様に汎魔方陣のどの形からスタートしても同一のものになることは［図1－12］を見れば容易に理解できる．従って代表表示の汎魔方陣に対して混成半直斜変換を行なってみればよい．ただし4次魔方陣では対角成分を点線のように選んだ（B）の場合にはでき上がった配列を一部機械的に入れ替える組替え配置替えの操作が加わってくる．このように配列すると誘導された魔方陣がきれいな重複魔方陣となる．6次魔方陣以上の場合にも同様に機械的な入れ替えが発生する．

　4次の場合について確認するとわかるようにこの機械的な入れ替え操作は組替え配置替えの一部である．この機械的な入れ替え操作は行なわなくても分配陣として取り扱い，後で組替え配置替えを行なうと考えればよいのだが，この入れ替えを行なったものを代表表示にしておくときれいな形に表現できる．この入れ替えは元の汎魔方陣を1列または1行だけ循環配置替えしたものからスタートすると考えることもできるが，すべての次数について統一的に取り扱うためには上記のように取り扱うのが最もシンプルでわかりやすいと考えている．

　4次の汎魔方陣の場合について混成半直斜変換によって誘導される4種類の魔方陣の特徴を調査してみると，前図のように両対角共2系列ずつの定和が保たれていることが認められる．従っていずれも4種類計8個の整った形の重複魔方陣が成立しているものと考えられる．

　なお，念のため述べておくと，混成半直斜変換によって誘導された重複魔方陣に対しても更にもう一度同じタイプの混成半直斜変換を適用すると元の形に返り，互いにもう一方のタイプを適用すると互いのタイプに変換されることが確認できる．

　[筆者提案その3]　このような混成半直斜変換についての記述には出会っていない．偶数次汎魔方陣から整った形の重複魔方陣が組織的に誘導される．

　このようにして汎魔方陣から重複魔方陣や一般魔方陣を次々に誘導することができるので，この特性を汎魔方陣からの一般魔方陣の解法として有効に利用することができる．またこのようにして誘導されるものを魔方陣の系統図として表せば，魔方陣の分類整理を上手に行なうことができる．

[1－4] 魔方陣の分別と個数の数え方

（1）回転と裏返し

　魔方陣の個数を数えるときには，回転，裏返しなどによって得られる魔方陣は同一と考える．ある魔方陣を A とすると

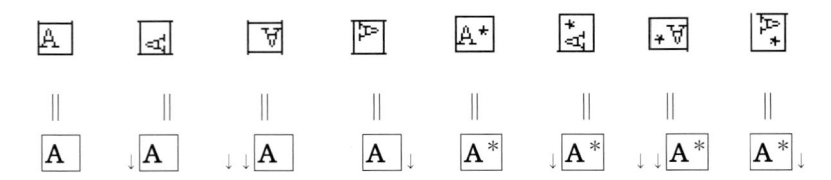

の 8 通りの魔方陣は同一と考える．ここで A* は A を裏返したものであるが，これの表示方法には次の 2 通りのものがある．

　　　　（1）　中心の縦軸を中心にして左右に裏返す．
　　　　　　　左右対称のものである．従ってこの A* は**鏡対称魔方陣**とでも名づける．
　　　　（2）　主対角を中心軸にして裏返す．
　　　　　　　主対角を対称軸にして行と列が入れ替わった形である**転置方陣**となる．
　　　　　　　転置方陣で定義する A* は鏡対称魔方陣の表示でみると反時計方向に90度回転した ↓A* と同じものである．

　このように A* については 2 通りの表示方法があるが，一般的な行列の表示の方法に合わせて転置方陣の方を採用しておいたほうが他の文献などとの表現上の整合性が良いと考える．また，後で述べるようにN進法表示における 2 個の補助方陣による表現にも転置方陣の形を基本にして使用する方が分かりやすい表現になるようである．

　このように回転対称形の配置になっているもの 8 個はまとめて 1 個と考えて分類してやればよいのだが，後の章で魔方陣の総数を推定しようと考えるときなどに指摘するように，配置の組み合わせ総数を数学的に考える途中ではこの 8 種類のものは異なるものとして考察を進め，最後に 8 種類を同一のものとしてまとめるという手順を踏むほうが，数字の配置位置による場合分けの条件が単純化されて都合がよいと考える．またコンピュータを利用して魔方陣の成立する条件を検討する場合などには，8 種類のものとそれの代表をどれにするかなどについて適切な方法を準備しておくことが必要である．

　次にこのような 8 種類の表示方法はN進法表示の補助方陣に対しても同様に用いられるが，補助方陣では表現上の違いが発生するので少し注意が必要である．後でN進法表示について述べる際に指摘するように魔方陣を 2 個の補助方陣の組み合わせで表し，その組み合わせを組織的に検討していこうとすると，特に偶数次のこの 8 種類の回転対称表示については少し修正を織り込まなければならないことになる．回転の中心を特定の数字の位置に指定した場合の回転対称なものを

　　　　　　　A, !A, !!A, A!, A*, !A*, !!A*, A*!

と表示する．したがって今後はすべての次数のものに対してこの表現を使用する．

（2）魔方陣平面上の切り取り個数

次に汎魔方陣や重複魔方陣の個数及び偶数魔方陣の個数をどのように計数するかという問題がある．しかしこの場合には魔方陣を何個と計数するかということについてはすでに合意事項になっているように感じている．1個の汎魔方陣はN^2個の魔方陣が重複していると計数され，偶数次魔方陣は少なくとも2個の魔方陣が重複していると計数されている．このことは言い換えるとある1つの魔方陣の形があるときに，その<u>魔方陣平面上で何個の魔方陣の切り取り方ができるかで個数が定義される</u>と考えればよい．

（3）組替え配置替え魔方陣の取り扱い

魔方陣の全数を取り扱うためには筆者が提案するように**分配陣とその配置替え**という取り扱い方法が考えられる．この配置替えについては［3］章を参照していただきたい．これについては部分的にはすでにいろいろな形と特性で知られていることであるが統一的な取り扱い方法にはまとめられていない．したがって魔方陣を取り扱う者の間で未だに統一的な定義ができていないものと思っている．筆者は下記のようにまとめて取り扱う方法として提案し，これらの魔方陣はすべて異なる魔方陣として計数するのが妥当であると考えている．

例えば5次の汎魔方陣には組替え配置替えにより次のような2個の形のものが成立する．

[A]

	(1)	(2)	(3)	(4)	(5)
(1)	1	23	20	12	9
(2)	15	7	4	21	18
(3)	24	16	13	10	2
(4)	8	5	22	19	11
(5)	17	14	6	3	25

[B]

	(4)	(1)	(3)	(5)	(2)
(4)	19	8	22	11	5
(1)	12	1	20	9	23
(3)	10	24	13	2	16
(5)	3	17	6	25	14
(2)	21	15	4	18	7

上図［A］と［B］の魔方陣の枠の外に表示している(1)～(5)の番号は行と列の番号であり，表示のようにその配列順序が変更されているものである．これら2個の魔方陣［A］と［B］は互いに行，列，及び汎対角線にいたるまでその構成要素の組み合わせはすべて同じであり，ただその配列順序だけが異なっているものである．［A］と［B］は汎魔方陣でありそれぞれ25個ずつの魔方陣が重複していると見ることができる．その魔方陣平面は異なるものであり，配列の形は［7-2］節で述べる桂馬とび補助方陣の組み合わせによる144個の分類とも合致するので，2種類の汎魔方陣として計数する立場を採用する．

［筆者提案その4］ 魔方陣平面と魔方陣の個数の数え方を上記のように決める．組替え配置替えのものは魔方陣平面として異なっており，魔方陣平面として異なるものは異なる魔方陣と計数する．

［ 2 ］ 魔方陣の表示方法について

［ 2－1 ］ 通常の10進法を用いる表示方法

　例えば5次魔方陣の場合，桝目に1～25の数字を配当して各行，各列及び両対角の数字の合計が

$$（1＋25）×25／（2×5）＝65$$

となるように組み合わせ配置することになる．この合計を**定和Ｓn**という．

　魔方陣を構成する数字は1～N^2であるということは，1から始まる階差1の等差数列N^2個を扱うことである．この場合を**歴史的10進法表示**とでも名づける．また等差数列であれば任意の整数［a＋1］から始まっても，任意の階差dであってもよい．このような魔方陣については文献（4）の中に集合 Γ を基礎集合とする（或いは Γ 上の）魔方陣として示されている．

　上記のように魔方陣を構成する数字は連続した等差数列であることが原則ではあるが，次に［2－5］節で述べるように親子魔方陣の場合における内蔵魔方陣を考える場合などには不連続な数列を取り扱う場合も発生してくる．

　文献（3），文献（5）などには構成要素となる数字を**0～（N^2－1）**と表示するものが示されている．これは通常の1～N^2で表示されるすべての数字から1を引いたものである．このような数列を用いて表示すると，数学的な手法を用いて魔方陣を構成する方法を考察する場合とか，魔方陣の特性を分析する場合の表現方法が非常にシンプルできれいな表現となる．従ってこの表示方法を仮に**代数式10進法表示**とでも名づけておく．

　この代数式10進法表示は更に次にN次魔方陣をN進法表示の補助方陣で表現する場合には1～Nの数字ではなく，0～（N－1）の数字で表現するようになる．

表 2－1　定和Ｓn一覧表

次数N	歴史的10進法表示 構成要素	定和Ｓn	代数式10進法表示 構成要素	定和Ｓn
3	1～ 9	15	0～ 8	12
4	1～ 16	34	0～ 15	30
5	1～ 25	65	0～ 24	60
6	1～ 36	111	0～ 35	105
7	1～ 49	175	0～ 48	168
8	1～ 64	260	0～ 63	252
9	1～ 81	369	0～ 80	360
10	1～100	505	0～ 99	495

　今後の魔方陣表示はこの代数式10進法表示タイプのものが次第に主流になってくるものと考えられる．同じ魔方陣が場合場合によって異なった表示になることも発生するようになる．できるだけ混乱しないようにしたいものである．

[2-2] 大小対称表示

　魔方陣とは原則的には連続した等差数列を扱うものであることを考えると，魔方陣の成立する法則を数字の大小対称性に注目して考察することができる．この大小対称の数字は互いに補数であると表示される．特に親子魔方陣ではこの補数となる2つの数字は必ずセットで取り扱うことになる．このように第2番目の表示方法としては大小対称表示が便利であろう．

[2-2-1]　補対の構成

（1）Nが奇数の場合

　構成要素の各数A_nを次のように表す．

$$A_n = c_o + a_n \quad (c_o = (N^2+1)/2)$$
$$(a_n = 0, \pm 1, \pm 2, \pm 3, \cdots, \pm(N^2-1)/2)$$

c_oは定数項であり，構成要素の各数$1 \sim N^2$の中央値Mである．各数A_nの代わりに$\pm a_n$を使用して魔方陣の構成を考察すればよい．この場合各行，各列，及び両対角の**定和はすべて0**となる．各次数Nに対するc_o及びa_nは次の表のとおりである．

表 2-2　補対一覧表（N：奇数）

N	c_o	補対$\pm a_n$	補対個数（0を除く）
3	5	0, ±1, ±2, ±3, ±4	4
5	13	0, ±1, ±2, ±3, …, ±11, ±12	12
7	25	0, ±1, ±2, ±3, …, ±23, ±24	24
9	41	0, ±1, ±2, ±3, …, ±39, ±40	40
11	61	0, ±1, ±2, ±3, …, ±59, ±60	60

　0を**中央単数**，それぞれの$\pm a_n$の対は互いに補数であり，これを**補対（＝0）**とよぶ．補対同士の和は常に0となるところからこのように名づけておく．

［補対整列バー表示］

　5次魔方陣の場合，構成要素25個の数字の対称表示を対称形に並べてみると次のようになる．この表示を**補対整列バー**表示と名づける．この形が奇数次の標準形である．この補対整列バーの右の方を**端部**，左の方を**中央部**と名づける．バーの中のどの位置の補対がどのように組み合わされているかという見方をすると一つの特徴が浮かび上がってくる．

[2] 魔方陣の表示方法について

0	-1	-2	-3	-4	-5	-6	-7	-8	-9	-10	-11	-12
	+1	+2	+3	+4	+5	+6	+7	+8	+9	+10	+11	+12

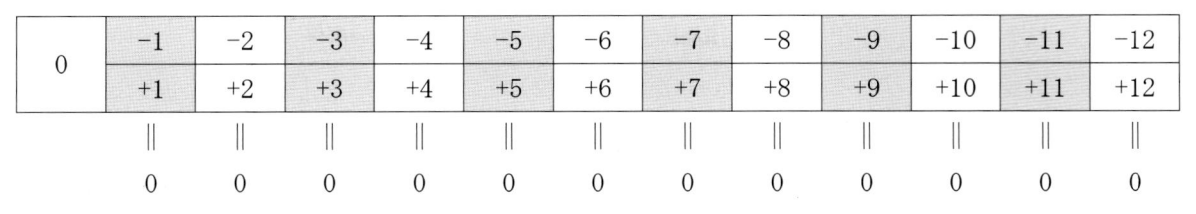

‖ ‖ ‖ ‖ ‖ ‖ ‖ ‖ ‖ ‖ ‖ ‖
0 0 0 0 0 0 0 0 0 0 0 0

図 2-1 奇数次の補対整列バー表示

従来の歴史的10進法表示のままであれば下のように表示しておいてもよい．

13	12	11	10	9	8	7	6	5	4	3	2	1
	14	15	16	17	18	19	20	21	22	23	24	25

後で示すように親子魔方陣の中で補数同士の組み合わせを取り扱う場合などには，この表示方法を使用すると補数同士をどのように取り扱っているかと言うことがきれいなパターンになって現れてくるので非常に有効な表示方法である．

（2）Nが偶数の場合

構成要素の各数 A_n を次のように表す．

$$A_n = c_o + a_n \quad (c_o = (N^2+1)/2)$$
$$(a_n = \pm 0.5, \pm 1.5, \pm 2.5, \cdots, \pm(N^2-1)/2)$$

c_o は定数項であり，構成要素の各数 $1 \sim N^2$ の平均値である．Nが奇数の場合と同様にして互いに補数である補対 $\pm a_n$ を使用して魔方陣の構成を考察すればよい．奇数の場合と同様に $\pm a_n$ の対を補対（＝0）と呼ぶ．偶数次魔方陣の場合には［表2-3］のように数字に0.5の端数がつく．そのために表現上大きなスペースが必要になるという欠点が出てくる．従って特に大きい次数の魔方陣を表示するような場合には小数点以下を省略したもので代用するなど何か工夫が必要になる．

表 2-3　補対一覧表（N：偶数）

N	c_o	補対 $\pm a_n$	補対個数
2	2.5	±0.5　±1.5	2
4	8.5	±0.5　±1.5　±2.5　…　±6.5　±7.5	8
6	18.5	±0.5　±1.5　±2.5　…　±16.5　±17.5	18
8	32.5	±0.5　±1.5　±2.5　…　±30.5　±31.5	32
10	50.5	±0.5　±1.5　±2.5　…　±48.5　±49.5	50

この大小対称表示を使用すると例えば4次魔方陣の場合には

1	4	14	15
13	16	2	3
8	5	11	10
12	9	7	6

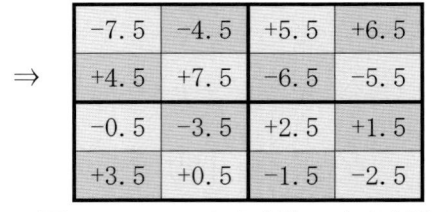

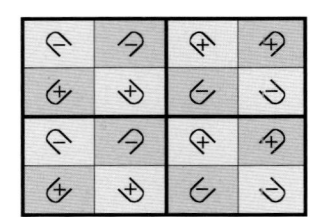

⇒

-7.5	-4.5	+5.5	+6.5
+4.5	+7.5	-6.5	-5.5
-0.5	-3.5	+2.5	+1.5
+3.5	+0.5	-1.5	-2.5

⇒

図 2-2 4次魔方陣の大小対称表示

と表示され，同様に行，列，両対角の定和は0と表示され8組の補対（＝0）で構成されていることがよくわかる表示方法である．これは同様に［図2-2］の右図の通りパターン化することができる．この補対については従来，寺村周太郎をはじめ多数の人々によって補数の対称連結線として数多く検討されていることが文献の中に示されている．この補対を結んだ線を連結線とよび，魔方陣の中でこの連結線が描くパターンの特徴に注目して分類し，種々の特徴のあるパターンについてその成立する魔方陣の個数を求めている．これらの内容については文献（3），（4）の中に紹介されているのでそちらを参照するとよい．

　4次魔方陣の場合，**補対整列バー**表示で構成要素16個の数字の対称表示を対称形に並べてみると次のようになる．この形が偶数次の標準形である．

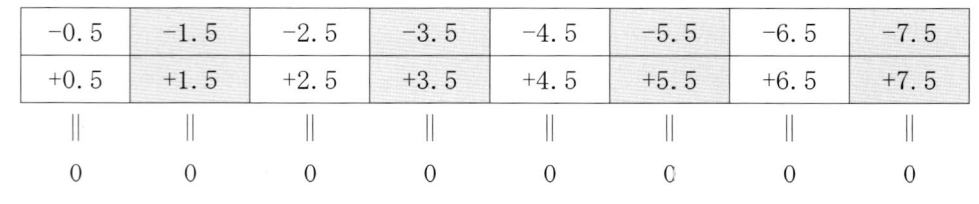

-0.5	-1.5	-2.5	-3.5	-4.5	-5.5	-6.5	-7.5
+0.5	+1.5	+2.5	+3.5	+4.5	+5.5	+6.5	+7.5
‖	‖	‖	‖	‖	‖	‖	‖
0	0	0	0	0	0	0	0

図 2-3 偶数次の補対整列バー表示

もちろん奇数次の場合と同様に下のように表示してもよい．

8	7	6	5	4	3	2	1
9	10	11	12	13	14	15	16

[2-2-2]　補対対と補対和

　次にこの補対を2個ずつのセットで取り扱う方法について考察していく．このような取り扱いの方法は従来行なわれていなかったものと考えられる．
　従来から2次の魔方陣は構成できないことが確認されているが，2次の魔方陣の構成要素を2個の補対と見なせば，2個の補対の組み合わせは下記の通り3通りのみであることも確認されている．

[2] 魔方陣の表示方法について

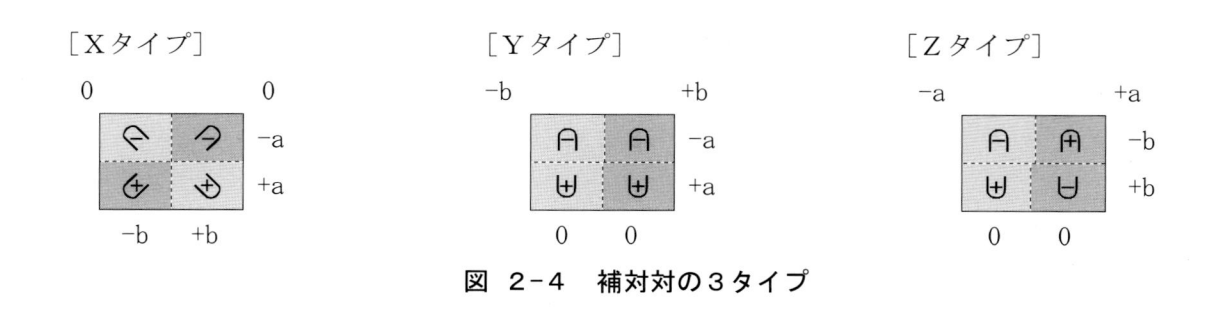

［Xタイプ］　　　　　　　［Yタイプ］　　　　　　　［Zタイプ］

図 2-4　補対対の3タイプ

これを**補対対**とよんでおく．この補対対の縦，横，両対角の和は上記のように必ず

$$\pm a \qquad \pm b \qquad 0$$

の3種類となる．この±a，±b，を**補対和a，b**とよんでおく．

　奇数次魔方陣の場合にも中央単数0を別に考えれば構成される補対の個数は偶数個ある．このように，魔方陣を構成する補対の個数は必ず偶数個となるので，魔方陣の構成のサブブロックとして2個ずつの補対に注目して考えていくのが，ひとつのまとめ方の手がかりを与えるものと思われる．ただし奇数次の魔方陣の場合には一部の補対対は分離された形にはなる．また5次以上の奇数次の魔方陣では少し考え方を変えて，一部は3連補対，5連補対などと考えたほうが便利な形も出てくる．

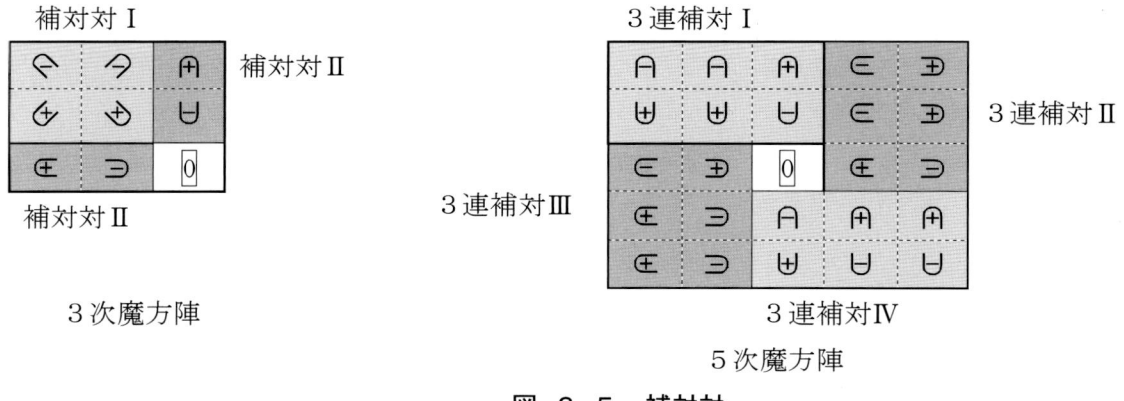

図 2-5　補対対

[筆者提案その5] 4次魔方陣に対して補対対と補対和の考え方を導入するときれいにまとめることができる．

[2-3]　　N進法表示

[2-3-1]　　N進法表示の表現方法

　第3の表示方法は魔方陣の次数と同じN進法で表示する方法である．この表示方法が数字の配列の特徴を最も分かりやすく表していると考える．又魔方陣を近代数学的な手法を用いて検討しようとする場合にもこのN進法表示が基本となる．この場合従来の一般的な表示とは少し変更して0から始まる代数式10進法数列を使用するのが便利であり，一層その特徴がつかみやすくなる．

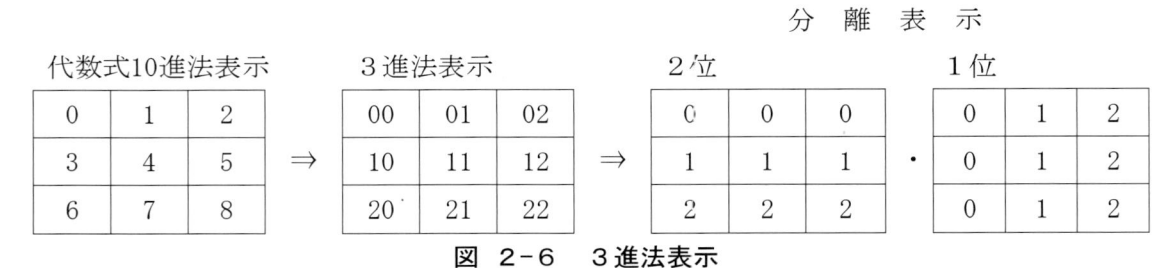

　　　　　　　　　　　　　　　　　　　　　　　　　　　　　分　離　表　示

代数式10進法表示　　　　　3進法表示　　　　　　2位　　　　　　　1位

0	1	2
3	4	5
6	7	8

⇒

00	01	02
10	11	12
20	21	22

⇒

0	0	0
1	1	1
2	2	2

・

0	1	2
0	1	2
0	1	2

図 2-6　　3進法表示

このようなN進法表示を用いると，一般的な10進法表示の任意の数字Mは

　　M＝N＊i＋j＋1　　　　（i＝0, 1, 2,　j＝0, 1, 2,）

と表示される．すべての数字に1を加えるだけでよい．従って<u>従来の1から始まる表示の場合にもN進法表示の補助方陣は代数式の表示のままで使用してすべての数字に1を加えると解釈する．</u>このN進法表示を用いて3次魔方陣を表示してみると下記のようになり2位のものと1位のものに，よく似た配列が現れる．このような2位及び1位の配置行列 A 及び A ! を，それぞれ**補助方陣**とよぶ．

　　　　　　　　　　　　　　　　　　　　　　　　　　　　　分　離　表　示

10進法表示　　　　　　　3進法表示　　　　　　2位　　　　　　　1位

2	9	4
7	5	3
6	1	8

⇒

01	22	10
20	11	02
12	00	21

⇒

0	2	1
2	1	0
1	0	2

・

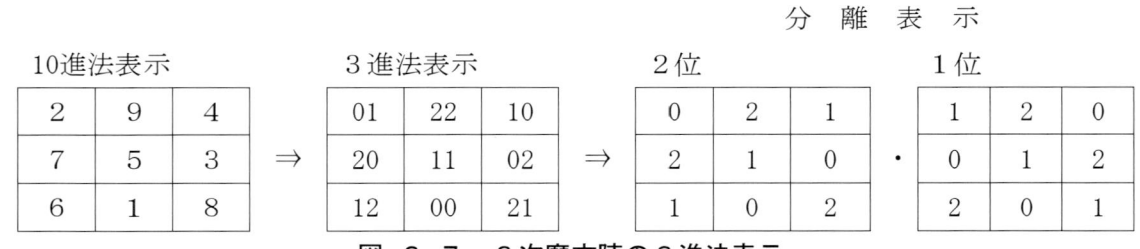

1	2	0
0	1	2
2	0	1

図 2-7　　3次魔方陣の3進法表示

　両方の補助方陣はそれぞれ0～（N－1）までの数字N個ずつで構成されており，ある共通の特性をもった配置行列で表示されることが明らかに理解できる．

A ＝

0	2	1
2	1	0
1	0	2

A ! ＝

1	2	0
0	1	2
2	0	1

　3次魔方陣の場合には A* と A はたまたま同じものである．そして2位及び1位の補助方陣の合成によって得られるすべての数字が，重複無く成立している場合を二つの補助方陣は**直交**し

[2] 魔方陣の表示方法について

ていると表示する．従って逆に補助方陣から魔方陣を探し出していく場合には補助方陣同士が直交するか否か判定することが必要になる．

　ここで補助方陣の表現方法について若干注意しておきたい．従来の文献と表現方法を変更している部分は大略次の４点である．

- （１）　$\boxed{A^*}$ は $\boxed{A}$ の主対角を中心軸にして裏返した転置方陣を表す．従来の文献（３），文献（４）などの中では $\boxed{A'}$ として転置方陣を用いているが，本編では同じ転置補助方陣と名づけられる $\boxed{A^*}$ と $\boxed{A}$ を用いて表現していく．
- （２）　$\boxed{A}$ 及び $\boxed{A^*}$ を構成するＮ進法の数字は０〜（Ｎ－１）の数字を使用する．文献（５），文献（７）などのように近代数学の組み合わせ理論などを用いて魔方陣の構成を論じる場合などには０〜（Ｎ－１）の数字を用いた表現が標準となることが多いので将来的には０〜（Ｎ－１）の数字の方に統一されるようになると考える．
- （３）　２位と１位の補助方陣に分離表示する場合には $\boxed{A}\cdot\boxed{A^*}$ などと表示して，前の $\boxed{A}$ が２位の補助方陣，後ろの $\boxed{A^*}$ が１位の補助方陣とする．代数式10進法表示に変換すると次のように表示される．

$$\boxed{M} = N\boxed{A} + \boxed{A^*}$$

　従来の一般的な１から始まる10進法数列の場合にはすべての数字に１を加える．

　文献（４）などの中ではＭ＝Ａ＋Ｎ（Ａ´－Ｅ）と表示してＡが１位の補助方陣を表し転置方陣Ａ´が２位の補助方陣を表す表現が多い．どちらの表現であっても裏返してみれば同じ物になるのであるが，分離表示の場合には２位のものが前になるように表示し，前に表示される方を基本の形で表示して，後に表示される方をそれの付属形又は誘導形として表示することにする．

- （４）　文献（４）のなかでは第２桁，第１桁の補助方陣という表現になっており，文献（３）のなかではＡ陣，Ｂ陣の補助方陣という表現になっているが，本編では２位，１位の補助方陣と表現する．

　このようにＮ進法表示を用いると魔方陣は２位と１位の補助方陣に分離され，それぞれの補助方陣はＮ個ずつＮ種類の数字を用いて表現されるので構成の特徴が分かりやすくなる面がある．さらに魔方陣をいきなり組み上げるよりも先ず補助方陣を組み上げてみるほうがずっと容易である．特に後で述べるように汎魔方陣を検討するような場合などには非常に有効な手段となる．

　したがってさらに積極的に，まず成立するすべての補助方陣を求めて次にそれらの補助方陣同士で直交しているものをすべて探し出していくというような，補助方陣を主体とした積極的な検討手法が考えられるが，次の分配陣と魔方陣の中で警告されるように実際の作業量はかえって多くなる要素もあり，実用的ではないことが予想される．近代数学的な取り扱いには補助方陣を使用することが不可欠であるようには考えるが，実用的には汎魔方陣の検討に使用する場合や，魔方陣を２個の補助方陣に分離してその特徴を見つけるというような，いわば分類や分析のための補助的な使用法などに限られるのではないかと思われる．

［2-3-2］　N進法表示と対称表示の融和

　前節［2-2］の中で大小対称表示も非常に有効な表示方法であることが確認されているので，N進法表示の中に大小対称表示の考え方を導入しておくのが有効であろうと思われる．

1	4	14	15
13	16	2	3
8	5	11	10
12	9	7	6

⇒

0	0	3	3
3	3	0	0
1	1	2	2
2	2	1	1

‖
Ａ

・

0	3	1	2
0	3	1	2
3	0	2	1
3	0	2	1

‖
Ａ*

1	2	17	22	23
24	25	9	3	4
16	10	13	12	14
5	7	15	20	18
19	21	11	8	6

⇒

0	0	3	4	4
4	4	1	0	0
3	1	2	2	2
0	1	2	3	3
3	4	2	1	1

‖
Ｂ

・

0	1	1	1	2
3	4	3	2	3
0	4	2	1	3
4	1	4	4	2
3	0	0	2	0

‖
Ｃ

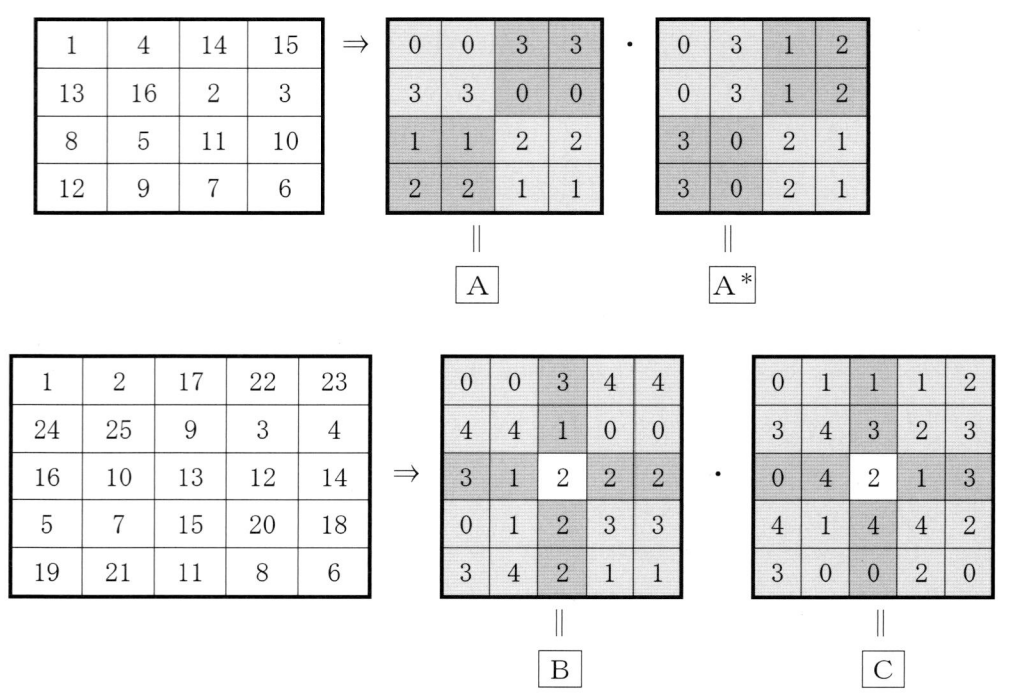

図　2-8　補助方陣の代表表示

　例えば上記のように，4次魔方陣の場合には0－3，1－2を対にして考えて分類する．5次の場合には0－4，1－3，2－2を対にして考え，更に2が中央にくる形を**代表表示**にしておくと，補助方陣と大小対称表示との関係が分かりやすく，魔方陣の分類に有効に利用できるものと思われる．これは大小対称表示の場合には奇数次の場合，中央単数0を中央に置く形を代表表示とするのでそれに合わせるためである．

　このように奇数次の場合，0～（N－1）の数字の中央になるものを**中央数字M**と表示する．特に汎魔方陣などではどの数字をどこに置いても魔方陣として成立するのであるが，中央単数を中央に置いたものを代表表示にしておくのが一番分かりやすくきれいに表現できるものと予想している．文献（5）では筆者と異なり最小数字　0　を中央に配置する形をとっているが筆者は中央数字Mの1つを中央に配置する形をとりたい．

　さらに偶数次補助方陣では可能な限り最小数字　0　を左上隅に置くものを代表にして分類整理していくのが分かりやすいと考える．また大小対称表示を用いて整理した分配陣や魔方陣をN進法表示の補助方陣で表してみれば，さらにその構成の法則を分析することができるものと思う．分配陣と魔方陣及びその代表表示については後の［3］章で述べる．

［2-3-3］ 補助方陣による魔法陣の表示方法

　N進法表示により2つの補助方陣を用いて魔方陣を検討していくという手法を進めていく際には補助方陣に対して次のように考えておかなければならない．前の［2-3-1］項の中でも述べたように

　　（1）魔方陣を構成するすべての2位の補助方陣と1位の補助方陣を作る．
　　（2）2つの補助方陣は直交していることが必要である．
　　（3）8種類の回転対称なものは同一であるので重複するものを除外する．

ということを確認していかなければならない．このようなものを過不足なく手早く検討するためには次のような手順を定めておくことが有効で分かりやすい方法であると思う．

　　（A）先ず成立するすべての補助方陣 A , B , C , …を求める．
　　（B）これらの補助方陣の回転対称なもの8種類を確認する．

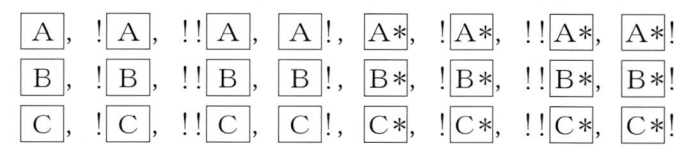

　　　　　　 A , !A , !!A , A! , A* , !A* , !!A* , A*!
　　　　　　 B , !B , !!B , B! , B* , !B* , !!B* , B*!
　　　　　　 C , !C , !!C , C! , C* , !C* , !!C* , C*!
　　　　　　　………………

　　　ここで互いに同一の配置になり，重複するものを除外しておく．
　　　ここでひとつ注意しておく．補助方陣の場合回転対称を表す表示を上記のように少し変えている．偶数次の補助方陣の場合に回転の中心を補正することが必要になり，その補正を織り込んだものをこのように表示することによる．

　　（C）2位の補助方陣となるものは

　　　　　　 A , B , C , ……

　　　のみとして他の回転対称なもの7種類は2位の補助方陣としては除外しておく．これは回転対称なもの8種類は同一なものとして，重複するものを除外するためである．

　　（D）これらの2位の補助方陣に対して他のすべての補助方陣を1位の補助方陣として組み合わせて，直交するすべての組み合わせを探し出していく．

という手法を採用する．1位の補助方陣を A , B , C , ……に限定して2位の補助方陣をすべての回転対称なものを含むように表示することもできるが，本編では上記のような表示方法を採用していく．

　一般論的な表現としては上記のように表現されるが，具体的に補助方陣の組み合わせを過不足なく検討していくためには補助方陣 A の回転対称なもの7種類をどのように表現していくかという問題が付随してくる．特に偶数次の補助方陣については注意が必要である．また次の章で出てくる分配陣とその配置替えをどのように取り扱うかという問題も付随してくる．これについては次の章の［3-2-3］項で分配陣と配置替えにからめて考えていく．

[2-3-4] 定和成立タイプの分類

N次魔方陣をN進法表示にすると下記のように2位と1位の2つの補助方陣に分離することができることは，前項で述べたとおりである．

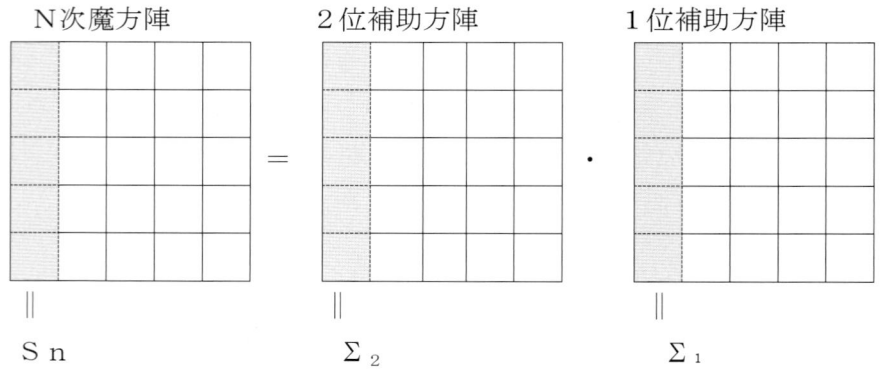

図 2-9 定和Sn成立の模式図

この補助方陣は2位のものも1位のものもそれぞれ0〜(N-1)の数字が各N個ずつで構成されている．この魔方陣が成立している条件はN個の行とN個の列及び両対角の定和Snが成立していることであるが，定和Snを構成している両補助方陣の数字の合計Σ_2及びΣ_1の組み合わせのタイプについて考えておきたい．補助方陣の数字全体の合計値Σは0〜(N-1)までの数字の合計値のN倍すなわち

$$\Sigma = \{(0+N-1) \times N / 2\} \times N = (N-1) \times N^2 / 2$$

でありこの合計値は2位のものも1位のものも同一である．各行及び列などの合計Σ_2及びΣ_1についてはそれぞれ上記の合計値Σの(1/N)となるのが基本であるように見えるが，それ以外にも考えておかなければならない組み合わせがある．

(I) 平準タイプ

まず基本のタイプは2位及び1位の補助方陣とも合計値Σ_2及びΣ_1が等しいタイプである．このときのΣ_2及びΣ_1を**「定和」**といい，これを平準タイプとする．

$$\Sigma_2 = \Sigma_1 = \Sigma / N = X$$

これには3つのタイプがある．
 (a) 均等タイプ：0〜(N-1)の数字が1個ずつ入っているタイプ
 (b) 対称タイプ：大小対称の数字が重複しているタイプ
 (c) 複雑タイプ：合計値のみが等しいタイプ

（Ⅱ）繰り上がりタイプ

次に繰り上がりタイプがある．例えば1位の補助方陣の，ある列の合計値Σ_1が平均値$X = \Sigma / N$よりNだけ大きいときには2位の補助方陣の同じ位置に対応する列の合計値Σ_2を1だけ小さくしておけば総合の合計値は等しくなり定和Ｓｎが成立することになる．これはＮ進法表示においては1位の数字の合計がＮだけ増加すると1桁繰り上がって2位の数字が1だけ増加したことと同じであることにちなんで**繰り上がりタイプ**と名づける．

次数Ｎが大きくなるに従って繰り上がりの可能性は大きくなり，$\pm N$，$\pm 2N$，…と繰り上がる可能性ができてくる．上記の組み合わせを一覧表にすると下表のようになる．

表 2-4　定和Ｓｎ成立組み合わせ一覧表

分類番号	組み合わせタイプ	2位 Σ_2	1位 Σ_1
（Ⅰ）	平準タイプ	$X \pm 0$	$X \mp 0$
（Ⅱ）	繰り上がり$\pm N$タイプ	$X \pm 1$	$X \mp N$
（Ⅲ）	繰り上がり$\pm 2N$タイプ	$X \pm 2$	$X \mp 2N$
（Ⅳ）	繰り上がり$\pm 3N$タイプ	$X \pm 3$	$X \mp 3N$
（Ⅴ）	…	…	…

次にこの繰り上がりタイプは補助方陣の行及び列方向の中ではそれぞれ単独に発生，成立することは無く，<u>±の繰り上がりが必ずセットで成立する</u>ことを考慮しておく必要がある．

2位

				= $X+1$
				= X
				= X
				= $X-1$

1位

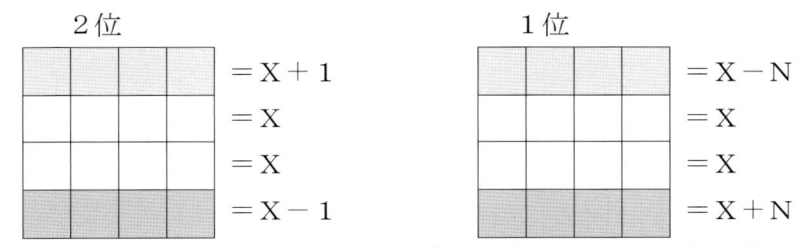

				= $X-N$
				= X
				= X
				= $X+N$

図 2-10　補助方陣の組み合わせ模式図

上記の形のように補助方陣全体としては総合の合計値Σは一定であるから，あるひとつの行が$+1$又は$-N$となれば他のひとつの行が-1又は$+N$とならなければならない．

表 2-5　4次魔方陣の補助方陣組み合わせ

	2位補助方陣	1位補助方陣
1	4列共 $\Sigma_2 = 6$ （±0）	4列共 $\Sigma_1 = 6$ （±0）
2	1列　$\Sigma_2 = 7$ （+1） 1列　$\Sigma_2 = 5$ （-1） 2列　$\Sigma_2 = 6$ （±0）	1列　$\Sigma_1 = 2$ （-4） 1列　$\Sigma_1 = 10$ （+4） 2列　$\Sigma_1 = 6$ （±0）
3	2列　$\Sigma_2 = 7$ （+1） 2列　$\Sigma_2 = 5$ （-1）	2列　$\Sigma_1 = 2$ （-4） 2列　$\Sigma_1 = 10$ （+4）

このようにして例えば4次魔方陣の場合には4列の組み合わせは[表2-5]のような組み合わせを考慮しておかなければならない．ここでは列方向に繰り上がりが発生するとして話を進めるが，行方向としても全く同様である．

次に前頁の組み合わせは行方向及び列方向共に起こりうるので行と列の組み合わせを[表2-6]のように考えておかなければならない．ここでは考え方の混乱を防止するために，まず列方向の繰り上がりを優先させて，次に行方向の繰り上がりが起こるようにまとめておく．

表 2-6　　　補助方陣の各行，各列の組み合わせ一覧表

組み合わせタイプ	2位補助方陣 列方向	2位補助方陣 行方向	1位補助方陣 列方向	1位補助方陣 行方向
(1)	4列$\Sigma_2=6$	4行$\Sigma_2=6$	4列$\Sigma_1=6$	4行$\Sigma_1=6$
(2-1)	1列$\Sigma_2=7$ 1列$\Sigma_2=5$ 2列$\Sigma_2=6$	4行$\Sigma_2=6$	1列$\Sigma_1=2$ 1列$\Sigma_1=10$ 2列$\Sigma_1=6$	4行$\Sigma_1=6$
(2-2)	〃	1行$\Sigma_2=7$ 1行$\Sigma_2=5$ 2行$\Sigma_2=6$	〃	1行$\Sigma_1=2$ 1行$\Sigma_1=10$ 2行$\Sigma_1=6$
(3-1)	2列$\Sigma_2=7$ 2列$\Sigma_2=5$	4行$\Sigma_2=6$	2列$\Sigma_1=2$ 2列$\Sigma_1=10$	4行$\Sigma_1=6$
(3-2)	〃	1行$\Sigma_2=7$ 1行$\Sigma_2=5$ 2行$\Sigma_2=6$	〃	1行$\Sigma_1=2$ 1行$\Sigma_1=10$ 2行$\Sigma_1=6$
(3-3)	〃	2行$\Sigma_2=7$ 2行$\Sigma_2=5$	〃	2行$\Sigma_1=2$ 2行$\Sigma_1=10$

このようにしてこれら6種類の組み合わせについて順次検討することになる．4次魔方陣の場合には，これらの組み合わせを順次検討していくと，後で示されるように（1），（2-1），（2-2）及び（3-1）の4種のタイプのみ成立することが分かってくる．

5次，6次，…魔方陣となるとこの補助方陣の各列及び各行の組み合わせの数が多くなり複雑になってくる．詳細については各次数の魔方陣の中で考えてみる．

[2] 魔方陣の表示方法について

（Ⅲ）対角成分の繰り上がり

　次に考えておかなければならないことは上記のような繰り上がりタイプが対角方向に発生成立する場合である．汎魔方陣の場合には汎対角線のすべての定和が成立しているので，両対角についても上記の行と列の組み合わせと全く同じような組み合わせの可能性を考えておかなければならない．奇数次汎魔方陣の場合には主対角及び従対角のそれぞれの中で±の繰り上がりが必ずセットで発生する．これは奇数次の汎魔方陣には必ず**直斜変換**が成立して，行，列の成分と両対角の成分はそっくり入れ替わったものが誘導されるので，行及び列方向に±の繰り上がりがセットで発生するなら，両対角方向のそれぞれの中で±の繰り上がりが必ずセットで発生することを考えてみると明らかに理解できる．

　偶数次の汎魔法陣の場合には汎対角線は２つのグループに分かれているのでグループ内で同様にセットになると考えておかなければならない．

　汎魔方陣以外の魔方陣の場合には対角方向の繰り上がりタイプは**単独で偶発的に発生成立することもある**と考えておけばよい．詳細については各次の魔法陣の中で考えていくことになる．

　このように繰り上がりタイプとなっている場合には２位と１位の補助方陣はそれぞれ別のものになる．±１の繰り上がりを含む補助方陣が２位の補助方陣となり，±Ｎの繰り上がりを含む補助方陣が１位の補助方陣となるように限定されるが，平準タイプの場合と同様に２位の補助方陣を主体にして組み合わせを考えておけば回転対称なものを除外して表示していくことができる．ただしこの場合には１位の回転対称なものとの組み合わせは相当に制限されていることはいうまでもない．

　また念のために述べておくと，対角方向のみが繰り上がりタイプになっている魔方陣に対しては２位と１位の補助方陣を入れ替えた組み合わせまで作って配置替え分配陣（これについては次の章で述べる）を検討して，平準タイプの魔方陣が重複していないかどうか検討済みの形にしなければならない．

　上記のように補助方陣の中の行，列，両対角方向の定和が成立していなくても２つの補助方陣を組み合わせた結果の定和が成立する場合の取り扱いにおいて，従来の文献の中では定和の数字の繰り上がりという考え方及びその取り扱いが抜け落ちていたように思う．

　最近の文献（例えばインターネット上の摂田寛二の資料[9]）などには補助方陣の定和の繰り上がりという表現が見られるようになってきている．

> [筆者提案その６] 魔方陣の各行，列および両対角の定和が成立することを検討する場合，２つの補助方陣の定和が成立する組み合わせという考えおよび分類の中に合計数字の繰り上がりという考え方を導入することが必要である．

[2－3－5]　ラテン方陣及びオイラー方陣との関係

　前記の組み合わせの中では特に（Ⅰ）平準タイプの組み合わせについて注目しておきたい．平準タイプの中でも均等タイプの配列になっているものは補助方陣がラテン方陣を形成する．**ラテン方陣**とは各Ｎ個の１からＮ（または０から（Ｎ－１））の数字をＮ×Ｎの桝目に行の方向も列の方向も重複がないように配置したものであり，一般には対角方向は不問とする．これをＮ×Ｎ次のラテン方陣という．更に両対角の方向の汎対角線も重複がないように配置したものを**汎ラテン方陣**という．

　次に２つのラテン方陣を組み合わせるとすべての数字の組み合わせが重複なく現れるものを２つのラテン方陣は**直交している**と表示しその組み合わせを**オイラー方陣**という．分配陣の中でも平準タイプの組み合わせの中で更に一部分のものがオイラー方陣の形となっているものである．しかもこのオイラー方陣は非常に注目される形である．第１の理由は汎魔方陣の基本のものはこのオイラー方陣に含まれていることにある．第２の理由はオイラー方陣であれば数学的にまとまった形の取り扱いをすることができることである．

　後で示される桂馬とび配置による汎魔方陣などは多くの場合このラテン方陣とオイラー方陣との形であるのでこれらの形に分類されるものに対しては便利に応用することができる．

　文献（５）は汎魔方陣（完全魔方陣）を主体として取り扱っており，近代数学的にこのようなラテン方陣を取り扱っていく手法についての一つの方向性を示している．詳しいことは文献（５）及び文献（７）を参照していただきたいが，文献（７）で用いられている魔方陣とは対角の定和の成立を無視しており一般の魔方陣の定義とは異なっているので注意しておきたい．対角成分の定和が成立することを無視したものは本編で用いている**分配陣**（次の章で述べる）に対応するものである．

[2－4]　２進法表示，４進法表示他

　[２－３]節においてＮ次魔方陣はＮ進法の表示による２つの補助方陣によってきれいに表されることが示されているが，さらに補助方陣の個数を増やしていくこともできる．各次数の構成要素個数は下記のようなＮ進法で表すことが出来るので，このようなタイプのものを検討する必要が有るものと予想している．従来の文献（３）やインターネット上の摂田寛二の文献（９）の中に２進数による４次と８次の魔方陣の検討などがあるので詳細についてはそれらの文献を参照していただきたい．

次数Ｎ	構成要素個数	Ｎ進法
４	4^2	2^4
８	8^2	2^6　　4^3
９	9^2	3^4
１６	16^2	2^8　　4^4

[2-5] 不連続数列の魔方陣について

[2-5-1] 不連続数列の魔方陣その1

前記［2-1］節で述べたように階差d＝1の連続した1～N^2（または0～（N^2-1））の数列を用いるのが原則であるが，次のようにいろいろな数列を用いて同様に魔方陣を構成することができる．例えば次のような数列を用いたものを作ることができる．（1）は階差2の連続した数字の場合である．

(1)　　2, 4, 6, 8, 10, 12, 14, 16, 18
(2)　　2, 4, 6, 5, 7, 9, 8, 10, 12

(1)

8	18	4
6	10	14
16	2	12

(2)

5	12	4
6	7	8
10	2	9

また5次の親子魔方陣として次のようなものが作られている．

11	24	5	22	3
20	12	19	8	6
1	9	13	17	25
10	18	7	14	16
23	2	21	4	15

11	20	5	22	7
8	12	25	2	18
17	3	13	23	9
10	24	1	14	16
19	6	21	4	15

これをみると内蔵3次魔方陣は次の数列で構成されていることが分かる．

(3) 7, 8, 9, 12, 13, 14, 17, 18, 19
(4) 1, 2, 3, 12, 13, 14, 23, 24, 25

このような数列の構成要素の数字を3×3の行列に並べてみると，数列はある規則性によって配列されていれば連続した数列でなくてもよいことが認められる．

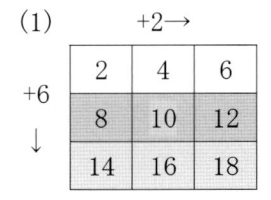

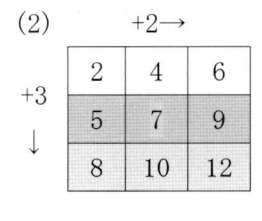

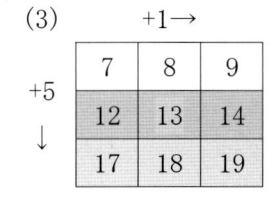

(1) +2→ +6↓

2	4	6
8	10	12
14	16	18

(2) +2→ +3↓

2	4	6
5	7	9
8	10	12

(3) +1→ +5↓

7	8	9
12	13	14
17	18	19

(4) +1→ +11↓

1	2	3
12	13	14
23	24	25

しかも（1），（2），（3）及び（4）の配列による魔方陣を比較してみると分かるように，いずれも連続した1～9の数字の場合と全く同じ配置となっていると考えることができる．従ってこのようにある規則性によって配列された数列の魔方陣は連続した1～9の数字配列のものを基本として基本の魔方陣の形を修飾して表されると表現していくことができる．

4次以上のＮ次魔方陣の場合には，補助方陣の中に繰り上がりが発生しない形の場合には３次の場合と同様に容易であるが，一般的には補助方陣の中に繰り上がりが発生しており，いろいろと複雑になってくる．

[２－５－２]　不連続数列その１の補助方陣表示

前の項の中で通常の10進法表示の変形として，不連続数列による３次魔方陣について考察したが，Ｎ次魔方陣の場合の補助方陣を用いた表現について簡単に述べておく．例えば次のような数列を使用した５次魔方陣の場合について考えてみる．このような数列を５行５列に並べてみると行方向は階差 $a=3$ であり，列方向は階差 $b=8$ の数列とみることができる．

→ a＝3　　　　　　　　2位 A　　　　　　　　1位 B

3	6	9	12	15
11	14	17	20	23
19	22	25	28	31
27	30	33	36	39
35	38	41	44	47

0	0	0	0	0
1	1	1	1	1
2	2	2	2	2
3	3	3	3	3
4	4	4	4	4

・

0	1	2	3	4
0	1	2	3	4
0	1	2	3	4
0	1	2	3	4
0	1	2	3	4

↓ b=8

そうであればこの数列の各数字Ｍは一般の５次魔方陣の表現に使用する５進法の補助方陣と同じものを使用して次のように表現できる．

$$\boxed{M} = 8 \cdot \boxed{A} + 3 \cdot \boxed{B} + 3 \quad \cdots\cdots (1)$$

このようにどちらの補助方陣にも階差による倍率が発生するので，２位と１位という表現が少しあやふやになってくる．一般的には倍率の数字の大きい方を２位の補助方陣と見なしてまとめていけばよいと考えている．

このようにして不連続数列の魔方陣を補助方陣によって表現にしてみるとその特性が一目瞭然である．補助方陣が平準タイプであれば基本のものをそのまま修飾して表すことができるが，繰り上がりタイプのものは一般には成立しないと考え，別途検討し直さなければならない．その際には，不連続数列の場合には２つの補助方陣の定和に発生する繰り上がりは互いに相手の倍率 a，b の整数倍でなければならないことが明らかに予想される．上記の様な補助方陣 A には±３の整数倍の繰り上がりが，補助方陣 B には±８の整数倍の繰り上がりが必要であると予想される．そのような繰り上がりが成立するものがあれば，繰り上がりタイプとして表すことができる．

[筆者提案その７] 不連続数列の魔方陣も成立することがあるとの記述はあるが，その数列の構成条件や繰り上がりタイプのものについては別途検討していかなければならないことなどについての記述には出会っていない．

[2] 魔方陣の表示方法について

汎オイラー型の場合の特性

　前記のような不連続な数列の場合であれば，平準タイプの魔方陣であればすべてのタイプのものが基本の数列の場合と同様に成立する．逆に良く整った特別なタイプの魔方陣の場合にはさらに特別な数列による魔方陣が成立する．このような数列の可能性については加納敏の『数の遊び魔方陣・図形陣の作り方』[10]の中で4次と5次の魔方陣について触れられている．ただしそのようなものが示されているだけで，その理由付けについては明らかな表現はされていない．このようなものについて考察してみると，最も典型的なものは**汎オイラー型**の場合である．例えば5次の魔方陣では次のような汎オイラー型の汎魔方陣があり，2個の補助方陣は汎ラテン方陣となっている．

汎魔方陣A

1	23	20	12	9
15	7	4	21	18
24	16	13	10	2
8	5	22	19	11
17	14	6	3	25

=

2位補助方陣

0	4	3	2	1
2	1	0	4	3
4	3	2	1	0
1	0	4	3	2
3	2	1	0	4

・

1位補助方陣

0	2	4	1	3
4	1	3	0	2
3	0	2	4	1
2	4	1	3	0
1	3	0	2	4

　この魔方陣の構成要素の数列はもちろん通常に表示される階差 $d=1$ の連続数列である．2個の補助方陣は上図に示されるとおり 0～4 の数字が行, 列, 両対角方向共均等に1度ずつ配置されている．このような補助方陣の場合であれば各数字間の階差は均等でなくても定和が成立するものと予想される．例えば［図 2-13］左のような数列を考え，5×5 の行列に並べてみると各数字間の階差はいろいろ異なっているが，同一の行及び列の間では同一の値になっていることが認められる．この数列を用いて上記の汎魔方陣Aの数字を修飾して配列すると同図右の汎魔方陣Bとなる．

汎魔方陣B

　　　　　→1　→2　→4　→3

	1	2	4	8	11
↓5	6	7	9	13	16
↓8	14	15	17	21	24
↓21	35	36	38	42	45
↓11	46	47	49	53	56

1	49	45	15	13
24	7	8	46	38
53	35	17	16	2
9	11	47	42	14
36	21	6	4	56

図 2-13　不均一な階差数列による汎魔方陣

　このように魔方陣の配列が汎ラテン方陣のように非常に規則的になっている場合には構成要素の数列は等差でなくても良い場合がある．

[3] 分配陣と魔方陣

[3-1] 分配陣と魔方陣

　従来の一般魔方陣の解法においては，各行，各列の定和が成立することと両対角の定和が成立することを同時に，同等のウエートをかけて検討してきた．しかし5次魔方陣を検討し始めてみるとひとつの魔方陣をようやく確定したと思っても，その中にあたかも偶発的に成立するかのように思える重複魔方陣が成立することが分かってきた．この重複魔方陣をもれなく効率的に網羅するためには，魔方陣の解法を改めて，当初からすべての対角の組み合わせを検討済みの形にすることが解法の近道であるように思われる．魔方陣を解いていく場合

① まず対角の定和の成否は無視して各行，各列のみの定和が成立するものを選び出し，これを分配陣とよぶ．

② この分配陣の各行，各列のすべての並べ替えを検討してそのときに両対角の定和の成立するものを拾い出していく．
これが魔方陣である．

③ 成立するものを整理整頓する．

という手法でなければならない．このような解法であれば成立する重複魔方陣の条件が明らかになってくるものと思われる．このような方法については参考文献（3）に4次魔方陣についてのレーマーの文献が紹介されているので，これを参考にしながら考察を進めてみたい．

　レーマーは対角線を度外視した四方陣（＝分配陣）の総数を求めている．

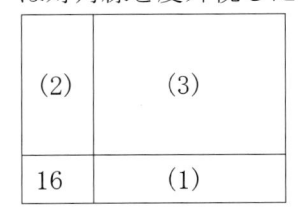

(2)	(3)
16	(1)

上記のように左下隅に16の数字を固定して残りの（1）と（2）の組み合わせを順次求め，そのときに成立する（3）の組み合わせの個数を順次検討している．それによると

・成立する組み合わせの基本総数は468種．
・一つの基本方陣は行を入れ替えることによって（4×3×2×1）の変化がある．
・この各々に対して列を入れ替えうるから変化は（4×3×2×1)^{2}となる．
・これを裏からみることもできるから（4×3×2×1)^2×2の変化がある．
・一つの方陣から上の変化が得られるのでこれを基本数にかけて
　　$468 \times (4 \times 3 \times 2 \times 1)^2 \times 2 = 539,136$

をもってレーマーは対角を無視した四方陣の総数とした．この論文を浦田繁松と境　新の両者が検討して誤りを発見し，

・基本数は477種あり総数は

$$477\times(4\times3\times2\times1)^2\times2=549,504$$

とした．この四方陣に対角線上の和が34となる条件を加えると四方陣の総数が判明することになるとしている．

　このようにレーマーの方法が示されている．レーマーも浦田なども変化の数を$(4\times3\times2\times1)^2\times2$としているが，でき上がった分配陣または魔方陣は単に左右，上下，回転対称の計8種が含まれるので，これら8種に対応する四方陣は最後には同一のものとしてまとめてよいので上の総数を8で割ると

$$477\times(4\times3\times2\times1)^2\times2/8$$
$$=477\times144$$
$$=68,688$$

となる．上記の144という数字は後で示される配置替えの総数である．

　また前項で述べたようにオイラー方陣を取り扱うなどのように対角の定和の成立は不問にした形からスタートして対角の定和が成立することを付け加えていくという手法は数学的な取り扱いに有利であることが十分に考えられる．

　また文献（3）によると，岡島喜三郎によって5次魔方陣の総数が計算されているが，その方法もこのように先ず行及び列方向の定和が成立する組み合わせを選び出し，次に行，列の並べ替えを行ない，両対角方向の定和が成立するものを選び出していくという手順を踏んでいるようであり，結局この分配陣と配置替えという考え方に集約されてくるものと考えられる．

[筆者提案その8]　魔方陣を検討分類する手順として，分配陣と配置替えという考え方を導入する．それに付随して分配陣の代表表示，同一対角配置替え魔方陣，汎対角同一配置替え魔方陣などの分類が現れる．

［３－２］　数字の分配と配置替え

魔法陣の構成要素である数字の分配と配置替えを次のように定義しておく．

［３－２－１］　数字の分配

対角の定和の成立は無視して各行および各列の定和が成立するように数字を各行，各列に割り当てることを数字の**分配**という．分配が成立しているものを**分配陣**と名づける．分配の特徴は従来の連結線による分類と同様に補対の形で分類整理することもできる．例えば４次分配陣の代表的なものは下図のようなパターンに整理することもできる．

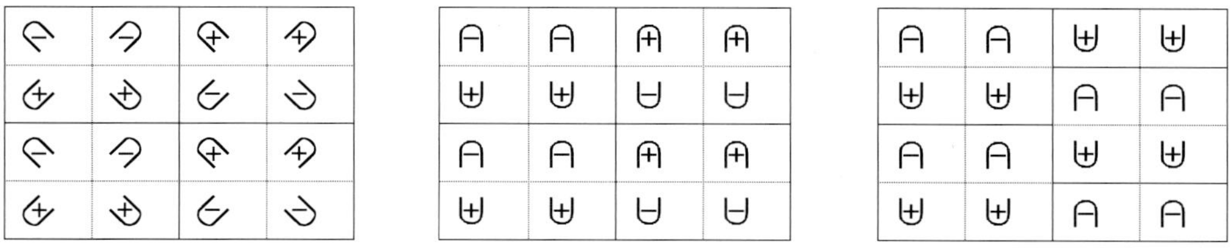

図　3－1　　　分配パターン

［３－２－２］　配置替え

分配陣の各行，各列の順序を組織的に変更することを**配置替え**と言い，これによって現れる一連の分配陣を**配置替え分配陣**という．各行，各列の配置替え総数はそれらの順列組み合わせで表されるが，循環配置替え（シフト変換）と組替え配置替えの２種類に分かれる．筆者は分配陣とその配置替えという考え方をセットにして魔方陣の検討及び取り扱いを進めていきたい．従って前に出た直斜変換や次に出る数値変換等の**変換**という概念と**配置替え**という概念を正確に使い分けしたい．このような理由で文献（５）に使用されているシフト変換という言い方は**シフト配置替え**と変更しておきたい．

（１）循環配置替え（シフト配置替え）

	C_1	C_2	C_3	C_4	C_5	C_1	C_2	C_3	C_4
L_1									
L_2									
L_3									
L_4									
L_5									

図　3－2　　　循環配置替え

上記の５次分配陣の場合には列方向のある一つの配列（１）に対する列方向の循環配置替えは

合計5種類である．

C_1-C_2-C_3-C_4-C_5　　C_2-C_3-C_4-C_5-C_1　　C_3-C_4-C_5-C_1-C_2　　C_4-C_5-C_1-C_2-C_3　　C_5-C_1-C_2-C_3-C_4

（2）組替え配置替え

上記（1）の配置に対する同じく列方向の組替え配置は次の24種類である．

C_1-C_2-C_3-C_4-C_5　　C_1-C_2-C_3-C_5-C_4　　C_1-C_2-C_4-C_3-C_5　　C_1-C_2-C_4-C_5-C_3　　C_1-C_2-C_5-C_3-C_4

C_1-C_2-C_5-C_4-C_3　　　　…　　　　C_1-C_5-C_4-C_3-C_2

ただしこれら24種の組替え配置替えは上記の循環配置替え5種類を含めて考えると，互いに左右対称となり重複するものがあるので結局半数の12種類が成立する．このようにして，一般のN次分配陣の場合各行，各列のそれぞれの配置替え総数は

$$n_c = (N!/2)$$

分配陣においては両対角についての条件がないので各行，各列はそれぞれ独立に配置替えできる．従って各行，各列の配置替えの個数をn_cとすると全体の配置替えの総数Dは

$$D = \{(N!)/2\}^2$$
$$= \{(N-1)!/2\}^2 \times N^2 \qquad (N \geq 3)$$

である．$\{(N-1)!/2\}^2$が**組替え配置替え**であり，N^2が**循環配置替え**である．この配置替えの個数の一覧表は次の通りとなる．

表 3-1　各次の全配置替えの個数一覧表

次数 N	組替え配置替 $\{(N-1)!/2\}^2$	循環配置替 N^2	全配置替 $D=\{(N!)/2\}^2$	全分配陣数	全魔方陣数
3	1	3^2	3^2	1	1
4	3^2	4^2	12^2	477	880
5	12^2	5^2	60^2		275,305,224
6	60^2	6^2	360^2		
7	360^2	7^2	$2,520^2$		
8	$2,520^2$	8^2	$20,160^2$		
9	$20,160^2$	9^2	$181,440^2$		
10	$181,440^2$	10^2	$1,814,400^2$		
11	$1,814,400^2$	11^2	$19,958,400^2$		
12	$19,958,400^2$	12^2	$239,500,800^2$		

後で示すように配置替えの一覧表を作る場合には循環配置替えは1個の分配陣の中でまとめて表示できるので，組替え配置替えのものを上手に表示していけばよい．また，上の一覧表

をみるとN次の全配置替え数が（N＋1）次の組替え配置替えと同一になっている．

（3）配置替え分配陣の代表表示

次に各次の配置替えの形はどのように表示されるのかを検討してみる．これまでの検討によって奇数次の魔方陣の場合，構成要素の数字は対称表示では下記のように表示される．

0	−1	−2	−3	−4	−5	−6	⋯
	+1	+2	+3	+4	+5	+6	⋯

中央単数0は常に単独で働くので，これの表示については区分できるような表示方法がよいと思われるので，次に示す配置替えの代表表示の中にそのことを織り込んでおく．すなわち各行，各列の中央のものが中央単数0を含むものとする．そしてその配列の代表表示としては下図左のものが一番分かりやすいのであるが，魔方陣としては下図右のものの方がまとまりのよいことが後で示されるので，いずれかの形を代表として表示することとする．

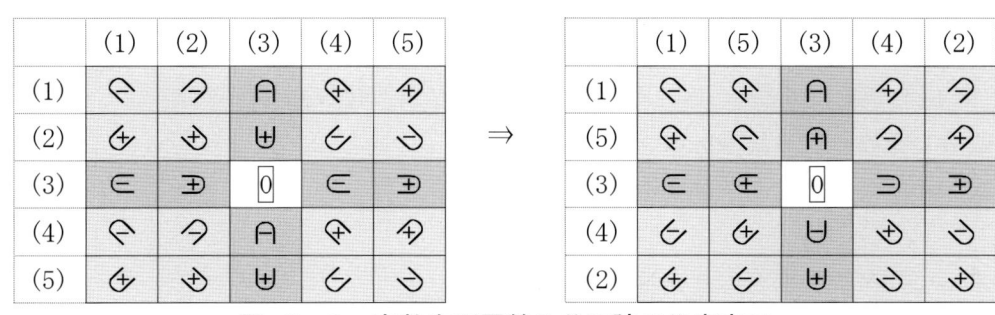

図 3-3 奇数次配置替え分配陣の代表表示

偶数次の場合には下図左のものが一番分かりやすいのであるが，分配陣としては下図右のものがまとまりのよいことが後で示されるのでいずれかの形を代表表示とする．

またできる限り最小数字0（または1）が左上隅に入る形を代表表示とする．

このように全配置替え数 $\{(N-1)!\}^2 \times N^2$ 個のグループを表すものの代表を上記のような方法で表していく．

図 3-4 偶数次配置替え分配陣の代表表示

(4) 配置替え全対角成分数

次にこの配置替え分配陣に内在する対角成分の総数について考えてみる．配置替えにおいては，各行，各列の並べ替えについて注目して配置替え分配陣の総数を考えたが，対角成分のみについて考えると次のようになる．

	(1)	(2)	(3)	(4)
(1)	a_{11}	a_{12}	a_{13}	a_{14}
(2)	a_{21}	a_{22}	a_{23}	a_{24}
(3)	a_{31}	a_{32}	a_{33}	a_{34}
(4)	a_{41}	a_{42}	a_{43}	a_{44}

例えば4次の場合
- （1） 第1行の第1列にa_{11}を置くと
- （2） 第2行の第2列には残りの3列の内から1個を
- （3） 第3行の第3列には残りの2列の内から1個を
- （4） 第4行の第4列には残りの列の数字が入る．
- （5） 第1行の第1列にa_{12}，a_{13}，a_{14}を置いた場合にも同様の配置が可能．

従って対角成分の組み合わせ総数Dnは

$$Dn = 4 \times 3 \times 2 \times 1 = 4!$$

同様にしてすべてのN次の場合の対角成分総数Dnは

$$Dn = N!$$

で表示できる．これが対角成分の配列順序を考えないで組み合わせだけを考えたときの全組み合わせ数である．これを<u>配置替え全対角成分数</u>と表示する．このように分配陣の全配置替え数よりも全対角成分数のほうがずっと少ない．N次分配陣の全配置替え数Dは

$$D = \{(N!)/2\}^2$$

この全配置替え数の中にはそれぞれ2個の対角がある．従って対角成分の重複回数は

$$2D/(N!) = (N!)/2$$

となる．

4次の場合として考えると，全配置替えは144種類あるがその中の対角成分は24種類だけであり，この24個の対角成分はそれぞれ12回ずつ重複しているということである．5次の場合には3600の配置替えの中に120種類の対角成分が60回ずつ重複している．

（5）同一対角配置替え分配陣

次にさらに配置替え分配陣の対称性について考えてみると次のような特性がある．

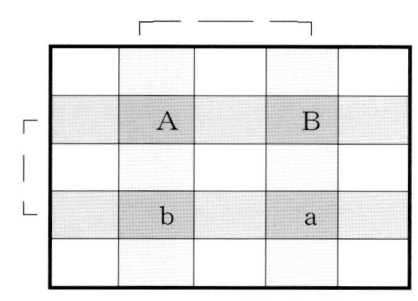

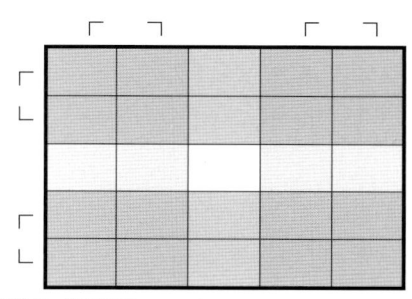

図 3-5　同一対角配置替え分配陣

上図左のように奇数次の分配陣の場合には中央の行と列を除いて，中央から対称の位置にある行，列をそっくり入れ替えしたものを比較してみると，行も列もそれぞれの成分が保たれていることはいうまでもなく，両対角の数字もそれぞれＡ－ａ，Ｂ－ｂが入れ替わったものであり両対角の成分も同一に保たれている．また対称の位置であれば右図のように入れ替えを行なったものも同様に成立する．偶数次の分配陣の場合にも全く同様に成立することが分かる．このように行及び列方向共対称形に配置替えを行なったものを同一対角配置替え分配陣（魔方陣）とよぶ．

$$Dd = 2^{(S-1)} \times S! \quad (S = [N/2] \quad ただし [N/2] は整数を表す．)$$

同一対角配置替え分配陣（魔方陣）の成立数は次の［表 3-2］の通りである．

（6）汎対角同一配置替え分配陣

前の同一対角配置替え分配陣の中には両対角が変化していないだけでなく，すべての汎対角線成分が全く変化していないものが存在する．例えば５次分配陣の場合

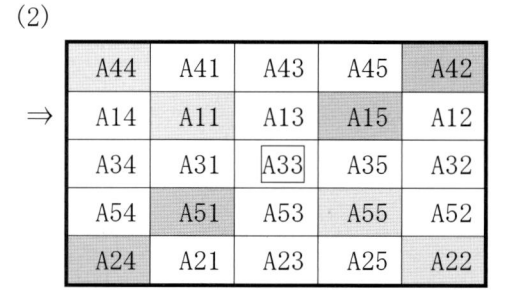

図 3-6　汎対角同一配置替え分配陣

上記のように（1）の分配陣に ┌┐ ┌─┐ ┌┐ の配置替えが行なわれたと見なすことのできる（2）の組替え配置替えの場合には，すべての汎対角線成分は全く変化していない．ただその

配列順序が変わっているだけである．

このように5次分配陣の場合には組替え配置替え144種類のなかに汎対角成分が全く同じ組み合わせのものが2種類ずつ存在する．このように分配陣の配置替えを検討する場合には汎対角成分が全く変化していないものまであることを取り入れた配置替え一覧表を作成しておけば作業量を少しでも減らすことができる．

次に各次の分配陣には汎対角同一配置替えは何個ずつ存在するのか検討しておかなければならない．これについては参考文献（3）の第11章に述べられている汎魔方陣の等差行列変換が全く同じものである．等差行列変換は例えば7次魔方陣の場合行方向の数列を

$$1, 2, 3, 4, 5, 6, 7, 1, 2, 3, 4, 5, 6, 7, 1, 2, \cdots\cdots$$

と循環するものとみて，1つ飛び，2つ飛び，3つ飛びの変換を次のように考える．

（1）1 2 3 4 5 6 7 1 ……
（2）1 3 5 7 2 4 6 1 ……
（3）1 4 7 3 6 2 5 1 ……
（4）1 5 2 6 3 7 4 1 ……

このように並べてみると（4）の変換図式は逆方向から見ると（3）と一致するから等差行列変換では3種類になると示している．汎魔方陣を分配陣と置き変えて考え直してみると全く同じように取り扱うことができる．

表 3-2 各次の組替え配置替え数他

次数 N	組替え配置替え数 $Dk = [(N-1)!/2]^2$	全配置替え 対角成分数 $Dn = N!$	同一対角 配置替え数 $Dd = 2^{(S-1)} \times S!$	汎対角同一 配置替え数 Dz
3	1^2	6	1	1
4	3^2	24	4	1
5	12^2	120	4	2
6	60^2	720	24	1
7	360^2	5,040	24	3
8	$2,520^2$	40,320	192	2
9	$20,160^2$	362,880	192	3
10	$181,440^2$	3,628,800	1,920	2
11	$1,814,400^2$	39,916,800	1,920	5
12	$19,958,400^2$	479,001,600	23,040	2
13	$239,500,800^2$	6,227,020,800	23,040	6
14	$3,113,510,400^2$	87,178,291,200	322,560	3
15	$43,589,145,600^2$	1,307,674,368,000	322,560	4
16	$653,837,184,000^2$	20,922,789,888,000	5,160,960	4
17	$10,461,394,944,000^2$	355,687,428,096,000	5,160,960	8

[　３　]　分配陣と魔方陣

　このようにして汎対角同一配置替えは等差行列変換でその成立個数を計算することができる．

等差行列変換の最大個数は次数Ｎの１／２である．

等差行列変換自体は次数Ｎが素数以外の場合には成立しないものがあるのでこれ以下になる．例えばＮ＝24とすると

$$N = 2 \times 2 \times 2 \times 3$$

であるので約数２と３の倍数飛びの等差数列変換は成立しないことが明らかである．従って１，５，７，11格飛びの４種類が成立する．このようにして各次の等差行列変換の成立数を計算することができる．ここで各次の組替え配置替え数Ｄｋと全配置替え対角成分数Ｄｎと同一対角配置替え数Ｄｄ及び汎対角同一配置替え数Ｄｚをまとめておくと［表３－２］のようになる．

（７）組替え分配陣の配列順序

　上記のように各次の分配陣の代表表示とその配置替えが成立しており，この配置替え分配陣を過不足なく検討して，その対角の定和がどのように成立するか否かということを判定すれば一連の魔方陣を発見し整理することができることは分かった．そうしてこの配置替え分配陣はその総数さえ過不足なく検討すれば，配置替えの順序はどのように並べておいてもよい．配置替えの順序は魔法陣が成立するか否かということには関係しないことは明らかである．しかしこの配置替え分配陣の中には限られた数の対角成分と同一対角成分分配陣及び汎対角同一分配陣が含まれていることが分かった．従ってこの配置替え分配陣の中で対角成分の定和が成立し，魔方陣となる配置替えのものや重複魔方陣及び汎魔方陣となる配置替えのものを効率的に探し出すことのできる配置替え分配陣の並べ方というようなものが考えられる．またそのように対角成分の特徴によってまとめた方が当然成立魔法陣の特徴をより良くあらわすものと考える．次に一例として　［Ｃ］４次分配陣配置替え一覧表－１型　を示す．

４次分配陣一覧表の見方
（１）組替え配置替えは行，列方向共３種類であるので，９種類の組替え配置替えがある．
（２）循環配置替えはそれぞれの分配陣の中で両対角の交点となる中心位置で表示する．
　　　例えば左上の分配陣であれば主対角 1 と従対角 5 の交点 6 の位置で表示する．
（３）対角成分は 1 ～ 24 の24種類であり同じ番号は同一対角成分を表す．
（４）両対角の交点に入っている番号は両対角の組み合わせの種類を表す．
　　　 1 ～ 36 の36種類あり，同じ番号は同一の対角の組み合わせを表す．
（５）定和の成立する対角番号同士の交点になるものをすべて選び出す．
（６）１つの分配陣の中に成立する交点が２個だけのものは一般魔方陣であり，４個以上のものは重複魔方陣であり，すべての交点が成立するものは汎魔方陣である．

[C] 4次分配陣配置替え一覧表－1型

分配陣番号　NO.

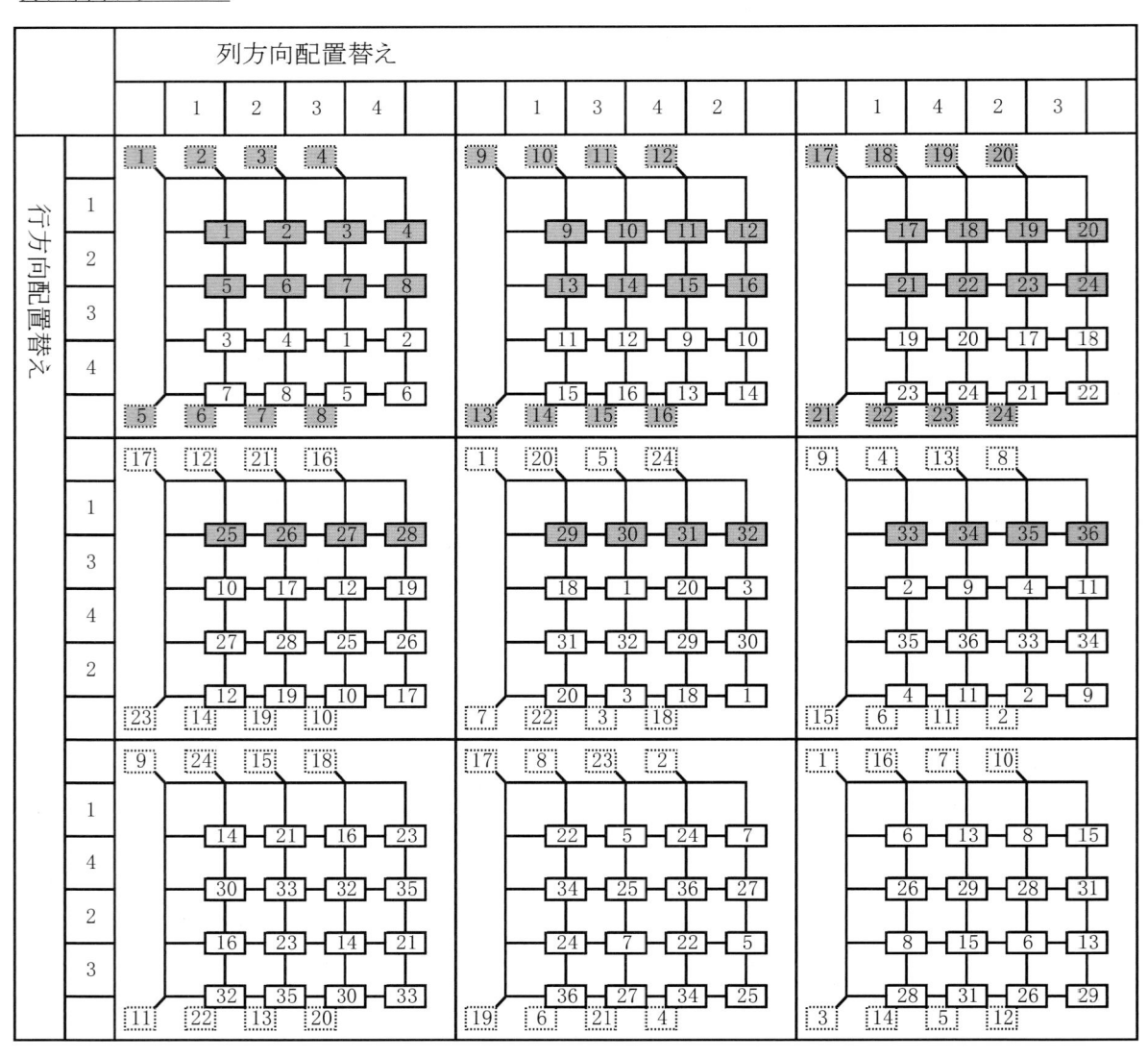

このような配列を代表にして配置替えを検討してもよい．

この配置替え一覧表によって全分配陣477種類の配置替えを検証していく．

対角成分は24種類であり，それぞれ3回ずつ重複している．24種類を薄網掛けで示す．

対角成分の組み合わせの種類は36通り，各4回重複している．36種類を薄網かけで示す．

対角成分の総和が成立するものを拾い出すと魔方陣が成立する位置が自動的に判定される．

魔方陣の中心となる両対角の交点位置の□の中に成立する魔法陣の番号を記入する．

[3]　分配陣と魔方陣

［3−2−3］　補助方陣表示に於ける分配陣と配置替えの考え方

　前項［3−2−2］によって魔方陣を検討する手段として分配陣とその配置替えという手順が示されたが，分配陣をN進法による2つの補助方陣で表示している場合にはこれに特有な特性が現れるので，これらについての取り扱いを整理しておきたい．前の［2−3−3］項の中で述べたように，N進法表示を用いて魔方陣を検討していく際には補助方陣に対して
　　　（1）　魔方陣を構成するすべての2位の補助方陣と1位の補助方陣を作る．
　　　（2）　2つの補助方陣は直交していることが必要である．
　　　（3）　8種類の回転対称なものなどは同一であるので重複するものを除外する．
ということを確認していかなければならない．
　さらに前の項で述べたように分配陣による魔方陣の検討には配置替えが付随しており，このためにそれぞれの補助方陣自体の表示には配置替えによる一連の表示が必ず付随する．従って
　　　（4）　補助方陣同士の循環配置替えによる組み合わせの表示方法の確認
　　　（5）　補助方陣同士の組替え配置替えによる組み合わせの表示方法の確認
を付け加えておかなければならない．
　このように2つの補助方陣の直交性の検討と，配置替えによるすべての対角の定和の検討という作業は本来は分離されているはずであるが，分配陣の表示方法の中に配置替えの表示を付属させなければならないことにより，直交性の検討の中にも配置替えによる表示方法が侵入してくるので話が混乱してくる．できるだけ混乱しないような表現方法を採用したいものである．このようなものを過不足なく手早く検討する為には補助方陣の構成と組み合わせについて次の3段階で考えておくことが必要である．
　ここで検討を進める前に1つだけ再確認しておかなければならないことは，補助方陣には平準タイプと繰り上がりタイプの2種類があったことである．平準タイプの場合で一般的に考えていけばすべての組み合わせの形が網羅されている．繰り上がりタイプの場合にはその形によって成立しない組み合わせはそのつど除外して検討を省略していくように取り扱えばよい．

　第1段階　成立する補助方陣の代表表示と2つの補助方陣の組み合わせ
（A）先ず成立するすべての補助方陣 A ， B ， C ，…を求める．これらの補助方陣を組み合わせて分配陣 M を作ることができたとすれば，例えば
　　　　M ＝ A ・ A∗
などと表される．1位の補助方陣 A∗ には8種類の回転対称なものが付随する．従って
（B）これらの補助方陣の回転対称なもの8種類を確認する．
　　　　　　A, !A, !!A, A!, A∗, !A∗, !!A∗, A∗!
　　　　　　B, !B, !!B, B!, B∗, !B∗, !!B∗, B∗!
　　　　　　C, !C, !!C, C!, C∗, !C∗, !!C∗, C∗!
　　　　　　　………………
ここで互いに同一の配置になり，重複するものを除外することになる．

（C） 2位の補助方陣となるものは

$\boxed{A}$, $\boxed{B}$, $\boxed{C}$, ……

のみとして他の回転対称なもの7種類は2位の補助方陣としては除外しておく．

（D）これらの2位の補助方陣に対して他のすべての補助方陣を1位の補助方陣として組み合わせを行ない，直交するすべての組み合わせを探し出していく，という手法を採用する．

（E）これらの補助方陣 $\boxed{A}$, $\boxed{B}$, $\boxed{C}$ の表示には循環配置替えと組替え配置替えを表す表現のものが付随している．そうであれば，1位の補助方陣にそれらを付随させて

分配陣	2位補助方陣	1位補助方陣
$\boxed{M}$	$\boxed{A}$	(1) 回転対称8種類による重複を含む $\boxed{B}$, !$\boxed{B}$, !!$\boxed{B}$, $\boxed{B}$!, $\boxed{B}$*, !$\boxed{B}$*, !!$\boxed{B}$*, $\boxed{B}$*! (2) 循環配置替えによるN^2個の重複含む (3) 組替え配置替えによるK個の重複含む 合計 $8 \times N^2 \times K$個

の個数だけその直交性を確認しなければならない．

一般論的な表現としては上記のように表現されるが，具体的に補助方陣の組み合わせを過不足なく検討していくためには補助方陣 $\boxed{B}$ の循環配置替えのものや回転対称なもの8種類をどのように表現していくかという問題が付随してくる．特に偶数次の補助方陣については回転対称なものの表現に注意が必要である．これについては分配陣と配置替えに絡めて考えていく．

$\boxed{\text{第2段階}}$ その1　循環配置替えによるN^2個の重複の表示方法

補助方陣の構成要素の数字は0～（N－1）がN個ずつであるので，2つの補助方陣による組み合わせを作った場合には次のような特徴が起こってくる．例えば4次の補助方陣には4個の0が含まれているのでこれに注目し，下図のように0a, 0b, 0c, 0d, とする．

2位補助方陣 $\boxed{A}$

0a			
0b			
		0c	
			0d

・

1位補助方陣 $\boxed{B}$

0a			
		0c	
	0b		
			0d

上図のような $\boxed{A}$, $\boxed{B}$ 2つの補助方陣が直交しておれば，(0a0a)の組み合わせが成立する場合には他の0b～0dなどの組み合わせは成立しない．次に補助方陣 $\boxed{B}$ の16個の循環配置替えと $\boxed{A}$ との組み合わせを作った場合には，もしすべての組み合わせで直交が成立しておれば必ず

(0a0a), (0a0b), (0a0c), (0a0d), (0b0a), (0b0b), (0b0c), (0b0d)
(0c0a), (0c0b), (0c0c), (0c0d), (0d0a), (0d0b), (0d0c), (0d0d)

の16種類の組み合わせが一度ずつ現れるはずである．この(0a0b)などの組み合わせが代数式10進法表示の数字0を表している．しかしこのようにして成立した分配陣 M においては今注目している数字0の位置が2位の補助方陣 A の0a，0b，0c，0dのいずれかの位置に移動するので，最後には再配置して0の位置をそろえて整理し直して見なければならない．従って補助方陣 A と，補助方陣 B の16個の循環配置替えとの組み合わせは逆に次のようにすり替えて表示しておくのがよい．

　補助方陣平面を考えて，補助方陣 A ， B のそれぞれ4個の0a〜0dが同じ位置（例えば偶数次の場合には左上角）になるように補助方陣 Aa ， Ab ， Ac ， Ad 及び Ba ， Bb ， Bc ， Bd を選び出す．補助方陣 A ， B はそれぞれ4個の Aa 〜 Ad と Ba 〜 Bd が重複していると見なして A ・ B に対しては4×4＝16種類の組み合わせを考えておけばよい．これはすべての次数Nの場合に同様に成立する．

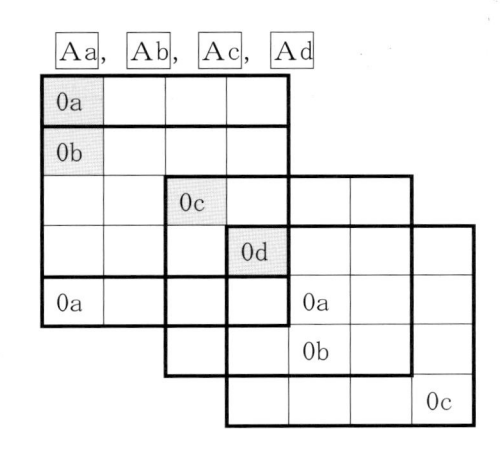

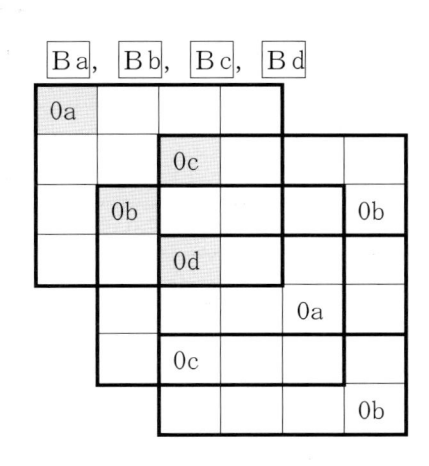

図 3-7　偶数次補助方陣の重複の表示方法

　補助方陣の循環配置替えをこのようにすり替えて取り扱えば，2つの補助方陣の組み合わせを作ったときの注目数字の移動が防止できる．この注目数字が移動することの防止は前の8種類の回転対称なものの中でも必要になるので次にまとめて取り扱ってみる．

第2段階　その2　補助方陣の回転対称の考え方とN個の重複

奇数次補助方陣の場合

　例えば7次魔方陣の補助方陣として次のような補助方陣 B が成立する．奇数次補助方陣の場合には中央数字Mを中央に配置する．補助方陣 B は数字の配列が不規則な構成であり 3a 〜 3g まで7個ある4の数字のどれを中央に配置するかによって7種類の補助方陣が重複していると見なして以後の考察，処理を行なえばよい．7個の補助方陣に対してそれぞれ8種類の回転対称な補助方陣

　　(1)　 Ba 　 !Ba 　 !!Ba 　 Ba! 　 Ba* 　 !Ba* 　 !!Ba* 　 Ba*!
　　(2)　 Bb 　 !Bb 　 !!Bb 　 Bb! 　 Bb* 　 !Bb* 　 !!Bb* 　 Bb*!

(3) ☐Bc ☐!Bc ☐!!Bc ☐Bc! ☐Bc* ☐!Bc* ☐!!Bc* ☐Bc*!
  ⋯ ⋯⋯⋯⋯⋯⋯⋯⋯⋯
(7) ☐Bg ☐!Bg ☐!!Bg ☐Bg! ☐Bg* ☐!Bg* ☐!!Bg* ☐Bg*!

を作成し，1位の補助方陣とする．ここで7種類の補助方陣の中で同一の配置形となるものを除いておく．

|B|=

5	3	6	3	2	1	1	5	3	6	3
0	1	5	3	6	4	2	0	1	5	3
4	2	0	0	5	4	6	4	2	0	0
4	3	6	5	3a	0	0	4	3b	6	5	3
2	1	1	5	2	6	4	2	1	1	5	2	6
6	5	2	0	0	5	3c	6	5	2	0	0	5
4	2	6	4	3d	1	1	4	2	6	4	3	1
1	1	5	3e	6	3f	2	1	1	5
4	2	0	1	5	3g	6	4	2	0
4	6	4	2	0	0	5	4	6
0	4	3	6	5	3	0	0	4
		1	5	2	6	4	2	1

図 3-8 奇数次補助方陣の重複の表示方法

このようにN個の補助方陣が重複していると見なければならない配列のものが一般には多く成立しているが，補助方陣の種類によっては3a〜3gのどれを中心に置いても7種類が全く同一になるものもある．2位の補助方陣☐AはAa〜Agと置いて1位の補助方陣と直交が成立するものすべてを選び出してやればよい．

偶数次補助方陣の回転対称の考え方

分配陣（魔方陣）の成立個数を検討するためには偶数次の補助方陣の回転対称なものを分かりやすく適切に表示する手順を検討しておく必要がある．偶数次分配陣の場合には中心となる**桝目**が存在しないので補助方陣を単純に回転させると固定しておきたい数字が移動してしまい，注目している数字の位置がいろいろ変化するという弱点を含んでいる．この弱点を防止するためには例えば最小の数字0を左上角に固定する表示方法を採用すると共に回転対称8種類は次のように考えて表示することが必要である．

例えば4次補助方陣の場合次のように考えてやればよい．先ず基本となる補助方陣☐Aaは次図のように連続して広がっていると見なして，この☐Aa平面から次のように回転対称補助方陣を切りとって選び出すと考えてやればよい．

↓

3	0b	1	2	3	0b	1
0c	!!Aa	2	1	0c	Aa!	2
2	1	0d	3	2	1	0d
1	2	3	0a	1	2	3
3	0b	1	2	3	0b	1
0c	!Aa	2	1	0c	Aa	2
2	1	0d	3	2	1	0d

← →

↑

図 ３－９ 偶数次補助方陣の回転対称

太線枠の配置のものを補助方陣Aaとすると
二重線枠の配置のものが補助方陣!!Aaである．
太点線枠の配置のものが補助方陣!Aaである．
細点線枠の配置のものが補助方陣Aa!である．
それぞれ矢印の方向から見たもので表示すればよい．
転置対称補助方陣についても同様にして表示する．

↓

3	0	2	1	3	0	2
0	!!Aa*	1	2	0	Aa*!	1
1	2	0	3	1	2	0
2	1	3	0a	2	1	3
3	0	2	1	3	0c	2
0	!Aa*	1	2	0b	Aa*	1
1	2	0	3	1	2	0d

← →

↑

図 ３－１０ 偶数次転置補助方陣の回転対称

太線枠の配置のものを補助方陣Aa*とすると
二重線枠の配置のものが補助方陣!!Aa*である．
太点線枠の配置のものが補助方陣!Aa*である．
細点線枠の配置のものが補助方陣Aa*!である．
それぞれ矢印の方向から見たもので表示すればよい．
以上によって回転対称８種類の補助方陣を表示することができる．このようにして偶数次の補助方陣に於いてもＮ個ある数字０ａ～０ｄを左上隅に置いたＮ種類の補助方陣Ａａ～Ａｄが重複していると見なして以後の考察，処理を行なえばよい．ここで回転対称８種類と注目数字によるＮ種類の補助方陣の中で同一の配置形となるものを除いておく．

このようにN個の補助方陣が重複していると見なければならない配列のものが一般には多く成立しているが，補助方陣の種類によってはN種類が全く同一のものになるものもある．これらを1位の補助方陣とする．2位の補助方陣は $\boxed{\text{Aa}}$ ～ $\boxed{\text{Ad}}$ のN種類としてすべての組み合わせを選び出していく．

　このように偶数次の補助方陣の場合には回転対称な補助方陣の表現には回転の中心を左上隅に変更するという修正をしておくことが必要になる．回転の中心を変更したものを下記のように表示することにする．

$$\boxed{\text{Aa}},\ \boxed{\text{!Aa}},\ \boxed{\text{!!Aa}},\ \boxed{\text{Aa!}},\ \boxed{\text{Aa*}},\ \boxed{\text{!Aa*}},\ \boxed{\text{!!Aa*}},\ \boxed{\text{Aa*!}}$$

　このような表示方法を採用しておけば直交する補助方陣の組み合わせを作った場合には最小数字0の位置は移動することなく，成立した分配陣や魔方陣を再配置しなければならないということは防止できるし，またすべての補助方陣の組み合わせを過不足なく検討することができるようになる．

　今までには，このように補助方陣同士の直交性を検討するための方法や手順に関しての記述とか考察とかには出会っていない．またそのためには偶数次補助方陣の場合には回転対称の表現方法を上記のように修正しておくことが非常に重要であるというような記述にも出会っていない．筆者はこれらの考え方，整理の仕方は一般の数学的な方法ではどのように取り扱われ，表現されるのかという知識を持ち合わせていないので上記のように表す．

［筆者提案その9］偶数次補助方陣の回転対称8種類の定義を上記のように特定の数字の位置に固定したもので表示する．

　第3段階　1位の補助方陣に組替え配置替えの実施

　2つの補助方陣の組み合わせは2位の補助方陣を基本にして1位の補助方陣が変化していくような形の表示方法を採用している．そうして，補助方陣同士の組み合わせの形は奇数次の場合には中央の数字が，偶数次の場合には左上角の0の数字が固定されているので，1位の補助方陣の循環配置替えの表示は上記のような2位と1位のN個ずつの組み合わせにすりかえられている．最後に1位の補助方陣には組替え配置替えを表す表示を導入しておけばよい．

　前項で各次の組替え配置替え魔方陣の個数が示されている．

次数	4	5	6	7	8	9
組替え配置替え数K	3^2	12^2	60^2	360^2	2520^2	20160^2

　各次の1位の補助方陣には上記の個数だけの組替え配置替えを行なってやればよい．そうしてその結果について同一配置形となるものを除いておけばよい．念のため確認しておくと，これらの組替え配置替えは奇数次の場合には中央の数字を固定して，偶数次の場合には左上角の数字を固定して実施する．

[3] 分配陣と魔方陣

このようにして補助方陣 A ・ B の組み合わせによって成立する分配陣の総数について直交性を確認していくことになる．

ここまでの第1ステージの中で表現していた補助方陣の配置替えはこれから行なう配置替えに付随して機能的に発生したものであった．

このようにして第1ステージの分配陣 M の総数が求められた．次の第2ステージとしてこの分配陣 M の本来の配置替えを検討しなければならない．分配陣 M に対する配置替えは循環配置替えと組替え配置替えがある．前の［3－2－2］で指摘しておいたように循環配置替えは1つの分配陣の中でのすべての両対角の定和成立を確認することにより代行できるので，分配陣 M に対する組替え配置替えだけを考えておけばよい．

このようにして最後に分配陣 M の本来の配置替えを実施すると1位の補助方陣に対しては**第3段階**で行なった組替え配置替えをむしかえすことになる．そうであれば2位の補助方陣にも**第3段階**で組替え配置替えをあらかじめ組み込んでおいてやれば最後の分配陣 M の本来の配置替えを実施することと同じことになる．このようにして結局すべての配置替えを含めた組み合わせに対して直交性を確認していかなければならない．

以上の組み合わせをまとめてみると次のように表される．

表 3-3　補助方陣表示による分配陣の成立検討一覧表

分配陣	2位補助方陣	1位補助方陣
M	A	(1) 回転対称8種類による重複含む A , ! A , !! A , A !, A*, ! A*, !! A*, A*!
	(2) 固定数字による(Aa〜An)の 　 N個の重複含む	(2) 固定数字による(Aa〜An)のN個の重複含む
	(3) 組替え配置替えによる 　 K個の重複含む	(3) 組替え配置替えによるK個の重複含む
	合計　N×K個	合計　8×N×K個

このようにして補助方陣の組み合わせを考え，直交性を確認していく事は実際には大変な作業である．このようにして，補助方陣を用いて検討を進めることはかえって作業量が多くなる要素を多分に含んでいる．このようにかえって作業量が多くなることを振り返って考えてみると，主要な原因はひとえに<u>直交性の確認</u>にあるものと考えられる．逆説的に表現すると，一般の10進法表示や対称表示の場合には構成要素であるすべての数字については直交性が保障されている．これに対してN進法の補助方陣による表示の場合には，上記のように膨大な種類の組み合わせについて直交性をチェックしなければならないという作業が追加されるということである．

[3-3]　数値の変換

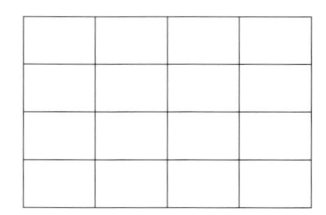

　魔方陣の構成を考えるとき，本編では数字の分配とその行，列の配置替えという考え方をとるのだが，一つの分配陣から別の分配陣が誘導できるかということを考察する場合には，数字の変換という考え方を導入すると有効であると思われる．例えば下記のような4次の分配陣が成立しているとすると，必ず1～16の数字を一度ずつ使用しているのであるから，ある位置の数字をn→n＋aに変更するとn＋aが元あった位置の数字は（n＋a）→nとなる．

図 3-11　数値変換

　上記のように各行，各列でこれらの＋a，－aが1セットとなるような数値の変換を行なってやれば新たな別の分配陣が誘導されることになる．上記の場合を2セット変換のパターンの例とすると，ほかにも下図のように3セット変換，4セット変換，6セット変換などのパターンの例が考えられる．

　分配陣を考えている場合には対角については不問にしておけばよい．魔方陣から別の魔方陣を誘導する場合には対角についても＋a，－aが1セットとなるような形になっていることが必要である．

3セット変換　　　4セット変換　　　6セット変換

図 3-12　各種セット数値変換

5次魔方陣の一例として下記の数値の変換を行なうと

1	15	24	18	7
23	17	6	5	14
10	4	13	22	16
12	21	20	9	3
19	8	2	11	25

⇒

25⇔24
20⇔19
15⇔14
10⇔9
5⇔4

⇒

1	14	25	18	7
23	17	6	4	15
9	5	13	22	16
12	21	19	10	3
20	8	2	11	24

[3]　分配陣と魔方陣

各行，各列，各対角とも＋1と－1の数値変換が1セットずつ行なわれており，別の魔方陣に変換されている．この場合5セットの数値は±1ずつ変換されているので［5セットの数値変換＜1＞］と表示しておくが，これらの変換は非常に煩雑になるので各行，各列とも1セット以内の変換に限定しておく方が実際的であるように思われる．4次分配陣では4セット，5次分配陣では5セット，6次分配陣では6セット以内などとする．ただし上記の例のようにN次分配陣においてシステム的なN個セットの数値変換となる場合には分配陣の分類のみに利用してそれぞれは独立の分配陣として取り扱う方が分かりやすいこともある．

多数セットの変換では下図のように別途多段階変換として考えればよいのではないかと思われる．ただし変換1と変換2の中に同じ数字が共通に含まれている場合には変換の順序によって異なる分配陣となることもあるので変換の順序も含めての多段変換と考えなければならない．

分配陣A ⇒ 変換1 ⇒ 分配陣B ⇒ 変換2 ⇒ 分配陣C

魔方陣のサイズが大きくなると，種々複合した数値変換も発生するようである．例えば7次汎魔方陣の一例として

A

1	45	40	35	23	18	13
21	9	4	48	36	31	26
34	22	17	12	7	44	39
47	42	30	25	20	8	3
11	6	43	38	33	28	16
24	19	14	2	46	41	29
37	32	27	15	10	5	49

⇒

B

1	34	40	44	28	11	17
9	21	4	31	36	48	26
45	22	13	19	2	35	39
33	37	49	25	10	15	6
18	3	29	41	47	23	14
27	12	16	7	32	38	43
42	46	24	8	20	5	30

‖

±0	-14, +3	±0	+14, -5	+5	-7	+7, -3
-7, -5	+7, +5	±0	-14, -3	±0	+14, +3	±0
+14, -3	±0	-7, +3	+7	-5	-14, +5	±0
-14	-5	+14, +5	±0	-7, -3	+7	+3
+7	-3	-14	+3	+14	-5	-7, +5
+3	-7	+7, -5	+5	-14	-3	+14
+5	+14	-3	-7	+7, +3	±0	-14, -5

63

の変換は前述のように各7セットの±3，±5，±7，±14の4種の変換の複合したものであると分解して考えることができる．従って下記のように4段階の数値変換に置き換えることもできると思われる．

±3	±5	±7	±14
48↔45	49↔44	21↔14	49↔35
41↔38	42↔37	20↔13	48↔34
34↔31	35↔30	19↔12	47↔33
27↔24	28↔23	18↔11	46↔32
20↔17	21↔16	17↔10	45↔31
13↔10	14↔9	16↔9	44↔30
6↔3	7↔2	15↔8	43↔29

⇒ ⇒ ⇒ ⇒ ⇒

この A 方陣から B 方陣への変換は後の桂馬とび配置による7次汎魔方陣の構成と分類法のところで示すように3個の数字をサイクリックに入れ替えた別の変換の組み合わせと考えることもできる．

［筆者提案その10］魔方陣の分類に数値変換という考え方を導入する．

このような変換の考え方と手法を取り入れたものがすでに示されている．文献（3）の中に不規則完全魔方陣の存在が取り上げられている．この不規則完全魔方陣の構成を考察する中で阿部楽方が8角変換等の数値変換という取り扱い方法を述べている．

［４］ 一般魔方陣の解法について

　前の［３］章までで魔方陣の形及びその特性について検討してきたので次に魔方陣を構成する解法についてまとめていきたい．しかし今日まで多くの人たちが挑戦しては跳ね返されているように一筋縄では解決しない困難性がひそんでいる．

　その**第１の理由**は膨大な数の問題である．今日までに確定されている魔方陣の総数は３次の場合の１個，４次の場合の880個，５次の場合の275,305,224個であり６次以上の魔方陣の総数は誰も未だ確定できてはいない．

　第２の理由は魔方陣の行及び列の定和が成立するだけでなく両対角の定和も成立することが要求されている構造にある．これによって数学的な組み合わせの理論や確率の理論を適用することが複雑になっている．両対角の定和が成立することが要求されない場合とは分配陣を取り扱うことである．従って，先ず分配陣として取り扱い，次にこれの配置替えを実施して魔方陣をまとめていくという手法をとればよい．ただしこの配置替え自体も前に述べているように相当の個数にはなる．逆に汎対角線の定和が成立することが要求される汎魔方陣の場合であれば数学的な理論を適用し易くなるし，成立する個数も少ない．

　第３の理由は魔方陣の行と列及び対角の定和が成立する中に繰り上がりタイプが存在することである．魔方陣を２個の補助方陣に分解して考察する場合，各行と列及び対角の定和 Sn の中に繰り上がりタイプのものが除外されておれば取り扱いは相当に単純化されると考えられる．先ず繰り上がりのないタイプに数学的なアプローチを図り，その後に繰り上がりタイプのものを付け加えていく事ができれば，それが１つの解決の道筋になるものと考える．

　第４の理由は従来の研究者達の間では魔方陣に関する表現方法やその取り扱い方法及び基本的な特性について全体の確認事項にまでまとめ上げていくという方向の業績が非常に軽視されていることにある．

　従って筆者の提案する分配陣と配置替えの手法を用いて魔方陣の検討を始める前に，まず従来の魔方陣の検討手法または作成手法についてまとめて整理しておきたい．そうして従来の魔方陣取り扱いの中に欠けている問題点を筆者の気づいた範囲で明らかにしておきたい．

[4－1] 周期的配列による構成

多くの先輩たちが魔方陣を作り上げる単純明快な方法を模索していろいろな方法を編み出している．その中でも魔方陣は $1 \sim N^2$ の数字を $N \times N$ 個の桝目の中に並べ替えるものであるから，はじめに機械的な順序すなわちある周期的な順序で並べておいて，これをまた機械的に並べ替えて魔方陣に構成していく方法があるはずだと考えていろいろな工夫をしている．これらの周期的配列方法やその変換の方法については文献（2），（3），（4）に歴史的な経過と共に詳しく解説されているが，筆者の考え方でこれらの方法をまとめて分類してみる．

先ず数字の配列は
(1) 行，列方向に機械的に並べた**自然方陣**からスタートする．
自然方陣は千鳥配列，交差千鳥配列などへと変化する．
(2) 斜めの対角方向に機械的に並べる．
斜めの配列は桂馬とびへと変化する．

などとすることができる．次にこれらの数字を並べ替える方法をいろいろ考えてみると結局は魔方陣の図形上の特性に関連するので次数Nを（1）奇数（素奇数とその他奇数），（2）複偶数，（3）単偶数に分けて取り扱う必要があると考えればよいと思われる．従って次にこれらの代表的なものについて考察を進めてみる．

[4－1－1] 奇数次自然方陣からのスタートその1

機械的な配列の基本はまず自然方陣であろう．
(1) 自然方陣を下図のように配列する．上下の欄は汎対角線の合計の，定和からのずれを表示している．右と最下段の欄は行および列の合計の，定和からのずれを表示している．

3次自然方陣－（A）

	0	0	0	
	1	2	3	-9
	4	5	6	0
	7	8	9	9
	0	0	0	
	-3	0	3	

5次自然方陣－（A）

	0	0	0	0	0	
	1	2	3	4	5	-50
	6	7	8	9	10	-25
	11	12	13	14	15	0
	16	17	18	19	20	25
	21	22	23	24	25	50
	0	0	0	0	0	
	-10	-5	0	5	10	

図 4-1 奇数次の自然方陣

このように自然方陣を組み上げてみると，すべての数字は対称形に配列されており，これだけですでに汎対角線と行と列の中央の定和が成立している．残りの行，列の定和は上下と左右に対称形にずれている．この特性はすべての奇数の場合に同様に成立する．

[4] 一般魔方陣の解法について

　我が国の江戸期の和算家たちは自然方陣の数字の並べ方を右からの縦書きにしている．したがってそれらは本編の表示を右に90度回転させたものである．また次の操作で方陣を回転させる場合は左に回転させるものを正方向としているので本編でもそのように表示する．

　後は定和の成立している両対角を保存して残りの数字を入れ替えてすべての行と列の定和が成立するように組替えてやればよいと喜び勇んだことと思う．しかし3次の自然方陣では対角を保存したままではどんなに苦しんでも魔方陣に組み上げることは出来なかった．

　ここに来て定和の成立している行，列を新しい両対角に変更してみたいと考えたものと思う．行，列を両対角に変更することは元の両対角は行，列に下げることであり次の様に変換することを思いついたことと思う．

（2）対角と定和の成立している行，列のみを取り替える．（⇒対角と行，列だけを45度回転させる．）

3次自然方陣－（B）

	0	1	−1	
	2	3	6	−4
	1	5	9	0
	4	7	8	4
0	3	−3		
	−8	0	8	

5次自然方陣－（B）

0	−4	17	−17	4	
3	2	5	4	15	−36
6	8	9	14	10	−18
1	7	13	19	25	0
16	12	17	18	20	18
11	22	21	24	23	36
0	6	7	−7	−6	
−28	−14	0	14	28	

　このように配列してみると行，列の定和は相変わらずそれぞれ対称形にずれているので，両対角の数字は保存しながら残りの数字を入れ替えてすべての行と列の定和が成立するように組替えてやればよいと考えたことと思う．

（3）まず中央の行と列の上下左右を入れ替えると3次の場合はこれで完了し3次魔方陣が構成される．

3次自然方陣－（C）

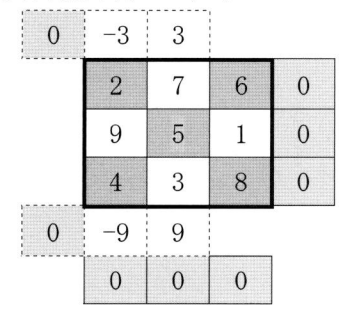

	0	−3	3	
	2	7	6	0
	9	5	1	0
	4	3	8	0
0	−9	9		
	0	0	0	

5次自然方陣－（C）

0	−8	9	−9	8	
3	2	21	4	15	−20
6	8	17	14	10	−10
25	19	13	7	1	0
16	12	9	18	20	10
11	22	5	24	23	20
0	−14	−33	33	14	
−4	−2	0	2	4	

67

文献（2）によると中国の3次魔方陣洛書は次のように説明されている．
　（A）自然3方陣を菱形に表し
　（B）中央の列と行をそれぞれ中心に関して対称に転置し
　（C）これを方形になるようにくずすとできあがる．
自然3方陣を「菱形に表し」と表現されてはいるが最後は方形になるようにくずすと表現されていることから，自然方陣を（次のバチェーのように）本当に斜めに配列するという考え方にはまだ達していなかったと考えられる．逆にいろいろと試行錯誤の末に3次の魔方陣自体はとにかく見つけ出していたと考えた方が正しいと思う．次に5次の魔方陣を作りたいと考えたときに後で上記のように理屈をつけたものと思う．このように考えたために次の発展が長い年月停滞する原因となっていると思う．

5次方陣の場合にはさらに
（4）さらに両対角を左に90度回転する．という難しい操作が必要になる．
5次自然方陣－（D）

0	−16	13	−13	16	
15	2	21	4	23	0
6	14	17	18	10	0
25	19	13	7	1	0
16	8	9	12	20	0
3	22	5	24	11	0
0	−2	−39	39	2	
	0	0	0	0	0

（3）の段階でみると行と列の定和は対称形にずれているので，これの補正は行と列の各1組ずつの数字を入れ替えてやればうまくいくだろうといろいろと考えたことと思うが，どんなに苦しんでも交換の方法は見つからなかったものと思う．これの解決には対角（言い換えると4辺）の90度回転の変換が必要であることを発見するためには長い年月が必要であった．

このように5次の場合には3次の場合に比べて変換の手順が一段階多くなるとともに，7次以上の場合にはさらにもう1段階の変換が必要になる．このような方法は江戸期の建部賢弘の方法である．建部賢弘はさらに偶数次に成立する方法も作り上げている．結局中国の洛書も建部賢弘の方陣も自然方陣のままの両対角の組み合わせでは魔方陣に組み上げることが出来ないことに気づき，対角を取り替えるところまでは気がついている．しかしこの段階では自然方陣を本当に斜めに配列するという特徴を利用できていないと思う．

なお念のため述べておくと上記の変換にある対角や行と列の回転方向はすべて左方向によるとまとめられているが，これをすべて右方向に変更すると3次魔方陣以外の場合にはもうひとつの魔方陣が必ず同様に成立する．

[4] 一般魔方陣の解法について

[4-1-2]　奇数次自然方陣からのスタートその2

バチェーの方法，松永良弼の方陣新術，直斜変換など

　奇数次魔方陣の作り方の中で最も簡単明瞭でありよく知られている方法はバチェーの方法である．この方法は文献（3）に次のように紹介されている．14世紀にMoschopoulosが考えたといわれるものである．下図のようにはじめ斜めに数字を書き込み，突き出たところを図のような位置に中に押し込んで三方陣を作ることが示されている．この方法は五方陣，七方陣などにも通用し古くから知られていたが1624年になってフランスのバチェー（C.G.Bachet）がその著書に発表したからその名で呼ばれているとも紹介されている．

3次魔方陣　　　　　　　　　5次魔方陣

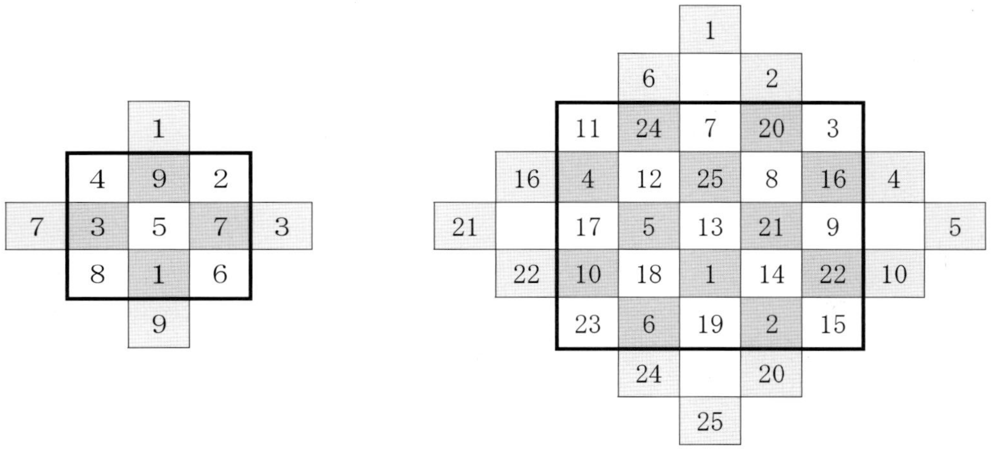

図　4-2　奇数次自然方陣の斜め配置

　このように3次の自然方陣を完全に斜めに配列して，飛び出した所を四角の中に押し込めていくという考え方に到達して初めて，5次方陣も自然方陣を斜めに配列して，同じように押し込めていくという考え方に到達することが出来た．ここまで到達するとすべての奇数次の魔方陣に拡張されていく．しかし魔方陣平面という考えにはまだ到達できていないと思う．そのためにはさらに汎魔方陣に関する行や列のシフトの考え方がうまく整理され追加されなければならなかった．

　このバチェーの方法と結果的に全く同じ魔方陣が作られる方法が文献（3）に紹介されている．江戸期の和算家松永良弼の『方陣新術』である．松永良弼（1692〜1744）は『方陣新術』の中で次のように示している．これと同じ方法が鈴木重次の『古今算法重宝記』（1701年刊）に5次魔方陣の場合で示されているというから或いは鈴木重次の開発した方法かも知れない．

　先ず7次魔方陣について説明すると1〜49までを次ページの図のように斜めに並べる．このうち偶数は網掛けで記したように

　　　右上，　2, 10, 18, 12,　6,　4,　左上，　8, 16, 24, 30, 36, 22

　　　右下，42, 34, 26, 20, 14, 28,　左下，48, 40, 32, 38, 44, 46

になっている．残りは奇数である．

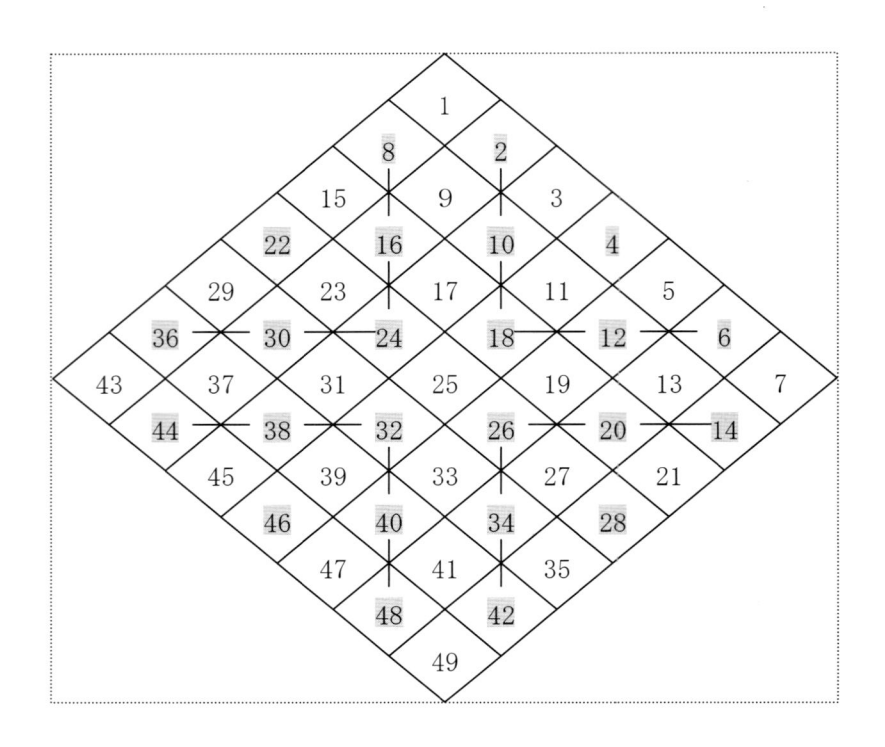

　奇数群はこのまま7次魔方陣に書き込む．偶数群は斜めに相対する群を交換して7次魔方陣に書き込み，この2つを合わせると7次魔方陣は完成する．この方法はすべての奇数次魔方陣に適用される．

　このように表現されているが，上のバチェーの方法と共に作者の松永良弼はどの特性に注目したのか，なぜそのように組替えていくと考えついたのかということが全然説明されていない．古い中国の洛書の時代なら試行錯誤で魔方陣の方が先に作られて，後で理由付けがなされているだろうと推察できるが，それ以後の時代の方法については出来るだけその考察の手順についてもふれていかなければならないと考えている．

　これらの変換操作は筆者が［1］章と［6］章の汎魔方陣の中でまとめている**直斜変換**と同一のものである．直斜変換を用いると5次魔方陣の場合には次のように成立する．［図4－3］の［A］のように配列しこれの直斜変換を行なうと魔方陣［B］が成立する．

[4]　一般魔方陣の解法について

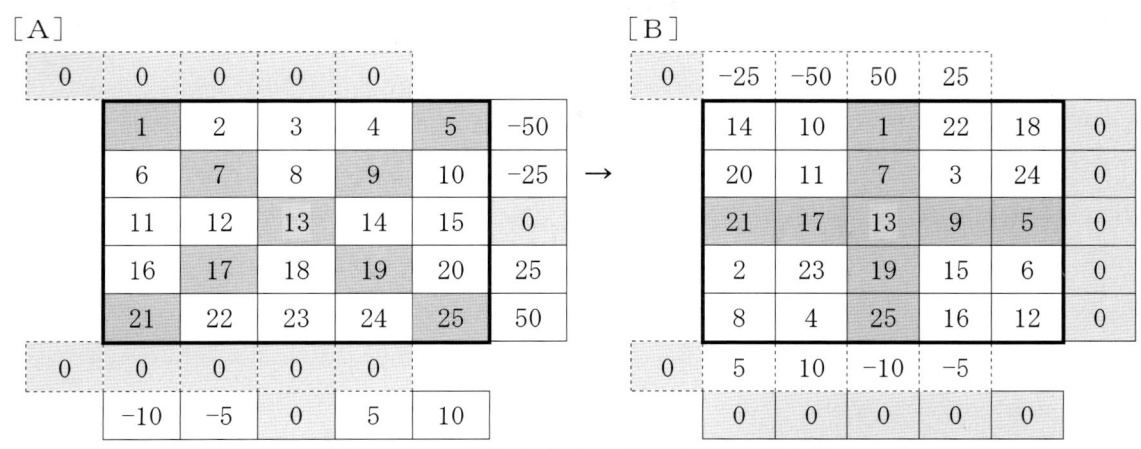

図 4-3　奇数次自然方陣からの直斜変換

　このように比較してみると松永良弼の『方陣新術』の方法は直斜変換の方法と全く同じ結果になっていることが明らかである．従って奇数次の場合にも別に斜め配置からと考えることなく，単純に自然方陣から直斜変換によって魔方陣が作られると考えることができる．

　このように元来の直斜変換とは汎魔方陣の場合の行，列と両対角の構成要素をそっくり入れ替える操作として考察されたものであるが，直斜変換という操作ができ上がってみると行，列の定和が成立しているか否かということには関係なく，行，列及び両斜の構成要素の組み合わせを変更することなく，そっくり入れ替える方法として定義することができる．

　また上記の手順は魔方陣平面で説明すると次のように簡潔明瞭に完了する．
　（A）3次または5次の自然方陣を作りこれの魔方陣平面を作る．
　（B）平面上をそれぞれ市松模様にカバーする．
　（C）残りの魔方陣平面上で45度傾けた魔方陣を切り取ると魔方陣になっている．

図 4-4　奇数次自然方陣の魔方陣平面表示

　このように魔方陣平面上を市松模様にカバーするという表現が導入されることによって明瞭な形で統一的な解釈や説明が出来るようになったものと考えている．

71

[4−1−3]　偶数次自然方陣からのスタート

[4次魔方陣]

下図左［A］のように4行4列に数字を自然の順序に配列する．これを見ると行と列方向の合計は対称的にずれており，両対角方向はすべての合計が同一になっていることが認められる．

一般に自然方陣から出発する場合には行，列，対角の定和が成立している部分を固定しておいて残りのいまだ定和が成立していない部分を入れ替えると考えるほうが早くて，分かりやすいように思う．（ただし後で述べるようにこの操作を正しく理解した上であればどちらでもよいことである．）従ってすでに合計が同一となっている両対角の数字だけを固定しておいて，中心を支点にして残りの数字を180度回転させてみると下図右［B］となりすべての行，列共合計が同一となり，魔方陣が成立する．

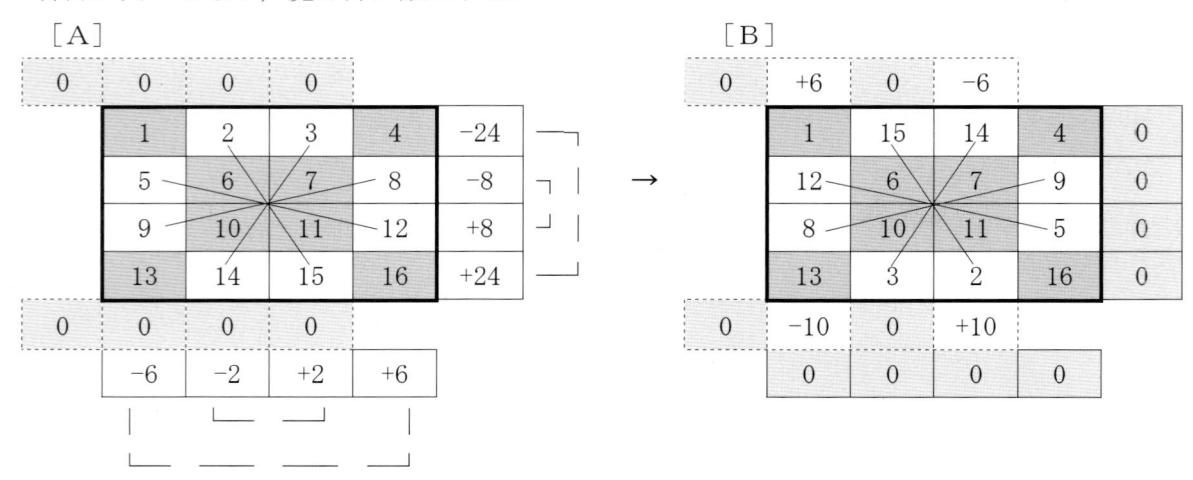

図 4-5　偶数次自然方陣からの魔方陣

実はこの操作の本質は次のような特性によるものである．［A］の行と列の和は対称形にずれており，まず行の和を補正するためには同一の列内の数字を2組ずつ入れ替えるとよい．次に列の和を補正するためにも同一の行内の数字を2組ずつ入れ替えるとよい．この2段階の補正操作をまとめて1段階で実行するためには，対称の位置にある2組ずつの数字をはすかいに入れ替えてやればよい．このようにして，4次魔方陣の場合には両対角の数字は固定しておいて2組ずつ（結果的に残りを全部）対称に入れ替えることになる．

この魔方陣は対角の定和が2系列ずつ成立しているので縦に（横でもよい）真っ二つに割り右半分と左半分（上半分と下半分）を入れ替えるともう1つの魔方陣を作ることができる．このようにして作られたものは楊輝の花十六図と陰図に対応する．

この形は元の［A］の状態で右半分と左半分（上半分と下半分）を入れ替えて新しい対角を固定しておいて残りを対称に入れ替えたもの（すなわち元の対角を対称に入れ替えたもの）と見なすこともできる．対角を対称に入れ替えてと説明されているものはこのように循環配置替えのものと見なすこともできる．

[6次魔方陣] －単偶数次の特徴

単偶数次の場合にも下図左［A］のように6行6列に数字を

(1) 自然の順序に配列する．行及び列方向共その合計値は対称形にずれており，各行および各列内の数字を上下左右に各3組ずつ入れ替えてやればよい．

(2) 両対角を固定しておいて，行と列を3組ずつ別々に入れ替えを考えることは複雑になるので，全部（すなわち各4組ずつ）を対称形に入れ替える．

(3) このように入れ替えると各1組だけは入れ替えすぎであるので4組の中から各1組だけを各行および各列の中で元に返してやればよいことが分かる．

[A]

0	0	0	0	0	0		
1	2	3	4	5	6	-90
7	8	9	10	11	12	-54
13	14	15	16	17	18	-18
19	20	21	22	23	24	18
25	26	27	28	29	30	54
31	32	33	34	35	36	90
0	0	0	0	0	0		
	-15	-9	-3	3	9	15	

[B]

0	20	0	0	0	-20	
1	35	34	33	32	6	30
30	8	28	27	11	25	18
24	23	15	16	20	19	6
18	17	21	22	14	13	-6
12	26	10	9	29	7	-18
31	5	4	3	2	36	-30
0	-28	0	0	0	28	
	5	3	1	-1	-3	-5	

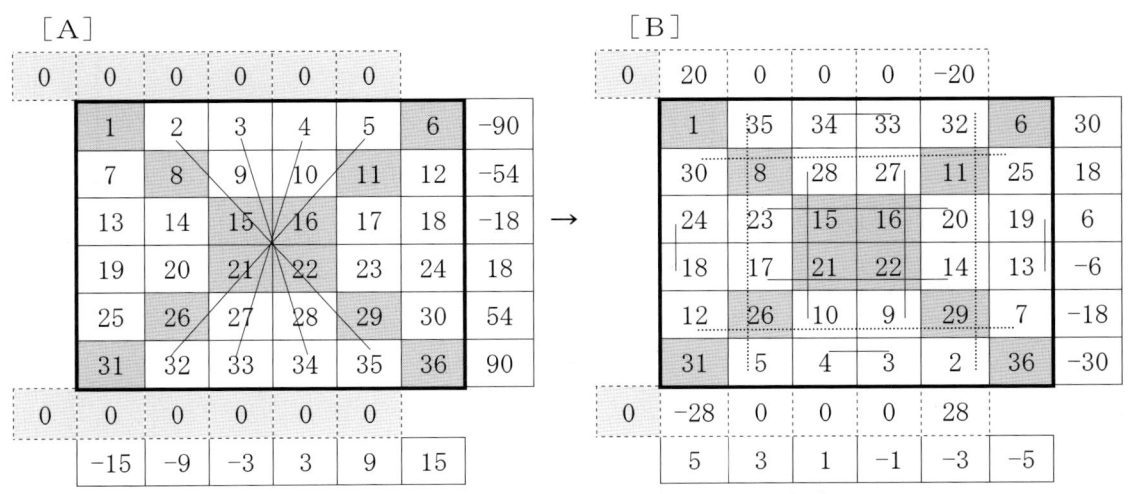

図 4-6 単偶数次自然方陣からの魔方陣

この入れ替えの組み合わせは例えば次のようなものが考えられる．他にも多数成立する．

[B1]

0	-28	32	7	17	-28	
1	5	33	34	32	6	0
25	8	10	27	11	30	0
18	20	15	16	23	19	0
24	17	21	22	14	13	0
12	26	28	9	29	7	0
31	35	4	3	2	36	0
0	28	-35	-7	-14	28	
	0	0	0	0	0	0	

[B2]

0	16	-11	35	4	-44	
1	32	4	33	35	6	0
12	8	27	28	11	25	0
19	17	15	16	20	24	0
18	23	21	22	14	13	0
30	26	10	9	29	7	0
31	5	34	3	2	36	0
0	-28	14	-35	-7	56	
	0	0	0	0	0	0	

このように単偶数次の場合には最後に行，列の一部分だけ奇数個P個の

$$P = (N - 4) / 2 \quad (N：単偶数次数)$$

入れ替え変換を行なわなければならないのが宿命であり，これによって対称魔方陣の形が崩れてしまう．

[8次魔方陣] その1－複偶数の特徴

（1）先ず自然方陣を作る．行及び列方向共その合計値は対称形にずれており，各行および各列内の数字を上下左右に各4組ずつ入れ替えてやればよい．

（2）両対角だけを固定しておいて，行と列を4組ずつ別々に入れ替えることは複雑になるので，残り6組全部を対称に入れ替える．この方法は江戸期の建部賢弘の方法[3])である．

[A]

	1	2	3	4	5	6	7	8	-224
	9	10	11	12	13	14	15	16	-160
	17	18	19	20	21	22	23	24	-96
	25	26	27	28	29	30	31	32	-32
	33	34	35	36	37	38	39	40	32
	41	42	43	44	45	46	47	48	96
	49	50	51	52	53	54	55	56	160
	57	58	59	60	61	62	63	64	224
	-28	-20	-12	-4	4	12	20	28	

[B]

	1	63	62	61	60	59	58	8	112
	56	10	54	53	52	51	15	49	60
	48	47	19	45	44	22	42	41	46
	40	39	38	28	29	35	34	33	16
	32	31	30	36	37	27	26	25	-16
	24	23	43	21	20	46	18	17	-46
	16	50	14	13	12	11	55	9	-60
	57	7	6	5	4	3	2	64	-112
	14	10	6	2	-2	-6	-10	-14	

図 4-7 複偶数次自然方陣からの魔方陣

（3）このように補正すると各2組ずつの（偶数個の）入れ替えがオーバーになっているので元に返す操作を行なう．下の[C]の例ではこれらの元に返す入れ替えを全部別々に行なっているが，この2組ずつの入れ替えは行と列方向をセットにして互いにはすかいに対称に入れ替えることもできる．<u>そのように考えるとその部分は最初から入れ替え操作がなかったことになり次の**その2**のようになる</u>．

[C]

1	7	62	60	61	59	2	8
16	10	51	53	52	54	15	9
24	42	19	45	44	22	47	17
33	39	30	28	29	27	34	40
25	31	38	36	37	35	26	32
48	18	43	21	20	46	23	41
56	50	11	13	12	14	55	49
57	63	6	4	5	3	58	64

[4]　一般魔方陣の解法について

［8次魔方陣］その2

複偶数の場合には4次魔方陣の特徴を利用した便利な方法がある．8方陣を左右上下に分割して4方陣が4個と見なすことができる．それぞれに対して両対角の位置を固定しておき，残りを中心に対して対称に入れ替える．この魔方陣は両対角のほかに薄い色で網掛けした位置も追加して固定しておくと最後の行と列の変換はなくても直接に対称形の魔方陣が成立する方法と見なせばよい．下図右となり4次の場合と同様に直接魔方陣［B1］が成立する．

［A］

0	0	0	0	0	0	0	0	
1	2	3	4	5	6	7	8	-224
9	10	11	12	13	14	15	16	-160
17	18	19	20	21	22	23	24	-96
25	26	27	28	29	30	31	32	-32
33	34	35	36	37	38	39	40	32
41	42	43	44	45	46	47	48	96
49	50	51	52	53	54	55	56	160
57	58	59	60	61	62	63	64	224
0	0	0	0	0	0	0	0	
-28	-20	-12	-4	4	12	20	28	

→

［B1］

0	0	0	0	0	0	0	0	0
1	63	62	4	5	59	58	8	0
56	10	11	53	52	14	15	49	0
48	18	19	45	44	22	23	41	0
25	39	38	28	29	35	34	32	0
33	31	30	36	37	27	26	40	0
24	42	43	21	20	46	47	17	0
16	50	51	13	12	54	55	9	0
57	7	6	60	61	3	2	64	0
0	0	0	0	0	0	0	0	

このように考えると，次に数字の固定位置は別のものも考えられる．固定する位置を下図のように選ぶことも出来る．このようにして下図［B2］，［B3］のような魔方陣が成立する．この［B3］の方法は安島直円（1732～1798）の洛書変化排置[3]にも記述されている．

［B2］

0	42	-56	42	0	-42	56	-42
1	63	3	61	60	6	58	8
56	10	54	12	13	51	15	49
17	47	19	45	44	22	42	24
40	26	38	28	29	35	31	33
32	34	30	36	37	27	39	25
41	23	43	21	20	46	18	48
16	50	14	52	53	11	55	9
57	7	59	5	4	62	2	64
0	-54	72	-54	0	54	-72	54

［B3］

0	14	56	14	0	-14	-56	-14
1	2	62	61	60	59	7	8
9	10	54	53	52	51	15	16
48	47	19	20	21	22	42	41
40	39	27	28	29	30	34	33
32	31	35	36	37	38	26	25
24	23	43	44	45	46	18	17
49	50	14	13	12	11	55	56
57	58	6	5	4	3	63	64
0	-14	-62	-18	0	10	72	48

この他にも固定位置はいろいろなものが成立する．

[4−1−4]　千鳥配列からのスタート

次に自然配列を千鳥配列に変更した場合の考え方についてまとめてみる．自然方陣の場合には汎対角線の定和が自動的に成立していたが，次の段階で行と列の定和が成立するように入れ替えを行なっていくのであるから，当初から行や列の定和が成立している配列を利用する方法がよいと考えたことであろう．このようにしてまず列の定和が自動的に成立する千鳥配列が考えられたと思われる．しかしこの千鳥配列は偶数次の場合でなければ配列が完結しないので，奇数次の場合には成立せず，偶数次に限定される．

4次千鳥配列

	-2	2	-2	2	
	1	2	3	4	-24
	8	7	6	5	-8
	9	10	11	12	8
	16	15	14	13	24
2	-2	2	-2		
	0	0	0	0	

6次千鳥配列

	-3	3	-3	3	-3	3	
	1	2	3	4	5	6	-90
	12	11	10	9	8	7	-54
	13	14	15	16	17	18	-18
	24	23	22	21	20	19	18
	25	26	27	28	29	30	54
	36	35	34	33	32	31	90
3	-3	3	-3	3	-3		
	0	0	0	0	0	0	

図 4-8　偶数次千鳥配列からの魔方陣

しかもこのように千鳥配列を作ってみると単偶数次の両対角の合計は定和から必ず奇数だけずれていることが分かってくる．対称形の配列の場合に奇数だけの差を補正することは難しいものである．つまり，千鳥配列によるものは複偶数の場合でしか確認されていないことの理由であると思われる．

4次魔方陣の場合には上図左［A］の千鳥配列から，まず定和を成立させるように

（1）両対角の（8⇔7，9⇔10），（6⇔5，11⇔12）の入れ替えを行ない，

（2）次に対角成分を固定して，行方向の定和が成立するように

　　　（2⇔15，3⇔14），（7⇔10，6⇔11）の入れ替えを行ない修正する．

［A］

	-2	2	-2	2	
	1	2	3	4	-24
	8	7	6	5	-8
	9	10	11	12	+8
	16	15	14	13	+24
2	-2	2	-2		
	0	0	0	0	

→

［B］

	0	8	0	-8	
	1	15	14	4	0
	10	8	5	11	0
	7	9	12	6	0
	16	2	3	13	0
0	-8	0	8		
	0	0	0	0	

[4] 一般魔方陣の解法について

8次魔方陣の場合には下図左［A1］の通り千鳥に配列する．列方向の定和は成立するが両対角方向と行方向の定和は成立していない．

（1）先ず列の定和が保たれるようなセットで両対角の入れ替えを行なう．例えば

$$(1 \Leftrightarrow 2,\ 16 \Leftrightarrow 15),\ (7 \Leftrightarrow 8,\ 9 \Leftrightarrow 10)$$
$$(49 \Leftrightarrow 50,\ 64 \Leftrightarrow 63),\ (55 \Leftrightarrow 56,\ 58 \Leftrightarrow 57)$$

のセットの入れ替え［A1］が成立する．

（2）次に対称にずれている4組の行の間で入れ替えを行なう．例えば第1行と第8行の間での入れ替えは6個の内4個を入れ替えてやればよい．他の行も同様であり下図右［B1］のような魔方陣が成立する．

図 4-9 8次千鳥配列からの魔方陣

両対角の入れ替えは次の［A2］ような組み合わせも成立し［B2］が成立する．

[4－1－5] 向き入れ替え千鳥配列からのスタート

上記の千鳥配列を改良して，対角の定和も自動的に成立するような配列を考えると次の様に千鳥配列の向きを交互に入れ替えたものが考えられる．行や列が偶数個でないと配列が完結しないことは上の千鳥配列と同様であり奇数次では成立しないものと思われる．

[複偶数次魔方陣]

4次魔方陣の場合には
（1）下図左［A］のように配列する．列方向と両対角方向の定和は成立している．
（2）両対角を固定して対称な行の数字を2組ずつ入れ替える．下図右［B］のような魔方陣が成立する．

[A]

0	-4	0	4	
1	2	3	4	-24
8	7	6	5	-8
12	11	10	9	+8
13	14	15	16	+24
0	-4	0	4	
0	0	0	0	

→

[B]

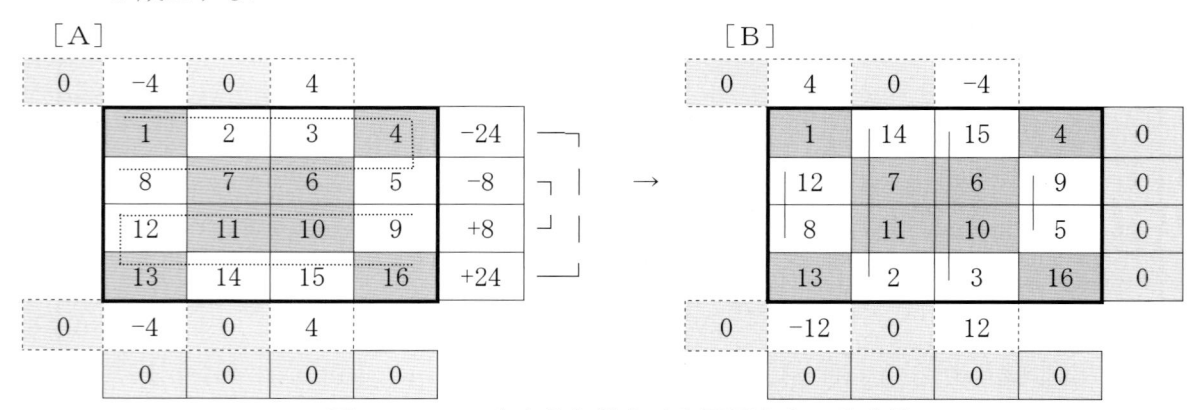

0	4	0	-4	
1	14	15	4	0
12	7	6	9	0
8	11	10	5	0
13	2	3	16	0
0	-12	0	12	
0	0	0	0	

図 4-10　向き入れ替え千鳥配列からの魔方陣

8次魔方陣の場合には
（1）下図左［A］のように配列する．列と両対角の定和は成立しているので，
（2）両対角を固定して対称な行同士の各4組ずつの入れ替えを行なえば下図右［B］の魔方陣が成立する．

[A]

0	-8	0	8	0	-8	0	8	
1	2	3	4	5	6	7	8	-224
16	15	14	13	12	11	10	9	-160
24	23	22	21	20	19	18	17	-96
25	26	27	28	29	30	31	32	-32
33	34	35	36	37	38	39	40	32
48	47	46	45	44	43	42	41	96
56	55	54	53	52	51	50	49	160
57	58	59	60	61	62	63	64	224
0	-8	0	8	0	-8	0	8	
0	0	0	0	0	0	0	0	

→

[B]

0	0	0	0	0	0	0	0	
1	58	59	4	5	62	63	8	
56	15	14	53	52	11	10	49	
48	23	22	45	44	19	18	41	
25	34	35	28	29	38	39	32	
33	26	27	36	37	30	31	40	
24	47	46	21	20	43	42	17	
16	55	54	13	12	51	50	9	
57	2	3	60	61	6	7	64	
0	0	0	0	0	0	0	0	
0	0	0	0	0	0	0	0	

[4]　一般魔方陣の解法について

［単偶数次魔方陣］
　単偶数次の場合には最後の千鳥配列の向きを逆に配列しておくほうが考えやすい．

6次魔方陣の場合には
（1）下図左［A］のように配列する．両対角方向と行方向の定和は成立していない．
（2）まず両対角の定和が成立するように対角の一部を入れ替えると共に，次の行方向の補正
　　のために追加の入れ替えをしておく．
　　　　　（16⇔15，33⇔34），（12⇔7，19⇔24）
（3）次に両対角を固定しておいて行方向の定和が成立するように対称な位置の行同士次の3
　　組ずつの入れ替えを行なう．
　　　　　（ 2⇔32， 3⇔34， 4⇔33）
　　　　　（ 7⇔30，10⇔28，12⇔25）
　　　　　（18⇔24，17⇔20，14⇔23），

［A］

1					
1	2	3	4	5	6	-90
12	11	10	9	8	7	-54
18	17	16	15	14	13	-18
19	20	21	22	23	24	18
30	29	28	27	26	25	54
31	32	33	34	35	36	90

-1

0 0 0 0 0 0

→

［B］

0

| 1 |32 |34 |33 | 5 | 6 | 0
|30 |11 |28 | 9 | 8 |25 | 0
|24 |20 |15 |16 |23 |13 | 0
|18 |17 |21 |22 |14 |19 | 0
| 7 |29 |10 |27 |26 |12 | 0
|31 | 2 | 3 | 4 |35 |36 | 0

0

0 0 0 0 0 0

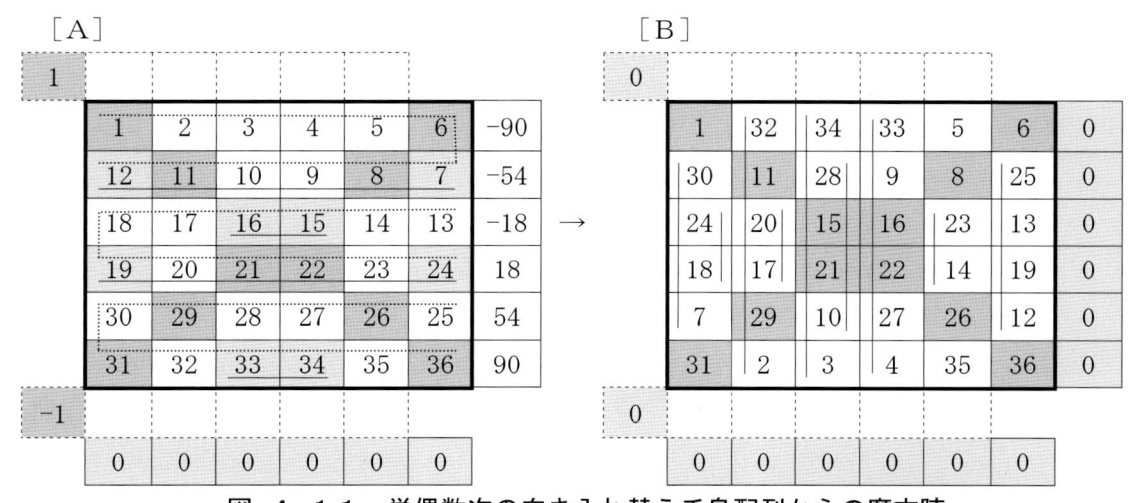

図 4-11　単偶数次の向き入れ替え千鳥配列からの魔方陣

[4−1−6] 交差千鳥配列からのスタート　久留島義太の方陣[3]他

前の千鳥配列を改良して，行と列の定和が自動的に成立するような配列を考えると次のように千鳥配列を松葉形に互いに交差させたものが考えられる．行や列が偶数個でないと配列が完結しないことは上の千鳥配列と同様であり奇数次には成立しないものと思われる．

[複偶数の場合]

先ず4次の場合には
（1）下図左［A］のように配列する．両対角方向のみ定和が成立していない．
（2）行，列の定和を崩さないように（11⇔7，6⇔10）の入れ替えを行なうと
　　魔方陣［B］が成立する．

[A]

-4	-16	4	16	
	1	2	15	16	0
	13	14	3	4	0
	12	11	6	5	0
	8	7	10	9	0
4	-16	-4	16	
	0	0	0	0

→

[B]

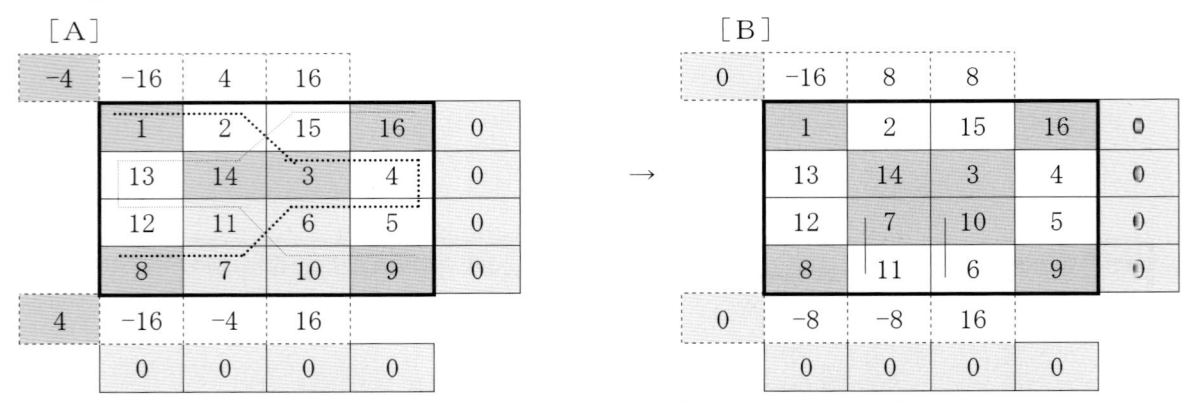

0	-16	8	8	
	1	2	15	16	0
	13	14	3	4	0
	12	7	10	5	0
	8	11	6	9	0
0	-8	-8	16	
	0	0	0	0

図 4−12　複偶数次の交差千鳥配列からの魔方陣

8次の場合には
（1）下図左［A］のように配列する．両対角方向のみ成立していない．
（2）行，列の定和を崩さないように（39⇔31，26⇔34）の入れ替えを行なうと
　　魔方陣［B］が成立する．

[A]

-8	32	8	-32	-8	-32	8	32	
	1	2	3	4	61	62	63	64	0
	57	58	59	60	5	6	7	8	0
	56	55	54	53	12	11	10	9	0
	16	15	14	13	52	51	50	49	0
	17	18	19	20	45	46	47	48	0
	41	42	43	44	21	22	23	24	0
	40	39	38	37	28	27	26	25	0
	32	31	30	29	36	35	34	33	0
8	-32	-8	32	8	32	-8	-32	
	0	0	0	0	0	0	0	0

→

[B]

0								
	1	2	3	4	61	62	63	64	0
	57	58	59	60	5	6	7	8	
	56	55	54	53	12	11	10	9	
	16	15	14	13	52	51	50	49	
	17	18	19	20	45	46	47	48	
	41	42	43	44	21	22	23	24	
	40	31	38	37	28	27	34	25	
	32	39	30	29	36	35	26	33	
0								
	0	0	0	0	0	0	0	0

[4] 一般魔方陣の解法について

[単偶数の場合]

この配列と補正の方法は久留島義太の方法[3]であり，単偶数次の場合には次のように更に2つのグループに分けて考えなければならない．

$N = 4 \times (2m - 1) + 2$　　　　　($m = 1, 2, 3 \cdots\cdots$)
$N = 4 \times (2m) + 2$　　　　　　($〃$　　　　　　　)

6次魔方陣の場合には

（1）下図左［A］のような配列からスタートする．しかしこのタイプになると最後の2行だけの合計値がずれており補正の方法がなかなか複雑になる．文献（3）及び（4）にその手法が解説されているがこのタイプの入れ替えの手順は次のように考え直したほうが理解し易い．

　この配列は行方向の定和も4行は成立している．残りの2行と両対角方向は対称形にずれている．ただしその値が異なっているので，このままでは行と両対角のずれを同時に補正する入れ替えができない．

（2）このために先ず行方向のずれと両対角のずれの値を同じ値に合わせる．そのために

　　　　　　（23⇔20，14⇔17）の入れ替えを行なっておく．

（3）次に両対角と残りの行の数値を補正するように

　　　　　　（5⇔23，33⇔15）の入れ替えを行ない，

魔方陣［B］を完成すると考えるのが自然であろう．

［A］

15						
	1	2	3	34	35	36	0
	31	32	33	4	5	6	0
	30	29	28	9	8	7	0
	12	11	10	27	26	25	0
	24	23	22	21	20	19	18
	13	14	15	16	17	18	-18
-15						
	0	0	0	0	0	0	

→

［B］

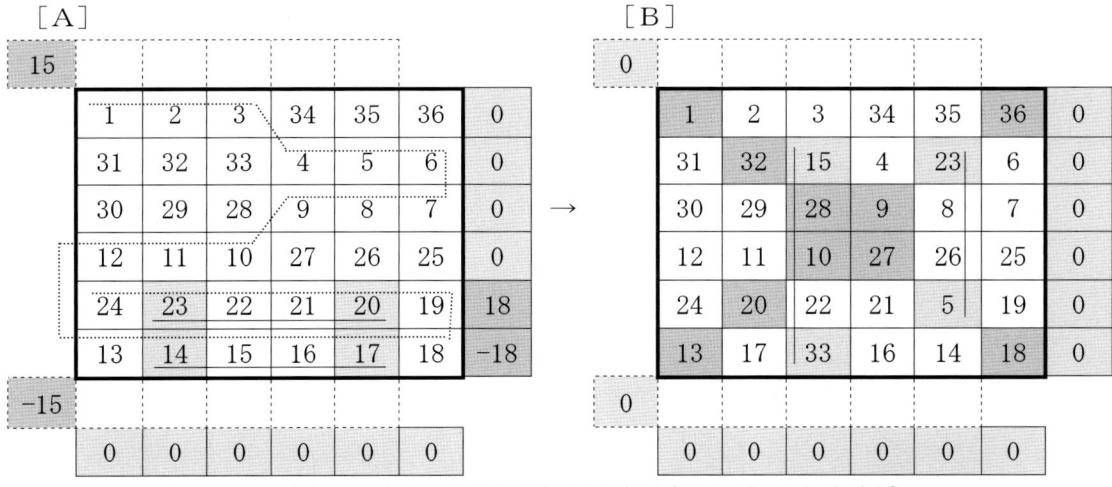

0						
	1	2	3	34	35	36	0
	31	32	15	4	23	6	0
	30	29	28	9	8	7	0
	12	11	10	27	26	25	0
	24	20	22	21	5	19	0
	13	17	33	16	14	18	0
0						
	0	0	0	0	0	0	

図 4-13　単偶数次の交差千鳥配列からの魔方陣

　久留島義太本人は必ず上記のように手順を踏んだものと推察する．文献（3）及び（4）に述べられているような解釈はでき上がった結果だけを見て後世の門人たちがつけた勝手な解釈であると考える．

［筆者提案その11］久留島義太の考えた単偶数次魔方陣の構成法を上記のように2段階の入れ替えによると解釈する．

81

[4−1−7]　交差千鳥配列からのスタートその2　ワィデマンの魔方陣

6次魔方陣に対するワィデマンの魔方陣[3]がある．

（1）下図［A］のような変形交差千鳥配列からスタートすると考える．この配列の状態で交差千鳥と呼べるかどうか疑問であるが第1段階でこの配列の列方向の定和が成立するように変形すると交差千鳥配列に近い形に戻るものがあるので，このように分類する．
　　列方向の合計は±9だけずれている．第5行の数字も左右に±9だけずれているので

（2）(13⇔22)，(14⇔23)，(15⇔24)の入れ替えを行なうと［B］のように列方向の定和も成立する．両対角の合計は±27だけずれているので

（3）(1⇔33，18⇔13)，(34⇔6，21⇔22)の入れ替えを行ない，両対角の定和を成立させると共に，追加して　(36⇔4，3⇔31)，(19⇔24，16⇔15)の入れ替えを行ない行方向の定和を保持すると［C1］の魔方陣が成立する．両対角は2系列成立しているので中央で分割して左右入れ替えると［C2］の魔方陣も成立する．

［A］

	−18	6	−30	18	−6	30	
	1	2	3	36	35	34	0
	33	32	31	4	5	6	0
	7	8	9	30	29	28	0
	27	26	25	10	11	12	0
	13	14	15	24	23	22	0
	21	20	19	16	17	18	0
	18	−30	6	−18	30	−6	
	−9	−9	−9	9	9	9	

→

［B］

	−27	−3	−21	27	3	21	
	1	2	3	36	35	34	0
	33	32	31	4	5	6	0
	7	8	9	30	29	28	0
	27	26	25	10	11	12	0
	22	23	24	15	14	13	0
	21	20	19	16	17	18	0
	27	−21	−3	−27	21	3	
	0	0	0	0	0	0	

［C1］

	0	−25	38	0	25	−38	
	33	2	31	4	35	6	0
	1	32	3	36	5	34	0
	7	8	9	30	29	28	0
	27	26	25	10	11	12	0
	21	23	19	16	14	18	0
	22	20	24	15	17	13	0
	0	34	−29	0	−34	29	
	0	0	0	0	0	0	

→

［C2］

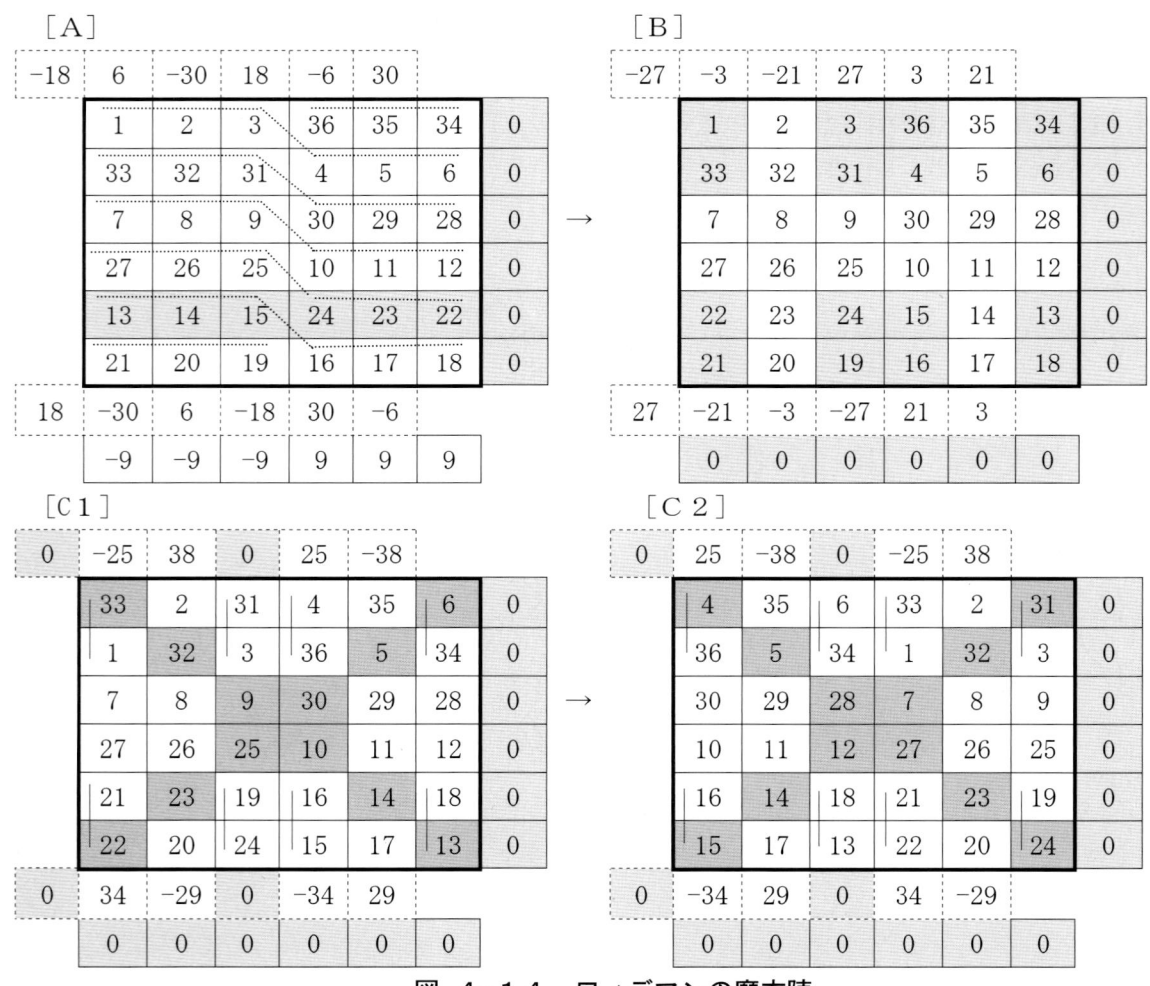

	0	25	−38	0	−25	38	
	4	35	6	33	2	31	0
	36	5	34	1	32	3	0
	30	29	28	7	8	9	0
	10	11	12	27	26	25	0
	16	14	18	21	23	19	0
	15	17	13	22	20	24	0
	0	−34	29	0	34	−29	
	0	0	0	0	0	0	

図　4-14　ワィデマンの魔方陣

[4－2] 連続配列について

[4－2－1] 連続配列の特性とその歴史

　文献（2）の説明を借用すると前の自然魔方陣から出発していく方法が主に中国で発展した静的な組み上げ方法であると考えると次の斜め配列方法はイスラム世界で発展する動的な組み上げ方法へ飛躍する第一歩であった．13世紀のペルシャの方法を5次魔方陣で説明すると下図［A］のようになる．例えばスタートの1を中心のすぐ下の桝目に入れ，そこから右下方向に対角線状に連続して数字を配列していく．そのとき一番下に達すると次の列の一番上につながり，右端から左端へとつながる．このようにして5まで配列していくと6が入る桝目はふさがっているので5の2つ下の桝目に入れ，前と同様の配列を続けていく．この中断をブレイクムーブという．一番大きな数25が配列された後，最後のブレイクムーブによって1に戻り，再び同じ動きが繰り返される．このようにして斜めとび魔方陣が作りだされると，この方法は規則的なジャンプ方式に一般化され，チェスのナイトの動き（桂馬とび配列）や更にもっと拡張されたナイトの動きによる作り方に変化していった．汎魔方陣の場合には循環配置替えが成立することは早くから知られていたが，斜めとび配列や桂馬とび配列の数字が上辺と下辺，左辺と右辺を繋げて連続して配列されると見なすことができるという考えに到達したことは一つの大きなエポックであると思う．

［A］

11	24	7	20	3
4	12	25	8	16
17	5	13	21	9
10	18	1	14	22
23	6	19	2	15

［B］

18	10	22	14	1
12	4	16	8	25
6	23	15	2	19
5	17	9	21	13
24	11	3	20	7

　文献（3）の記述を借用すると斜めとび，桂馬とびなどの魔方陣は対称魔方陣となると仮定できる．そうするとスタートの数1と最後の数25とは下図のような関係にある．これがブレイクムーブの形となる．必ず対称魔方陣になるものであればブレイクムーブの形は一意的に決定されるものと考えてよい．

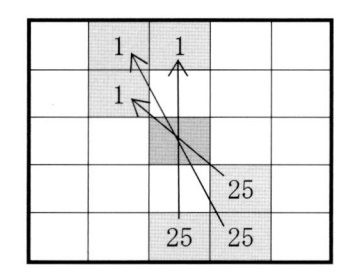

ブレイクムーブの本質は必ず魔方陣の中心をはさんで対称な位置になるということである．
　このようにしてブレイクムーブの形までは決定されたが，最後にスタートの1の位置から斜めとびや桂馬とびでとび出す方向はどのように考えてやればよいのか，という問題が残っている．わが国の江戸期の和算家達によってもこの斜めとび配列の構成方法についていろいろな考察がなされている．下図［A］のように1の数字が入る位置を指定すると，斜めに飛び出すことができるのは矢印の方向であると示されている．このようなようなまとめ方がなされている．更に江戸期の和算家たちによって斜めとび配列のほかに斜め2間とびのものがもう一つ別のものとしてまとめられている．下図［B］は昭和の年代になってこの斜め2間とびの考察が高嶋正夫によって補充されているものである．[3] 高嶋正夫は点線矢印 ┄┄＞ で示されるところの成立するもの1種類計8個を落としている．

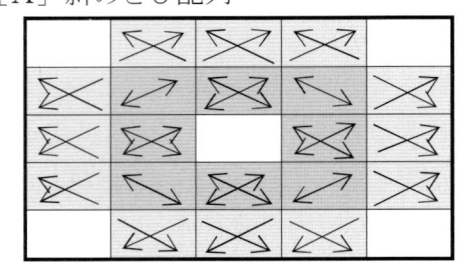

　　［A］斜めとび配列　　　　　　　　　　　［B］斜め2間とび配列

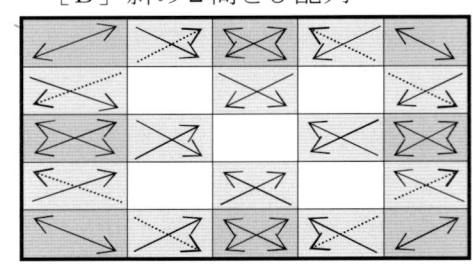

　次に桂馬とびの場合には飛び出す方向は8種類あると考えている．それらの8方向を下図［C］のように表示してやると，斜めとびの場合と同様にして魔方陣が成立するものは下図［D］のようになる．

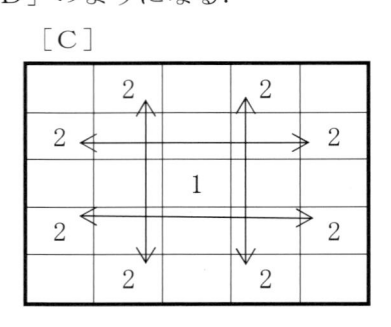

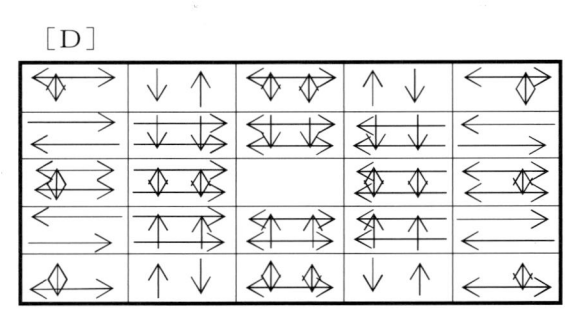

　　［C］　　　　　　　　　［D］

　このように斜めとびや桂馬とびの場合に，飛び出すことのできる方向がまとめられているが，これらの中には8種類のものが重複しているはずであるし，また文献（3）の説明自体の中にもその重複のことが触れられている．なぜ重複をいとわずこのように取り扱ったのであろうか．当時としてはこのように取り扱われていたということであろうか．
　とび出す方向は回転対称による同一のものの重複を防止するためには，どれか1種類に限定しておく方がよいと思われる．更に対称魔方陣であるならば，中央数字が魔方陣の中央に配置されるように考慮しておくとよい．本編に於いては，重複魔方陣は循環配置替えの分類方法によって手軽に1個の魔方陣の中で表示できるので，このように配置しておいても十分に対応できると考えている．

[4]　一般魔方陣の解法について

[4－2－2]　斜めとび配列

前の自然方陣の項で見られたようにN次魔方陣において1～N^2の数字をN行N列に規則的に配列すると中央の行と列には定和が成立する．従ってこれから斜めとび配列の特性を考察していく手順としても中央のN個の配列が主対角の位置に配列されるように限定して考察していくことにする．このように配列すると主対角の定和が常に成立するように配列できるし，このように配列しても一般性は失われない．そうすると主対角を中心とする対称が成立するので右上位置のものと左下位置のものは必ず転置方陣の関係になるので，どちらかを代表にすればよい．1の入る位置は基本的には右上になるものを代表に選んでいきたい．補助方陣による表示方法について考察する場合にも，［2－3］節及び［7－1］節で指摘するように，このようにまとめておいたほうが，見通しがよくなると考えている．

ただしこのようにまとめてみても一部のものは補助方陣が転置方陣の形になるものが出て来る．これらはスタートする1の入る位置を左下に移動すると解決する．次にでてくる桂馬とびの配列の場合には補助方陣とその転置方陣の両方が機能的に発生するので，成り行きに従って適宜補助方陣の表現を変更して合わせていくことになる．

この斜めとび配列や次の桂馬とび配列は基本的には奇数次の魔方陣で成立するものである．奇数次であれば素数次とその他の奇数次に分けて取り扱う必要があることは予想されるところであるのでそのような順序でまとめていく．

（1）素数次魔方陣
3次魔方陣

3次魔方陣の斜め配列の場合には，主対角に4，5，6を入れる．1を第1行に入れた場合には全体の配置が前項の周期的配列のものになり，行方向の定和は成立しなくなる．1の入る位置は4のある第1行を除くと下図の1種類だけである．1の対称な位置に9が入るのでブレイクムーブは右方向へ1間とびの位置である．行，列及び両対角の定和が成立しており，魔方陣が成立している．

［A］

0	-9	9	
4	3	8	0
9	5	1	0
2	7	6	0
0	-3	3	
	0	0	0

図 4-15　3次の斜めとび配列

このように3次魔方陣は斜めとび配列と見なすこともできる．

5次魔方陣

5次魔方陣の場合も1の入る位置は第1行を除く位置である（下図薄色部）［A］～［F］の6種類とすることができる．ただしこれらの斜めとび魔方陣を補助方陣表示にしてみると，［C］と［F］は転置方陣で表されることが分かる．従ってCとFは対称な位置に移動して，［c］と［f］に1を入れたものを代表にしてまとめる．

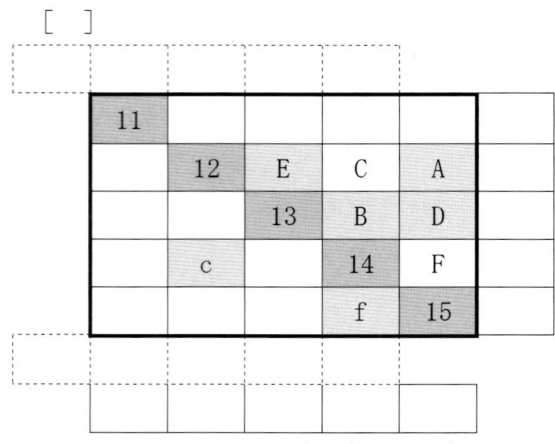

	11					
		12	E	C	A	
			13	B	D	
		c		14	F	
				f	15	

図 4-16　5次の斜めとび配列

ブレイクムーブの形も自動的に決定される．従って次のようなものが6種類成立する．

［A］

0	25	50	-50	-25	
11	19	22	5	8	0
9	12	20	23	1	0
2	10	13	16	24	0
25	3	6	14	17	0
18	21	4	7	15	0
0	-10	5	-5	10	
	0	0	0	0	0

［B］

0	-50	25	-25	50	
11	4	17	10	23	0
24	12	5	18	6	0
7	25	13	1	19	0
20	8	21	14	2	0
3	16	9	22	15	0
0	-10	5	-5	10	
	0	0	0	0	0

［D］

0	-25	-50	50	25	
11	10	4	23	17	0
18	12	6	5	24	0
25	19	13	7	1	0
2	21	20	14	8	0
9	3	22	16	15	0
0	0	0	0	0	
	0	0	0	0	0

［c］

0	25	50	-50	-25	
11	20	24	3	7	0
8	12	16	25	4	0
5	9	13	17	21	0
22	1	10	14	18	0
19	23	2	6	15	0
0	0	0	0	0	
	0	0	0	0	0

[4] 一般魔方陣の解法について

[f]

0	50	-25	25	-50	
11	25	9	18	2	0
3	12	21	10	19	0
20	4	13	22	6	0
7	16	5	14	23	0
24	8	17	1	15	0
0	0	0	0	0	
	0	0	0	0	0

[E]

0	-50	25	-25	50	
11	5	19	8	22	0
23	12	1	20	9	0
10	24	13	2	16	0
17	6	25	14	3	0
4	18	7	21	15	0
0	0	0	0	0	
	0	0	0	0	0

　［D］，［c］，［f］，［E］，は従対角方向の5系列ずつ定和が成立しており，5種類の魔方陣が重複している．重複魔方陣となるものは代表となる対称魔方陣としてまとめて表示しておけばよいと考える．

　またこれらの魔方陣を2つの補助方陣に分解してみると2位の補助方陣はすべて斜めとび配列であるが，1位の補助方陣は斜めとび配列のものと桂馬とび配列になっているものがある．詳しくはのちほど桂馬とび配列のものとまとめて述べていく．

　魔方陣の対称なもの8種類は同一なものとしてまとめることができるので，筆者のように斜めとびの方向（すなわちとび出す方向）は1種類に限定し，しかも主対角に左上から右下に中央のN個の数字を入れると決めておけば，後は1の数字が入る位置とブレイクムーブの形が同時に決定されると考えて上記のようにまとめることができる．

　また江戸期の和算家たちは斜め2間とび配列を独立したものとして取り扱っているが，斜め2間とび配列は斜め配列の等差行列変換であると気づけば同一なものとしてまとめることができる．

　今日まで変換という考え方が断片的にしか認識されていなかったので致し方ない面もあるが，このようなものの取り扱い方法を含めて魔方陣の特性をまとめていくということの重要性がもっと認識されるべきだと考える．

　また7次魔方陣では2間とびだけでなく，3間とびのものも成立すること及び11次以上の場合についても前の［3］章の分配陣と配置替えの中で考察した通りであり，それぞれの次数に対応する等差行列変換の個数だけのものが成立する．

　また江戸期のこれら斜め2間とびなどという呼び方は少し問題がある．魔方陣の分野では文献（3）に見られるように，すぐ隣の桝を2番目の格，1つ空いて隣の桝を3番目の格などと呼んだり，1つ間を空けたものをこのように2間とびと名付けてきたりしたという歴史的なものがあるのだが，現代的な一般の慣習では上記のものは1番目，2番目とよぶのが妥当であると考えるし，囲碁の分野で用いられている1間とびと名づけるべきであると考える．このように1か2か曖昧なところがあることと，次数が大きくなるといろいろな間数のとび方が成立することが予想される．また，7次以上の魔方陣では2間桂馬とびや3間桂馬とびなどの桂馬とびが成立するようになる．そのようなものに対しても同じようにいろいろなとび方が当然考慮

87

されなければならない．その場合には桂馬とびの種類ととび方の組み合わせで混乱してくるように考える．本編では今後斜めとびの等差行列変換とか3間桂馬とびの等差行列変換などと呼んですべての等差行列変換のものをまとめて取り扱うようにしたい．

素数次魔方陣の成立個数

同様にして，7次の魔方陣の場合には15種類，11次の魔方陣の場合には45種類の斜めとび配列魔方陣が成立する．これは前ページの図を見れば分かるように素数次の場合には1の数字の入ることのできる位置の総数nは下から順次加え合わせて見ると

$$n = [1 + 2 + \cdots + (N-2)] = (N-1)(N-2)/2 \quad (N：素数次数)$$

であると考えることができる．またこれに加えて等差行列変換のものがそれぞれの個数だけ成立することは上記の通りである．従ってここまでで整理された素数次の斜めとび配列による魔方陣の成立個数は次のようになる．

次数 N	斜めとび個数	等差行列変換個数	総合斜めとび個数
3	1	1	1
5	6	2	12
7	15	3	45
11	45	5	225
13	66	6	396
17	120	8	960
19	153	9	2,025
23	231	11	2,541
29	378	14	5,292

ここまでで上記のように仮に整理しておいたが，次に補助方陣による表示を導入すると更に細かく適切に整理することができる．例えば5次魔方陣の場合には斜めとびとその等差行列変換には，数字の並べ方に更にそれぞれ36種類の変化が発生し，合計432種類の魔方陣が成立する．

[4] 一般魔方陣の解法について

（2）その他奇数次魔方陣
9次魔方陣の場合

素数以外の奇数次の場合については次のように考察しなければならない．9次魔方陣について考察してみる．主対角に9個の数字37〜45を入れる．9は3の倍数であることを考慮すると，1の入る位置は37を含む第1行とそこから3行目，6行目を除いた位置および第1列とそこから3列目と6列目を除いた位置でなければならない．このようにして検討を進めてみると更に，△印の位置からスタートすると次の数字の位置が最初に配列した主対角の数字に重なるのでブレイクムーブが成立しないことが分かる．従って1を配置することができ，更にブレイクムーブが成立するものは［A］〜［I］までの9種類のものである．

37	×	×	×	×	×	×	×	
×	38	H	×	△	D	×	△	A
×		39	×	F	△	×	B	△
×	×	×	40	×	×	×	×	
×	△		×	41	C	×	△	E
×	d	△	×		42	×	G	△
×	×	×	×	×	×	43	×	×
×	△		×	△	g	×	44	I
×		△	×		△	×	i	45

図 4-17　9次の斜めとび配列

5次魔方陣の場合と同様に［D］，［G］，［I］のものは補助方陣が転置方陣となるので主対角に対して対称な位置に移動させて［d］，［g］，［i］を代表に選ぶことにする．［A］，［B］，［C］は一般魔方陣であり，［d］，［E］，［F］，［g］，［H］，［i］は主対角方向の定和は3系列ずつ成立しており，3個が重複する重複魔方陣である．

素数以外の奇数の場合にも等差行列変換が成立するので，魔方陣の成立する個数は更に増加するのであるが，いろいろなことが絡んで取り扱いが複雑になる．次の桂馬とび配列と絡めて補助方陣による表示を用いてのちほどまとめることとする．

[筆者提案その12]　斜めとび配列のまとめ方を上記のように改める．2間とびなどのものを等差行列変換として見なして同一のものとしてまとめる．
次の桂馬とび配列のまとめ方も同様である．

9次魔方陣斜め配列

[A]

0	162	324	-243	-81	81	243	-324	-162	
	37	60	74	16	30	53	67	9	23	0
	24	38	61	75	17	31	54	68	1	0
	2	25	39	62	76	18	32	46	69	0
	70	3	26	40	63	77	10	33	47	0
	48	71	4	27	41	55	78	11	34	0
	35	49	72	5	19	42	56	79	12	0
	13	36	50	64	6	20	43	57	80	0
	81	14	28	51	65	7	21	44	58	0
	59	73	15	29	52	66	8	22	45	0
0	-36	9	-27	18	-18	27	-9	36	
	0	0	0	0	0	0	0	0	

[B]

0	81	162	243	324	-324	-243	-162	-81	
	37	51	56	70	75	8	13	27	32	0
	33	38	52	57	71	76	9	14	19	0
	20	34	39	53	58	72	77	1	15	0
	16	21	35	40	54	59	64	78	2	0
	3	17	22	36	41	46	60	65	79	0
	80	4	18	23	28	42	47	61	66	0
	67	81	5	10	24	29	43	48	62	0
	63	68	73	6	11	25	30	44	49	0
	50	55	69	74	7	12	26	31	45	0
0	-36	9	-27	18	-18	27	-9	36	
	0	0	0	0	0	0	0	0	

[C]

0	-324	81	-243	162	-162	243	-81	324	
	37	6	47	16	57	26	67	36	77	0
	78	38	7	48	17	58	27	68	28	0
	29	79	39	8	49	18	59	19	69	0
	70	30	80	40	9	50	10	60	20	0
	21	71	31	81	41	1	51	11	61	0
	62	22	72	32	73	42	2	52	12	0
	13	63	23	64	33	74	43	3	53	0
	54	14	55	24	65	34	75	44	4	0
	5	46	15	56	25	66	35	76	45	0
0	-36	9	-27	18	-18	27	-9	36	
	0	0	0	0	0	0	0	0	

[d]

0	81	162	243	324	-324	-243	-162	-81	
	37	54	62	70	78	5	13	21	29	0
	30	38	46	63	71	79	6	14	22	0
	23	31	39	47	55	72	80	7	15	0
	16	24	32	40	48	56	64	81	8	0
	9	17	25	33	41	49	57	65	73	0
	74	1	18	26	34	42	50	58	66	0
	67	75	2	10	27	35	43	51	59	0
	60	68	76	3	11	19	36	44	52	0
	53	61	69	77	4	12	20	28	45	0
0	-9	9	0	-9	9	0	-9	9	
	0	0	0	0	0	0	0	0	

[E]

0	-81	-162	-243	-324	324	243	162	81	
	37	36	26	16	6	77	67	57	47	0
	48	38	28	27	17	7	78	68	58	0
	59	49	39	29	19	18	8	79	69	0
	70	60	50	40	30	20	10	9	80	0
	81	71	61	51	41	31	21	11	1	0
	2	73	72	62	52	42	32	22	12	0
	13	3	74	64	63	53	43	33	23	0
	24	14	4	75	65	55	54	44	34	0
	35	25	15	5	76	66	56	46	45	0
0	-9	9	0	-9	9	0	-9	9	
	0	0	0	0	0	0	0	0	

[F]

0	-162	-324	243	81	-81	-243	324	162	
	37	27	8	70	51	32	13	75	56	0
	57	38	19	9	71	52	33	14	76	0
	77	58	39	20	1	72	53	34	15	0
	16	78	59	40	21	2	64	54	35	0
	36	17	79	60	41	22	3	65	46	0
	47	28	18	80	61	42	23	4	66	0
	67	48	29	10	81	62	43	24	5	0
	6	68	49	30	11	73	63	44	25	0
	26	7	69	50	31	12	74	55	45	0
0	-9	9	0	-9	9	0	-9	9	
	0	0	0	0	0	0	0	0	

9次魔方陣斜め配列

[g]

	0	162	324	-243	-81	81	243	-324	-162	
	37	63	80	16	33	50	67	3	20	0
	21	38	55	81	17	34	51	68	4	0
	5	22	39	56	73	18	35	52	69	0
	70	6	23	40	57	74	10	36	53	0
	54	71	7	24	41	58	75	11	28	0
	29	46	72	8	25	42	59	76	12	0
	13	30	47	64	9	26	43	60	77	0
	78	14	31	48	65	1	27	44	61	0
	62	79	15	32	49	66	2	19	45	0
0	-9	9	0	-9	9	0	-9	9		
	0	0	0	0	0	0	0	0	0	

[H]

	0	-324	81	-243	162	-162	243	-81	324	
	37	9	53	16	60	23	67	30	74	0
	75	38	1	54	17	61	24	68	31	0
	32	76	39	2	46	18	62	25	69	0
	70	33	77	40	3	47	10	63	26	0
	27	71	34	78	41	4	48	11	55	0
	56	19	72	35	79	42	5	49	12	0
	13	57	20	64	36	80	43	6	50	0
	51	14	58	21	65	28	81	44	7	0
	8	52	15	59	22	66	29	73	45	0
0	-9	9	0	-9	9	0	-9	9		
	0	0	0	0	0	0	0	0	0	

[i]

	0	324	-81	243	-162	162	-243	81	-324	
	37	81	35	70	24	59	13	48	2	0
	3	38	73	36	71	25	60	14	49	0
	50	4	39	74	28	72	26	61	15	0
	16	51	5	40	75	29	64	27	62	0
	63	17	52	6	41	76	30	65	19	0
	20	55	18	53	7	42	77	31	66	0
	67	21	56	10	54	8	43	78	32	0
	33	68	22	57	11	46	9	44	79	0
	80	34	69	23	58	12	47	1	45	0
0	-9	9	0	-9	9	0	-9	9		
	0	0	0	0	0	0	0	0	0	

[4－2－3]　桂馬とび配列

　従来の定説に従えば，前の斜め配列方法がイスラム世界で発展される動的な組み上げ方法への出発点であるとすれば，この桂馬とび配置方法はいよいよ核心に入っていく方法である．この桂馬とび配列も偶数次の場合には成立しないと考えられている．従ってここでは奇数次に限定して考察を進める．

　この桂馬とび配列の構成方法についてもわが国の江戸期の和算家達も含めていろいろな考察がなされているようではある．ここで改めて指摘しておくと，このように従来のまとめ方によれば，斜めとび配列と桂馬とび配列は同じように取り扱うことはできるが，全く別物のように考えられている．しかし後で示されるように補助方陣表示で考察してみるとこれらの斜め配列と桂馬とび配列は実は表裏一体のものである．

桂馬とび配列の定義

　斜めとび配列の場合と同様に奇数は素数とそれ以外の奇数に分けて考察しなければならない．例えば5次魔方陣の場合，第5行の中央に1を入れた場合には下図のように1から5までの数字を桂馬とびに入れていく．そうして6を入れる位置にはすでに1が入っているので上に避ける．このようにして25までの数字を入れていくと最後に元の数字1に返ってくる．このように1～25の数字は順序よく回転し必ずまた1に返っていくように配列される．

　前の斜めとび配列魔方陣の場合には11～15の数字を主対角に左上から右下に配列したが，桂馬とびの場合には下図のように配列する桂馬とびを代表にしておいても一般性は失われない．また斜めとび配列の場合と同様な理由により5次魔方陣の場合には1の入りうる位置は数字11が入っている第1行と第4列を除いた薄色網掛けで示された12箇所である．

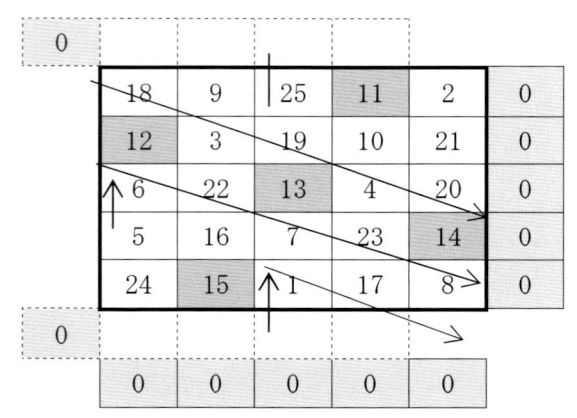

図 4-18　5次の桂馬とび配列

[4] 一般魔方陣の解法について

（1）素数次魔方陣
5次魔方陣

5次魔方陣の場合には次のようなものが12種類成立する．［C］，［D］，［H］，［K］は汎魔方陣であり，それぞれ25個の魔方陣が重複している．［A］，［B］，［E］，［F］，［G］，［I］，［J］，［L］は重複魔方陣であり，それぞれ5種類の魔方陣が重複している．

[A]

0	5	10	-10	-5	
23	4	10	11	17	0
12	18	24	5	6	0
1	7	13	19	25	0
20	21	2	8	14	0
9	15	16	22	3	0
0	0	0	0	0	
	0	0	0	0	0

[B]

	0	0	0	0	0
20	7	24	11	3	0
12	4	16	8	25	0
9	21	13	5	17	0
1	18	10	22	14	0
23	15	2	19	6	0
	0	10	-5	5	-10
	0	0	0	0	0

[C]

	0	0	0	0	0
9	18	2	11	25	0
12	21	10	19	3	0
20	4	13	22	6	0
23	7	16	5	14	0
1	15	24	8	17	0
	0	0	0	0	0
	0	0	0	0	0

[D]

	0	0	0	0	0
19	8	22	11	5	0
12	1	20	9	23	0
10	24	13	2	16	0
3	17	6	25	14	0
21	15	4	18	7	0
	0	0	0	0	0
	0	0	0	0	0

[E]

	0	0	0	0	0
10	17	4	11	23	0
12	24	6	18	5	0
19	1	13	25	7	0
21	8	20	2	14	0
3	15	22	9	16	0
	0	10	-5	5	-10
	0	0	0	0	0

[F]

0	5	10	-10	-5	
3	24	20	11	7	0
12	8	4	25	16	0
21	17	13	9	5	0
10	1	22	18	14	0
19	15	6	2	23	0
	0	0	0	0	0
	0	0	0	0	0

93

[G]

5	22	19	11	8
12	9	1	23	20
24	16	13	10	2
6	3	25	17	14
18	15	7	4	21

下辺: 10, −5, 5, −10

[H]

24	3	7	11	20
12	16	25	4	8
5	9	13	17	21
18	22	1	10	14
6	15	19	23	2

[I]

上辺: 5, 10, −10, −5

18	9	25	11	2
12	3	19	10	21
6	22	13	4	20
5	16	7	23	14
24	15	1	17	8

[J]

上辺: 5, 10, −10, −5

8	19	5	11	22
12	23	9	20	1
16	2	13	24	10
25	6	17	3	14
4	15	21	7	18

[K]

4	23	17	11	10
12	6	5	24	18
25	19	13	7	1
8	2	21	20	14
16	15	9	3	22

[L]

25	2	9	11	18
12	19	21	3	10
4	6	13	20	22
16	23	5	7	14
8	15	17	24	1

下辺: 10, −5, 5, −10

　従来の文献に見られる桂馬とびの定義は数字1，2，3，… が必ず昇順に配列されたものであったが，その範囲内でもさらにブレイクムーブによって6，11，16，… が避ける位置についても桂馬とびに限定しない場合には上記の12種類の配列が成立し，汎魔方陣になるものと重複魔方陣になるものがあることが示される．

　また5次の桂馬とびは魔方陣平面で考察し反対方向の桂馬とびと見なすと等差行列変換になっているので，等差行列変換のものはこれらに重複している．

[4] 一般魔方陣の解法について

[筆者提案その13]『ブリタニカ国際大百科事典』によると桂馬とび配列で作られた魔方陣はすべて汎魔方陣になると表現されているように解釈でき，また高木貞治の『数学小景』によると3の倍数でない奇数次の場合には桂馬とびにより必ず汎魔方陣が構成されると表現されているように解釈できるが，上記のようにブレイクムーブによって避ける位置も桂馬とびに限定した場合であることが分かる．

（2）その他奇数次魔方陣
　9次魔方陣の場合

9次の場合にはまず［A］のような桂馬とびが成立し，中央の数字37〜45は次のように配置する．数字1が入る位置は斜めとびの場合と同様に考えて，数字37の入っている第1行及びそれから3行目毎を除いた行と，第6列とそれから3列目毎を除いた列である．また検討を始めてみると斜めとび配列と同様に△印の位置からスタートするとブレイクムーブが成立しない．従って1を配置することができるものは下記のA〜Rの18個の位置であり A, C, D, F, H, I, K, L, M, N, P, Q の12種類と残りのB，E，G，J，O，Rの6種類に分かれる．

［A］

A	△	×	G	△	×	M	38	×
×	×	×	×	×	37	×	×	×
A	△	×	G	△	×	M	38	×
39	D	×	△	J	×	△	P	×
×	×	40	×	×	×	×	×	×
B	△	×	H	41	×	N	△	×
△	E	×	△	K	×	42	Q	×
×	×	×	×	×	×	×	×	43
C	44	×	I	△	×	O	△	×
△	F	×	45	L	×	△	R	×

図 4-19　9次の桂馬とび配列

次ページにこれらの桂馬とび配列の代表として［A］〜［F］を示す．

95

9次桂馬とび魔方陣

[A]

0	9	-9	0	9	-9	0	9	-9	
53	30	16	74	60	37	23	9	67	0
1	68	54	31	17	75	61	38	24	0
39	25	2	69	46	32	18	76	62	0
77	63	40	26	3	70	47	33	10	0
34	11	78	55	41	27	4	71	48	0
72	49	35	12	79	56	42	19	5	0
20	6	64	50	36	13	80	57	43	0
58	44	21	7	65	51	28	14	81	0
15	73	59	45	22	8	66	52	29	0
0	81	-81	0	81	-81	0	81	-81	
0	0	0	0	0	0	0	0	0	

[B]

0	9	18	27	36	-36	-27	-18	-9	
77	6	16	26	36	37	47	57	67	0
58	68	78	7	17	27	28	38	48	0
39	49	59	69	79	8	18	19	29	0
20	30	40	50	60	70	80	9	10	0
1	11	21	31	41	51	61	71	81	0
72	73	2	12	22	32	42	52	62	0
53	63	64	74	3	13	23	33	43	0
34	44	54	55	65	75	4	14	24	0
15	25	35	45	46	56	66	76	5	0
0	81	-81	0	81	-81	0	81	-81	
0	0	0	0	0	0	0	0	0	

[C]

0	9	-9	0	9	-9	0	9	-9	
20	63	16	50	3	37	80	33	67	0
34	68	21	55	17	51	4	38	81	0
39	73	35	69	22	56	18	52	5	0
53	6	40	74	36	70	23	57	10	0
58	11	54	7	41	75	28	71	24	0
72	25	59	12	46	8	42	76	29	0
77	30	64	26	60	13	47	9	43	0
1	44	78	31	65	27	61	14	48	0
15	49	2	45	79	32	66	19	62	0
0	81	-81	0	81	-81	0	81	-81	
0	0	0	0	0	0	0	0	0	

[D]

0	9	-9	0	9	-9	0	9	-9	
56	27	70	32	75	37	8	51	13	0
52	14	57	19	71	33	76	38	9	0
39	1	53	15	58	20	72	34	77	0
35	78	40	2	54	16	59	21	64	0
22	65	36	79	41	3	46	17	60	0
18	61	23	66	28	80	42	4	47	0
5	48	10	62	24	67	29	81	43	0
73	44	6	49	11	63	25	68	30	0
69	31	74	45	7	50	12	55	26	0
0	-81	81	0	-81	81	0	-81	81	
0	0	0	0	0	0	0	0	0	

[E]

0	9	18	27	36	-36	-27	-18	-9	
5	78	70	62	54	37	29	21	13	0
22	14	6	79	71	63	46	38	30	0
39	31	23	15	7	80	72	55	47	0
56	48	40	32	24	16	8	81	64	0
73	65	57	49	41	33	25	17	9	0
18	1	74	66	58	50	42	34	26	0
35	27	10	2	75	67	59	51	43	0
52	44	36	19	11	3	76	68	60	0
69	61	53	45	28	20	12	4	77	0
0	-81	81	0	-81	81	0	-81	81	
0	0	0	0	0	0	0	0	0	

[F]

0	9	-9	0	9	-9	0	9	-9	
35	48	70	2	24	37	59	81	13	0
73	14	36	49	71	3	25	38	60	0
39	61	74	15	28	50	72	4	26	0
5	27	40	62	75	16	29	51	64	0
52	65	6	19	41	63	76	17	30	0
18	31	53	66	7	20	42	55	77	0
56	78	10	32	54	67	8	21	43	0
22	44	57	79	11	33	46	68	9	0
69	1	23	45	58	80	12	34	47	0
0	-81	81	0	-81	81	0	-81	81	
0	0	0	0	0	0	0	0	0	

[4] 一般魔方陣の解法について

[4－2－4] 斜めとび配列と桂馬とび配列のまとめ

上記のような斜めとび配列と桂馬とび配列によって成立するものに対して補助方陣を用いて検討してみると，これらの２つの配列は１つにまとめていくことができる．例えば５次魔方陣の補助方陣は次の３つのタイプによって代表される．

[Ａ１]

2	1	0	4	3
3	2	1	0	4
4	3	2	1	0
0	4	3	2	1
1	0	4	3	2

[Ａ２]

2	0	3	1	4
4	2	0	3	1
1	4	2	0	3
3	1	4	2	0
0	3	1	4	2

[Ｂ１]

0	4	3	2	1
2	1	0	4	3
4	3	2	1	0
1	0	4	3	2
3	2	1	0	4

[Ａ１]と[Ａ２]は斜めとび補助方陣であり，[Ｂ１]は桂馬とび補助方陣である．
[Ａ１]と[Ａ２] 及び[Ｂ１]の等差行列変換を実施すると

$$\boxed{A1} \to \boxed{A2} \to !!\boxed{A1} \qquad \boxed{B1} \to \boxed{B1}!$$

と変化すると見なすことができる．
これらの補助方陣を用いて斜めとびと桂馬とびの配列のものを表示していくと次のようになる．

ＮＯ	補助方陣表示	ＮＯ	補助方陣表示
斜めとびＢ	$\boxed{A2}\cdot\boxed{A2}!$, $!!\boxed{A1}\cdot\boxed{A1}!$		
斜めとびＡ	$!!\boxed{A1}\cdot\boxed{A2}!$, $!!\boxed{A2}\cdot!\boxed{A1}$		
斜めとびＤ	$\boxed{A1}\cdot\boxed{B1}$, $\boxed{A2}\cdot!\boxed{B1}$	桂馬とびＡ	$!!\boxed{B1}\cdot!!\boxed{A1}$
		桂馬とびＬ	$!!\boxed{B1}\cdot!\boxed{A2}$
斜めとびｃ	$!!\boxed{A1}\cdot\boxed{B1}$, $!!\boxed{A2}\cdot!\boxed{B1}$	桂馬とびＦ	$\boxed{B1}\cdot!!\boxed{A1}$
		桂馬とびＧ	$\boxed{B1}\cdot!\boxed{A2}$
斜めとびＥ	$\boxed{A2}\cdot\boxed{B1}$, $!!\boxed{A1}\cdot!\boxed{B1}$	桂馬とびＥ	$!\boxed{B1}\cdot!\boxed{A2}$
		桂馬とびＪ	$!\boxed{B1}\cdot!!\boxed{A1}$
斜めとびｆ	$!!\boxed{A2}\cdot\boxed{B1}$, $\boxed{A1}\cdot!\boxed{B1}$	桂馬とびＢ	$\boxed{B1}!\cdot!\boxed{A2}$
		桂馬とびＩ	$\boxed{B1}!\cdot!!\boxed{A1}$
		桂馬とびＫ	$\boxed{B1}\cdot!\boxed{B1}*$
		桂馬とびＣ	$!\boxed{B1}\cdot!\boxed{B1}*$
		桂馬とびＨ	$!!\boxed{B1}\cdot!\boxed{B1}*$
		桂馬とびＤ	$\boxed{B1}!\cdot!\boxed{B1}*$

このように補助方陣表示にしてみると従来斜めとびと桂馬とび配列として分類されていたものは斜め2間とび配列のものを含めて同時に取り扱ってもよいことが明白となる．

　2位と1位の両方の補助方陣が斜めとびまたは桂馬とびとなっているものはおのおの4種類であり，残りの各8種類のものは2位と1位の補助方陣に斜めとびと桂馬とびの補助方陣が混合している．このように互いのタイプが混合したものは2位と1位の補助方陣を入れ替えてやると斜めとびと桂馬とびの配列が互いに入れ替えられ，補助方陣の互換タイプ魔方陣として分類整理できるものである．

　また，桂馬とび配列の魔方陣の中で汎魔方陣となるものは［C］，［D］，［H］，［K］の4種類だけであるということがそれを構成する補助方陣の形からも理解できる．

　9次魔方陣の場合にも斜めとびと桂馬とび配列の魔方陣を，補助方陣表示を用いて表してみると補助方陣は次の6種類であり，これらの等差行列変換を実施すると

$$\boxed{A1} \to \boxed{A2} \to \boxed{A4} \to \ !!\boxed{A1}$$
$$\boxed{B1} \to \boxed{B2} \to \boxed{B4} \to \ !!\boxed{B1}$$
$$\boxed{B1*} \to \boxed{B2*} \to \boxed{B4*} \to \ !!\boxed{B1*}$$

と変化すると見なすことができる．これらの補助方陣を用いて表してみると9次魔方陣でも5次魔方陣などと同様に斜めとびと桂馬とびでは2位の補助方陣はそれぞれ斜めとびと桂馬とびであるが，1位の補助方陣は完全に両方の配列のものが混合して成立しており，両方のものはまとめて取り扱ったほうがより良くまとめることができるものと考えている．

◇数字の配列順序の変化◇

　従来定義されていた斜め配列と桂馬とび配列とはここまでの考察のように，構成要素の数字は1，2，3……と順序通りに配列するものであった．しかしここまで整理が進むと従来定義されていた斜めとび配列と桂馬とび配列には次のように付随して成立するものがある．

(1) 5次魔方陣の場合

　上記の桂馬とび配列［C］，［D］，［H］，［K］のもの4種類は汎魔方陣タイプのものであり，後の［7-2-1］項で考察されるように補助方陣$\boxed{B1}$の数字は自由に入れ替えても成立し，それぞれ6×6＝36種類のものが誘導されることが示される．

　同様にして補助方陣$\boxed{A1}$と$\boxed{A2}$の数字の配列も1と3の位置が固定されているとすれば残りの数字2，4，5の位置は自由に入れ替えても成立すると考えることができるので，それぞれ6種類ずつのものが成立し，結局上記の24種類からは24×6×6＝864種類の魔方陣が誘導されることになる．

　このような36種類のものは数字を単純に連続的に配列するということからは外れてくるが，1～5，6～10，11～15，16～20，20～25の5個のグループの数字を全く機械的にある同一の順序で配列していったものと考えることができるので，同じ構成法として分類整理されるものである．

（2） 9次魔方陣の場合

9次魔方陣の場合にも5次魔方陣の場合と同様な数字の配列の変更が成立する．詳細については後の［7］章の汎魔方陣の中で考察する．ここで一つだけ指摘しておくと次のようなものがある．自然方陣を下図左［a］のように変更しておく．この変更は枠の外に示しているように，3組ずつの順序を対称形に入れ替えたものである．先の9次魔方陣の桂馬とび配列［A］は普通の自然方陣を桂馬とびによって配列したものである．この普通の自然方陣を自然方陣［a］に変更すると先の9次魔方陣の桂馬とび配列［A］は下図右の魔方陣［b］となる．

［a］

1	3	2	6	5	4	8	7	9
19	21	20	24	23	22	26	25	27
10	12	11	15	14	13	17	16	18
46	48	47	51	50	49	53	52	54
37	39	38	42	41	40	44	43	45
28	30	29	33	32	31	35	34	36
64	66	65	69	68	67	71	70	72
55	57	56	60	59	58	62	61	63
73	75	74	78	77	76	80	79	81

［b］

34	47	26	75	67	37	14	9	60
1	59	36	51	25	74	71	39	13
38	17	3	58	28	50	27	78	70
77	72	42	16	2	62	30	49	19
53	21	76	64	41	18	6	61	29
63	33	52	20	80	66	40	10	5
12	4	55	32	54	24	79	65	44
69	43	11	8	57	31	46	23	81
22	73	68	45	15	7	56	35	48

魔方陣［b］の両対角はすべて定和が成立するようになっており，汎魔方陣になっている．このようなものは，構成要素の数字を1，2，3，……と完全に順序どおりには配列できてはいないので，従来の桂馬とび配列の定義には入っていない．したがって，高木貞治の『数学小景』[6]に示されているように3の倍数である9次の魔方陣の場合には桂馬とびでは汎魔方陣を構成することはできないという結論になっている．しかし次の［7］章で桂馬とびによる汎魔方陣の検討を進めていくと桂馬とびという定義をもっと広く取っておく方が統一的に取り扱うことができることが明らかになってくる．従来は文献（6）の結論によって上記の［b］のような汎魔方陣は成立しないものと頭から信じ込んで誰も指摘していないようであるが，文献（6）の結論の方を修正して，特定の自然方陣配列の場合には桂馬とびによる汎魔方陣が成立すると考えた方がよいと思う．このようなものは3の倍数だけでなく素数次数以外のすべての次数の場合として［7］章で取り扱う．

[4-3] 合成魔方陣

次にM次魔方陣とN次魔方陣を用いてM×N次魔方陣を構成することができる．この形も親子魔方陣と同様に内部が細分化されており，形がきれいにまとまっているのでよく検討されているものである．すでに検討されて知られている小さいサイズの魔方陣を用いて大きいサイズの魔方陣を手早く合成することができるので合成魔方陣として便利に使用されている．特に従来の汎魔方陣の考え方では3の倍数である奇数次の汎魔方陣などはこの合成魔方陣の考え方を応用して構成しているので重要な分類項目である．

（1）洛書型魔方陣
3の倍数次の魔方陣は洛書をベースとした合成魔方陣として組み上げることができる．

洛書型9次魔方陣

（A）先ず1〜81までの数字を第1列から第9列まで順に並べる．

	(1)	(2)	(3)	(4)	(5)	(6)	(7)	(8)	(9)
(1)	1	10	19	28	37	46	55	64	73
(2)	2	11	20	29	38	47	56	65	74
(3)	3	12	21	30	39	48	57	66	75
(4)	4	13	22	31	40	49	58	67	76
(5)	5	14	23	32	41	50	59	68	77
(6)	6	15	24	33	42	51	60	69	78
(7)	7	16	25	34	43	52	61	70	79
(8)	8	17	26	35	44	53	62	71	80
(9)	9	18	27	36	45	54	63	72	81

（B）でき上がった自然方陣の（1）〜（9）行で9個の3次魔方陣を作る．

（C）9次魔方陣は3行3列の小ブロックに分割しておき，このようにしてでき上がった9個の3次魔方陣を各方陣の中の最小数を手がかりにして洛書型に並べて完成させる．

31	76	13	36	81	18	29	74	11
22	40	58	27	45	63	20	38	56
67	_4_	49	72	_9_	54	65	_2_	47
30	75	12	32	77	14	34	79	16
21	39	57	23	41	59	25	43	61
66	_3_	48	68	_5_	50	70	_7_	52
35	80	17	28	73	10	33	78	15
26	44	62	19	37	55	24	42	60
71	_8_	53	64	_1_	46	69	_6_	51

[4] 一般魔方陣の解法について

上記の洛書型合成魔方陣が中国で作られている．

同様に上記の（1）～（9）列を選んで9個の3次魔方陣を組み上げ，同じく洛書型に並べて完成することができる．

31	36	29	76	81	74	13	18	11
30	32	34	75	77	79	12	14	16
35	28	33	80	73	78	17	10	15
22	27	20	40	45	38	58	63	56
21	23	25	39	41	43	57	59	61
26	19	24	44	37	42	62	55	60
67	72	65	4	9	2	49	54	47
66	68	70	3	5	7	48	50	52
71	64	69	8	1	6	53	46	51

このようにしてでき上がった洛書型魔方陣はいずれも対称型魔方陣になっている．

洛書型6次魔方陣

同様にして洛書の数字の配列を利用して6次魔方陣を作ることができる．

（A）まず1～36までの数字を第1行から第4行まで順に並べる．

［A］

	(1)	(2)	(3)	(4)	(5)	(6)	(7)	(8)	(9)
A	1	2	3	4	5	6	7	8	9
B	10	11	12	13	14	15	16	17	18
C	19	20	21	22	23	24	25	26	27
D	28	29	30	31	32	33	34	35	36

（B）6次魔方陣を2行2列の小ブロックに分割し，9個の小ブロックに上の（1）～（9）のA～Dに対応する数字を配置していく．A～Dの配列はいろいろなものが考えられる．下図のものは中国で作られたものである．

［A］楊輝算法六六図

13	22	18	27	11	20
31	4	36	9	29	2
12	21	14	23	16	25
30	3	5	32	34	7
17	26	10	19	15	24
8	35	28	1	6	33

［B］楊輝算法陰図

4	13	36	27	29	2
22	31	18	9	11	20
3	21	23	32	25	7
30	12	5	14	16	34
17	26	19	28	6	15
35	8	10	1	24	33

101

［A］で行なわれる1～36の数字の配列は前頁のようなものの他に次のような配列のものも成立する．

［B］

	(1)	(2)	(3)	(4)	(5)	(6)	(7)	(8)	(9)
A	1	5	9	13	17	21	25	29	33
B	2	6	10	14	18	22	26	30	34
C	3	7	11	15	19	23	27	31	35
D	4	8	12	16	20	24	28	32	36

［C］

	(1)	(2)	(3)	(4)	(5)	(6)	(7)	(8)	(9)
A	1	2	3	13	14	15	25	26	27
B	4	5	6	16	17	28	28	29	30
C	7	8	9	19	20	21	31	32	33
D	10	11	12	22	23	24	34	35	36

（B）の配列も上記の2つの他にもいろいろなものが成立する．

［a］

B	C	B	C	B	C
D	A	D	A	D	A
B	C	B	C	B	C
D	A	A	D	D	A
B	C	B	C	B	C
A	D	D	A	A	D

［b］

A	B	D	C	D	A
C	D	B	A	B	C
A	C	C	D	C	A
D	B	A	B	B	D
B	C	C	D	A	B
D	A	B	A	C	D

［c］

D	C	D	A	B	A
B	A	B	C	D	C
B	D	B	A	B	D
C	A	D	C	C	A
C	D	A	D	A	B
A	B	B	C	C	D

[4-4] 対称表示及び混成半直斜変換の応用 － 4次魔方陣の検討

　[2-2]節で述べたようにすべての構成要素を大小対称な補対とし，この補対をセットとした補対対と補対和という取り扱いをすると4次魔方陣の場合にはきれいに整理できる．補対和に注目して分配陣の代表的な形を作り，これの変形を行なってみると，基本の分配陣をベースにした変化がいわば芋づる式に誘導されることが認められる．

[4-4-1] 分配の形とその表示方法

（1）構成要素

4次魔方陣の構成要素は下のように8個の補対で表示される．

-0.5	-1.5	-2.5	-3.5	-4.5	-5.5	-6.5	-7.5
+0.5	+1.5	+2.5	+3.5	+4.5	+5.5	+6.5	+7.5

（2）補対和表

8個の補対の組み合わせの補対和 a，b は下のようになる．

補対(2) ＼ 補対(1)	±1.5	±2.5	±3.5	±4.5	±5.5	±6.5	±7.5
±0.5	a=±2, b=±1	a=±3, b=±2	a=±4, b=±3	a=±5, b=±4	a=±6, b=±5	a=±7, b=±6	a=±8, b=±7
±1.5	―	a=±4, b=±1	a=±5, b=±2	a=±6, b=±3	a=±7, b=±4	a=±8, b=±5	a=±9, b=±6
±2.5	―	―	a=±6, b=±1	a=±7, b=±2	a=±8, b=±3	a=±9, b=±4	a=±10, b=±5
±3.5	―	―	―	a=±8, b=±1	a=±9, b=±2	a=±10, b=±3	a=±11, b=±4
±4.5	―	―	―	―	a=±10, b=±1	a=±11, b=±2	a=±12, b=±3
±5.5	―	―	―	―	―	a=±12, b=±1	a=±13, b=±2
±6.5	―	―	―	―	―	―	a=±14, b=±1

上表の補対和 a 及び補対和 b についてまとめてみると次のような特性がある．
　（ⅰ）補対和表の左斜めにたどると補対和 a が同一のグループである．
　　　〃　　右斜めに　〃　　補対和 b が　　〃
　（ⅱ）薄色網かけ部の補対和 a はすべての補対和 b の値よりも大きいので網かけ部の補対和 a と補対和 b とを組み合わせて行又は列を構成することはできない．

（3）補対対の形と補対対の分配パターンの表示法

補対対の形は次の3種類があることは［2－2］節の中で述べている．

[X]タイプ

-7.5	-6.5
+6.5	-7.5

[Y]タイプ

-7.5	-6.5
+7.5	+6.5

[Z]タイプ

-7.5	+6.5
+7.5	-6.5

4次の分配陣は下図のようなパターンに整理することができる．Ⅰ～Ⅳの4個のブロックに分割し，それぞれのブロック同士を定和が成立するように配置していくと考える．

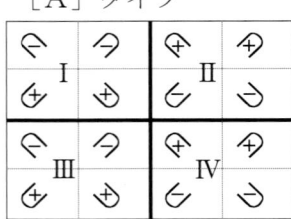

[A]タイプ、[B]タイプ、[C]タイプ（図）

（4）補対対の組み合わせタイプの検討

次に補対和表を用いて補対対の組み合わせについて検討してみるといろいろな興味ある特性が浮かび上がってくる．下図のように○印，□印，◇印で補対対の位置を示すことにする．これをみると次のような特性があることが判る．

No		±1.5	±2.5	±3.5	±4.5	±5.5	±6.5	±7.5
±0.5	2/1	◇	3/2	□	4/3	○	5/4	6/5	7/6	8/7
±1.5		—	4/1	○	5/2	□	6/3	7/4	8/5	9/6
±2.5		—	—	6/1	◇	7/2	8/3	9/4	10/5
±3.5		—	—	—	8/1	9/2	10/3	11/4
±4.5		—	—	—	—	10/1	◇	11/2	□	12/3	ⓐ
±5.5		—	—	—	—	—	12/1	ⓐ	13/2	□
±6.5		—	—	—	—	—	—	14/1	◇

(ⅰ) まず2個の補対対を例えば○印のように選び出す．これを互いの補対を入れ替えて補対対の組替えを行なうと□印と◇印の補対対の組み合わせができる．

(ⅱ) 残りの4個の補対を用いて2個の補対対を作ると点線表示の○印，□印，◇印の組み合わせができる．

(ⅲ) これら3種類ずつの補対対の組み合わせを必要に応じて使い分けるとよい．その際目安となる補対和a，bの値がa／bの形で示されている．例えば補対和aが等しいものが必要であれば○印の組み合わせで選べばよい．補対和bが等しいものが必要であれば□印又は◇印の組み合わせで選べばよい．

(ⅳ) ○印の補対対をⅠとⅡにaと－aの形に配置しこれの組替え配置替えを行なうと□印と，◇印の組み合わせになりいずれもbと－bの形になる．

(ⅴ) 内部の組み合わせをどのように変えようとも全体の構成を変更していないのである

[4] 一般魔方陣の解法について

から最初の組み合わせを定和が成立するように配置してあれば定和は常に成立していることは当然である．

このように補対和表で補対対の組み合わせを検討してみるという手法は非常に有効な方法であることが理解できる．次に補対和a同士で等しいものとbとaの組み合わせで等しいものすべての組み合わせを選び出してみる．以上によって
  （ⅰ）補対和a同士の等しいものによって12種類の組み合わせ
  （ⅱ）補対和aと補対和bの等しいものによって21種類の組み合わせ
が考えられるが，上記の補対和表で確認されるとおり全体の分配形が成立するものは（ⅰ）の組み合わせの中で8種類だけであり，（ⅱ）の組み合わせは1個も成立しない．

[4－4－2] 補対対の配置タイプの分類

[A1] タイプ

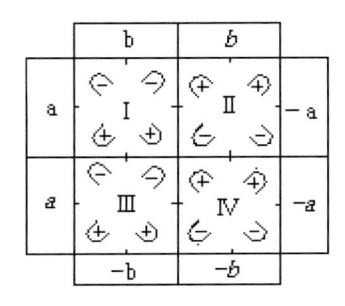

（ⅰ）Xタイプ補対対の場合にはまず行方向で補対和aと－a及びaと－aが成立することが第1の条件であり，その上で列方向の補対和bと－b及びbと－bが成立する第2の条件が加わると考えればよい．
この［A］タイプが魔方陣としては一番まとまっている形であることが後で示される．
（ⅱ）［A］タイプには種々の変形タイプが成立する．

この［A1］タイプの形が出来上がってみるとこれの転置方陣は対和対を補対和bに注目して構成したものと見なすことができる．また［A1］タイプは2系列ずつの補対和a及び補対和bが等しくなっているので，下図のように1系列ずつのXタイプの補対をYタイプ又はZタイプに置き換えた［A2］，［A3］，［A4］，［A5］，およびすべてをYタイプ又はZタイプに置き換えた［A6］，［A7］の変形タイプが自動的に必ず付随して成立する．また［A2］，［A3］，［A4］，［A5］タイプであれば一部の条件が解除されるので［A2'］，［A3'］，［A4'］，[A5'] タイプが成立する．

[A2]　　　　　　　　　　[A3] 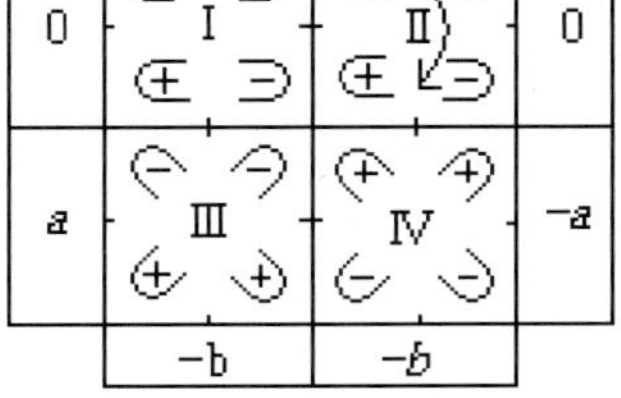　　　　　　　　　　[A6]

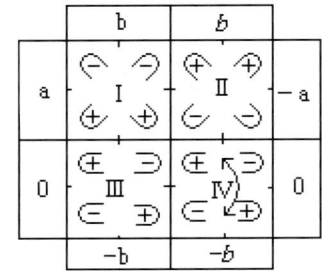

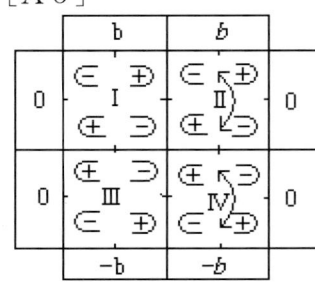

[A4]　　　　　　　　　[A5]　　　　　　　　　[A7]

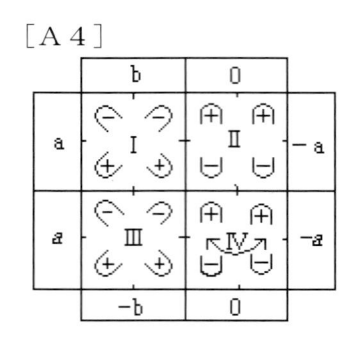

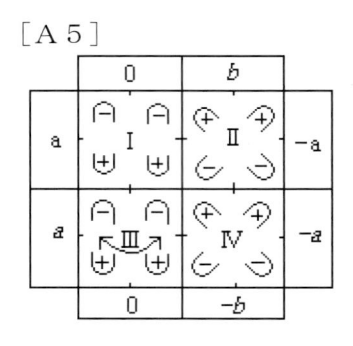

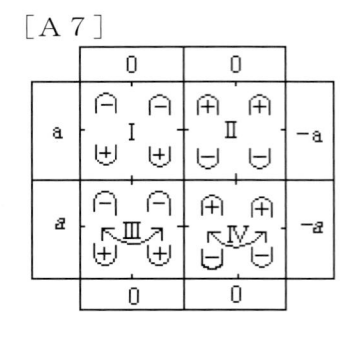

この［A6］，［A7］の変形タイプの形は汎魔方陣の半直斜変換や混成半直斜変換によって導かれる形であることが後ほど示される．［A2］，［A3］，［A6］タイプは転置方陣の形で示すと統一した形にまとまる．これらの［A6］，［A7］形は次に［B］タイプとしてまとめられる．

［B］タイプ

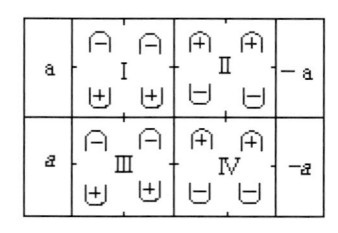

(ⅲ) Yタイプの補対対をⅠ，Ⅱ，Ⅲ，Ⅳに配置するとすれば，まずⅠとⅡに補対和が a と $-a$ になるように配置すればよい．

(ⅳ) 残りのⅢとⅣに補対和が a と $-a$ となるように配置できれば一つの分配陣が成立する．

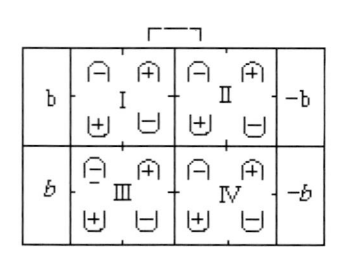

(ⅴ) 補対和 b と $-b$ が成立するZタイプの補対対の組み合わせは配置替えを考えると上のBタイプの補対対 a の組み合わせに含まれているので別途考えなくてもよい．

(ⅵ) ただし次の［C］タイプの組み合わせを検討するときにはこの組み合わせが必要になる．
また上記の［A6］タイプのようにこの補対和 b と $-b$ を代表にした方が良いものもある．

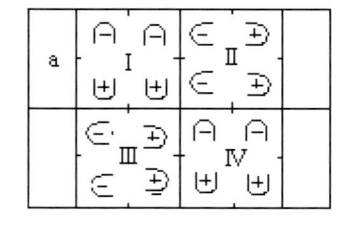

(ⅶ) 補対の性質から左のような配置は成立しないことは明らかである．

[4] 一般魔方陣の解法について

(ⅷ) 左のようにⅠとⅡの中で補対和 b と補対和 a が等しくなる組み合わせが考えられる．
　ⅠとⅡのみでは21種類の組み合わせが成立するがⅢとⅣの組み合わせまで成立するものは 1 個もないことが後で確認される．
　従ってこのタイプの分配形は成立しない．
　ただし次の［A］タイプの変形を考える際に補助的に必要になる．

［C］タイプ

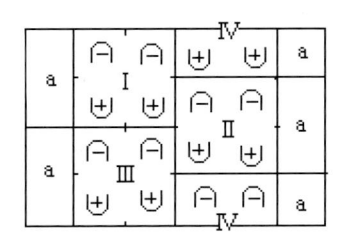

(ⅸ) ［B］タイプの中でⅠ，Ⅱ，Ⅲ，Ⅳの 4 個共補対和 a が等しいもの又は配置替えにより 4 個共補対和 b が等しいものがあれば［C］タイプが成立する．

また列和 a と列和 b が同時に等しくなるものはないので下の形のものは成立しない．

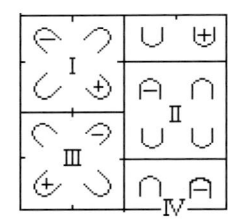

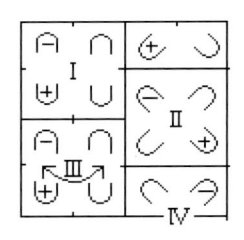

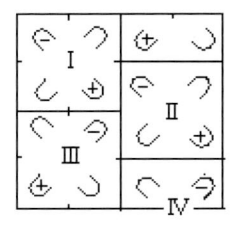

［D］タイプ

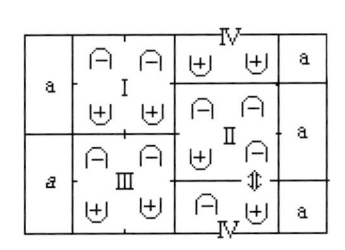

(ⅹ) Ⅰ，Ⅱ，Ⅲ，Ⅳの補対対の内 3 個の補対和 a または b が等しいものがあれば［D］タイプの配置が考えられる．⇔印の入れ替えを行なって定和が成立するものがあれば分配陣が成立する．

［E］タイプ

(ⅺ) 最後に［A］，［C］，［D］タイプには数値変換による変形が派生する．

　このようにして基本となる［A］タイプの分配陣からいろいろなタイプの分配陣が次々につながって誘導されてくることが期待される．

107

［４－４－３］ 分配形の詳細な検討

実際に補対和表で確認してみるとＸタイプの補対対の配置からNo1, No3, No6の３種類が誘導される．［Ａ１］タイプは次の３種類である．しかもこの［Ａ１］タイプは汎魔方陣を含んでいる．

No1、No3、No6の配列図

この３種類の配列を転置方陣の形でみると補対和ｂを主にした配列に対応することが認められる．このようにして［Ａ］タイプの分配陣，すなわち３個の汎魔方陣を原点として分配陣477個を次々に誘導していくことができる．

Ａ１タイプ	３
Ａ２～Ａ５タイプ	３８
Ｂ１～Ｂ３タイプ	１４４
Ｃ１～Ｃ３タイプ	９６
Ｄタイプ	１４８
Ｅタイプ	４８
合計	４７７

これらの分配陣をさらに詳細に検討してみると，分配陣の中に魔方陣が含まれるものと含まれないものとがあることが分かってくる．これらの分配陣のなかで［Ｄ］，［Ｅ］タイプのものには魔方陣は１個も成立しないことが分かってくる．従って魔方陣となるものを検討するときには［Ａ］［Ｂ］［Ｃ］の３タイプだけ考えておけばよい．

次に混成半直斜変換と半直斜変換によって上記の分配陣の系列の表示方法を整理していくと非常にきれいな魔方陣系統図が出来上がる．［Ａ１］タイプの重複魔方陣の形と汎魔方陣が成立している形のものに混成半直斜変換を行なうと［Ｂ］タイプのものに変換される．汎魔方陣が成立している形のものに半直斜変換を行なうと別の［Ｂ］タイプのものに変換される．このようにして［Ｂ］タイプのものは汎魔方陣を原点とする［Ａ１］タイプの重複魔方陣の形から４種類の混成半直斜変換の系列として次々に誘導され，魔方陣の系列の形がはっきりと判別できるようになることが認められる．［Ｃ］タイプになると，それぞれの系列に共通しているとしてまとめて分類することができる．このようにして魔方陣の系列表を作ってみると次の分配陣／魔方陣系統図となる．

［筆者提案その14］　４次魔方陣880個は混成半直斜変換と半直斜変換および補対の交換などによって３個の汎魔方陣を原点とする系統樹にまとめることができる．

[4] 一般魔方陣の解法について

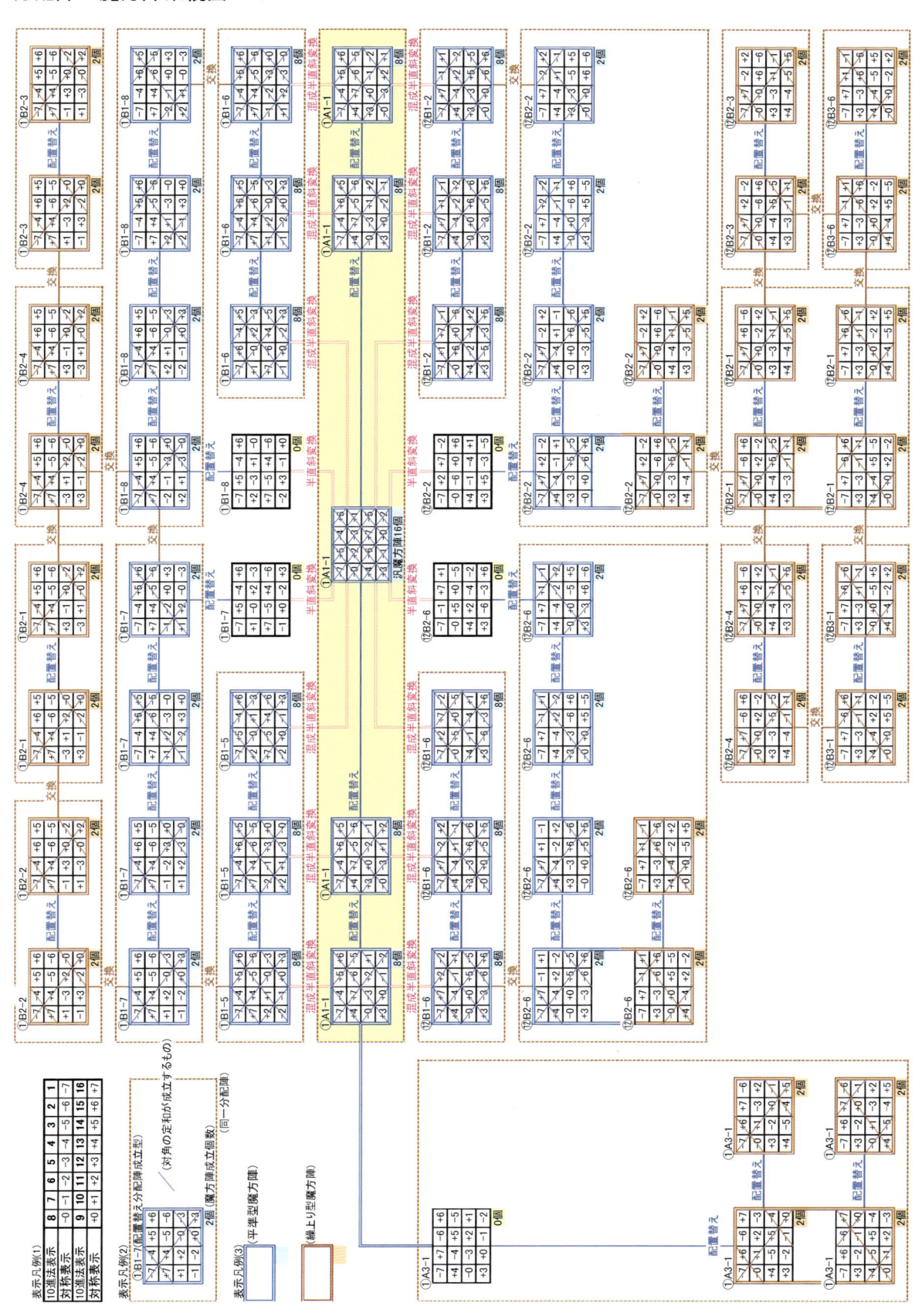

分配陣／魔方陣系統図－1

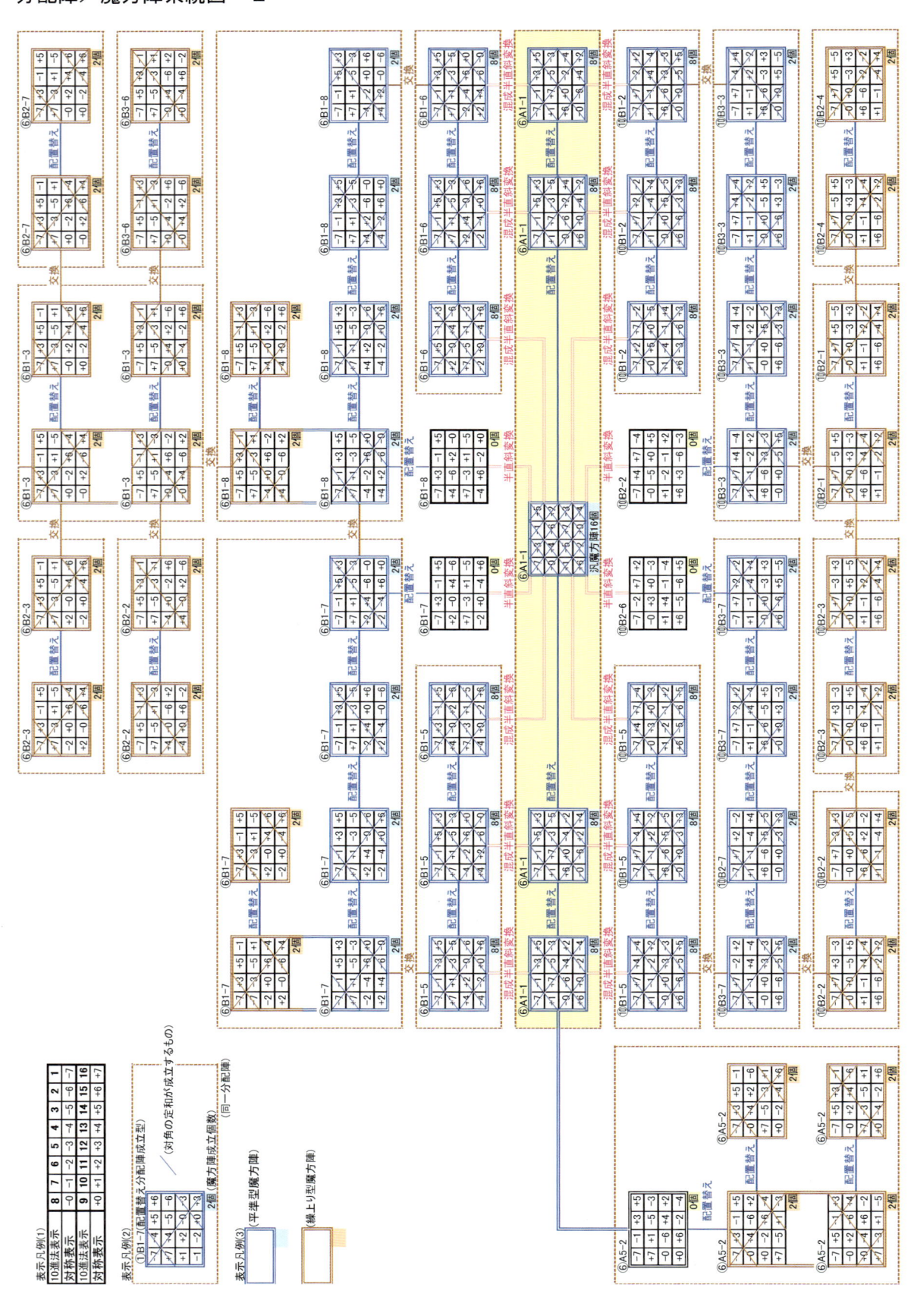

分配陣／魔方陣系統図－2

[4] 一般魔方陣の解法について

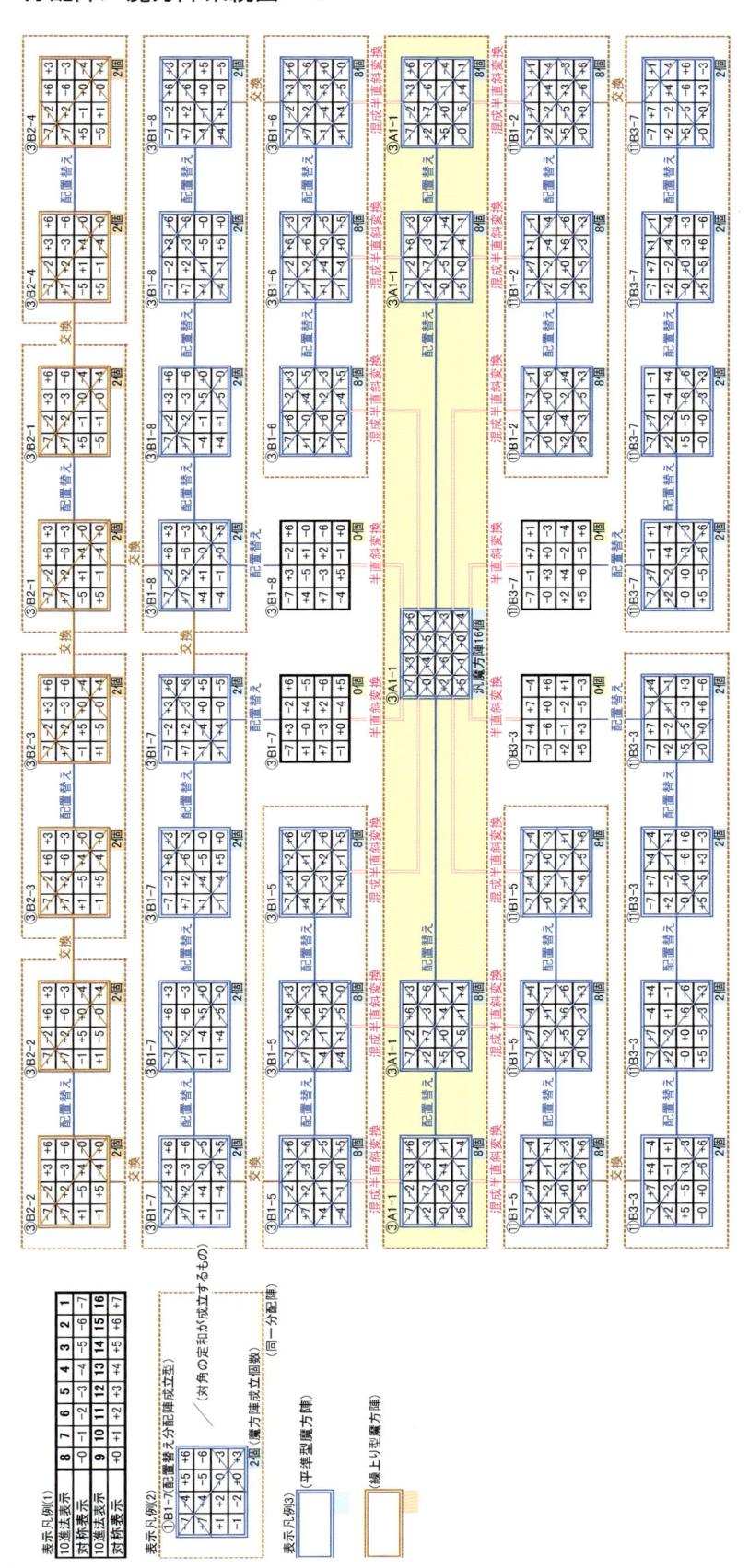

分配陣／魔方陣系統図－3

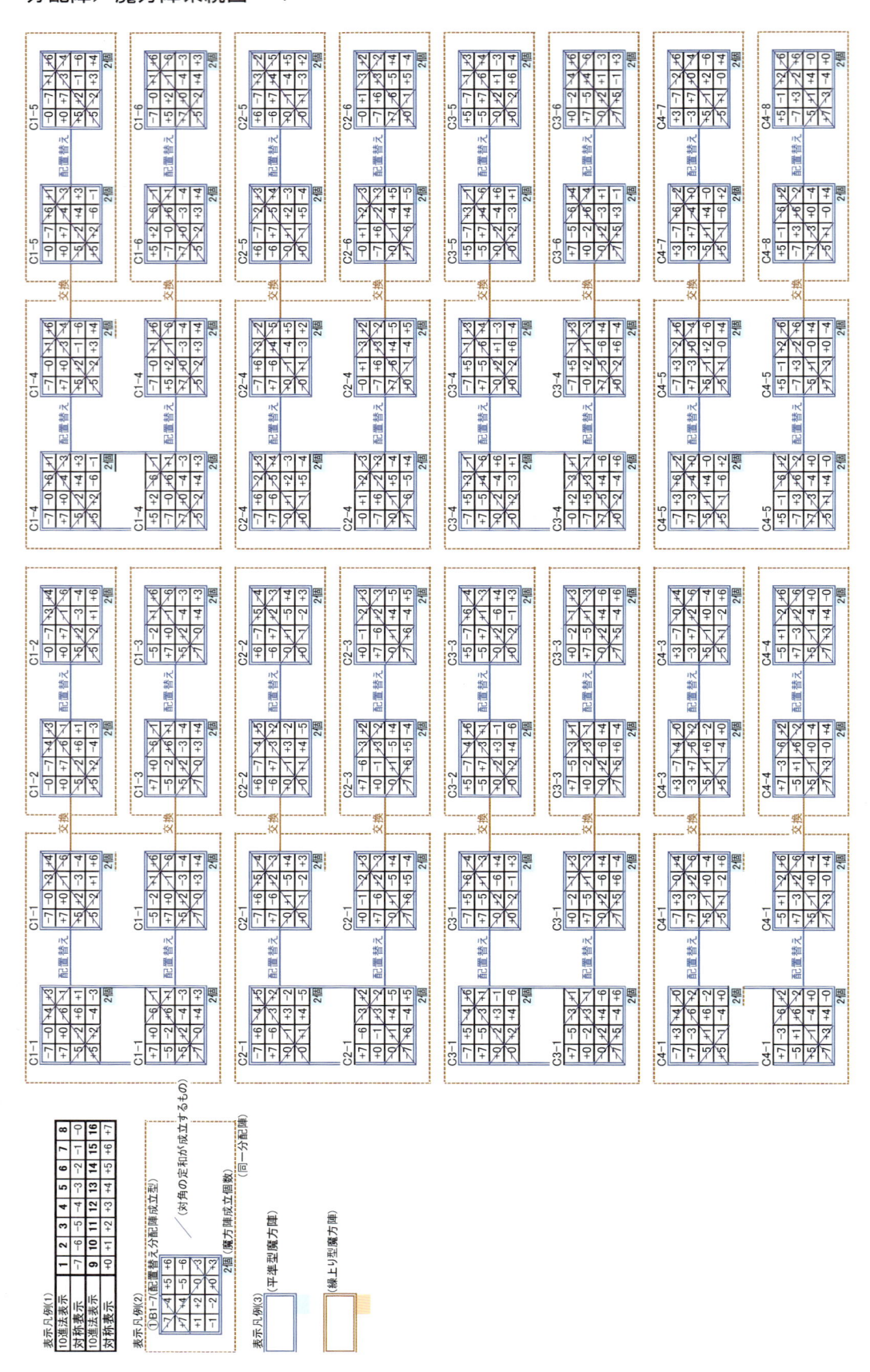

分配陣／魔方陣系統図－4

[4] 一般魔方陣の解法について

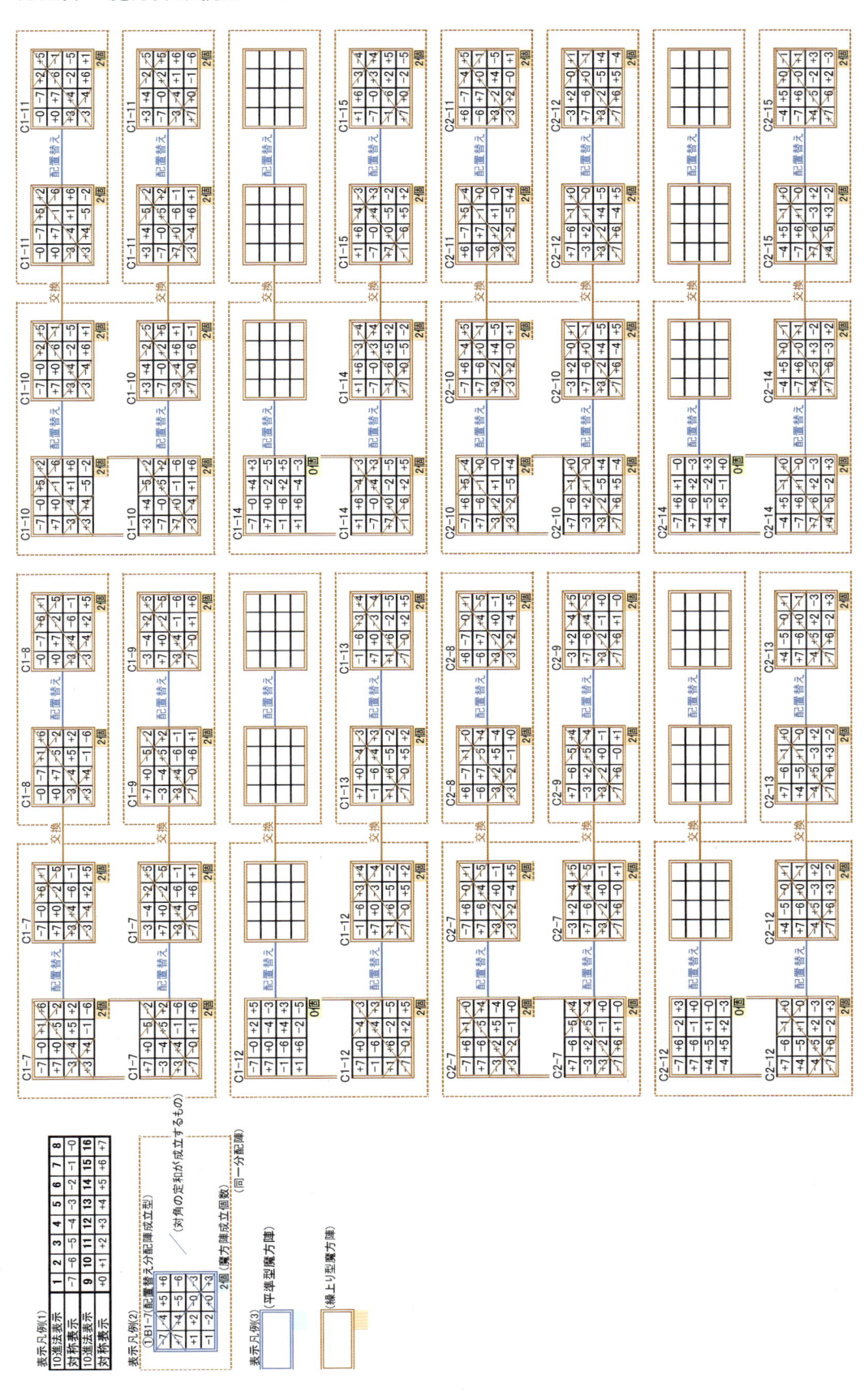

分配陣／魔方陣系統図－5

[4-5] 連立方程式による解法

　Ｎ次魔方陣の場合には（２Ｎ＋２）個の連立方程式を解くことになるのだが，従来の検討により３次の場合以外は一般的な解法は難しいことが示されている．このことを逆に結果的に考えてみると，これらの連立方程式には３次の場合には１個，４次の場合には880個，５次の場合には275,305,224個の解が存在しているということであるので，３次の場合を除いて単純に（２Ｎ＋２）個の連立方程式を解くという状態ではないことが納得される．

　汎魔方陣の詳しい取り扱いは後の［６］章で行なう予定であるが，４次と５次の汎魔方陣の場合にはこの連立方程式による解法が強力な手段となり，汎魔方陣のいろいろな特性が示されるので特性のみはここで一緒にまとめて考察していくこととする．但しその条件による汎魔方陣の組み上げの検討作業は後の［６］章に回すこととする．

[4-5-1] 3次魔方陣の場合

構成要素は１〜９とすると定和Ｓｎは
$$Sn = (1+9) \times 9 / (2 \times 3) = 15$$
３次魔方陣を次のように表すと

a_{11}	a_{12}	a_{13}
a_{21}	a_{22}	a_{23}
a_{31}	a_{32}	a_{33}

次の８個の方程式が成立する．

$a_{11}+a_{12}+a_{13}=Sn$ ……① 　　$a_{21}+a_{22}+a_{23}=Sn$ ……②
$a_{31}+a_{32}+a_{33}=Sn$ ……③ 　　$a_{11}+a_{21}+a_{31}=Sn$ ……④
$a_{12}+a_{22}+a_{32}=Sn$ ……⑤ 　　$a_{13}+a_{23}+a_{33}=Sn$ ……⑥
$a_{11}+a_{22}+a_{33}=Sn$ ……⑦ 　　$a_{13}+a_{22}+a_{31}=Sn$ ……⑧

②，⑦，⑧より
　　　$3a_{22}=Sn$ 　∴　$a_{22}=5$ 　……⑨
⑨を⑦，⑧に代入すると
　　　$a_{11}+a_{33}=10$
　　　$a_{13}+a_{31}=10$
従って対角成分 $a_{11}+a_{33}$ または $a_{13}+a_{31}$ の組み合わせは次の４組である．
　　　１＋９，　２＋８，　３＋７，　４＋６

これらの組み合わせは対角に配置される．９＋６と８＋７はこれらの２数の和がすでに定和Ｓｎを越えるのでこの組み合わせは成立しない．従って
　　　（ａ）　２＋８，　４＋６
　　　（ｂ）　３＋７，　４＋６

のいずれかでなければならない．すなわち

（a）

2	9	4
7	5	3
6	1	8

（b）

3	8	4
~~6~~	5	~~4~~
6	2	7

となり（b）の組み合わせは成立せず（a）の組み合わせのみが成立する．
このように3次元魔方陣の場合にのみ連立方程式から解くことができるがそれでも一般的に方程式を解くという状態からは程遠いものである．

[4-5-2] 4次魔方陣の性質

4次魔方陣になると連立方程式の形から解くことは困難であるが，4次魔方陣に特有のいろいろな特性を導くことはできる．文献（3）と（5）に一般魔方陣と汎魔方陣についての記述があるが，本編のまとめ方に従ってまとめ直してみる．4次の魔方陣と汎魔方陣の形を下図のように表す．[a]の形を代表表示とすると一般魔方陣の場合には実線のように，汎魔方陣の場合には点線のように対角の定和が成立するとする．

[a] 魔方陣

a1	c1	c2	a2
d3	b3	b4	d4
d2	b2	b1	d1
a4	c4	c3	a3

汎魔方陣

a1	c1	c2	a2
d3	b3	b4	d4
d2	b2	b1	d1
a4	c4	c3	a3

（1）一般魔方陣の性質

まず，次の10個の式が成立する．

$a1+a2+c1+c2=Sn=34$ ①　　　$a3+a4+c3+c4=Sn=34$ ②
$b1+b2+d1+d2=Sn$ ③　　　$b3+b4+d3+d4=Sn$ ④
$a1+a4+d2+d3=Sn$ ⑤　　　$a2+a3+d1+d4=Sn$ ⑥
$b2+b3+c1+c4=Sn$ ⑦　　　$b1+b4+c2+c3=Sn$ ⑧
$a1+a3+b1+b3=Sn$ ⑨　　　$a2+a4+b2+b4=Sn$ ⑩

これらの10個の連立方程式を順次解いていくと，まず

(①+②)−(⑦+⑧)から　　$(a1+a2+a3+a4)=(b1+b2+b3+b4)$　　(1-A)
(①+②)−(⑤+⑥)から　　$(c1+c2+c3+c4)=(d1+d2+d3+d4)$　　(2-A)
(①+③)−(⑥+⑧)から　　$(a1+b3+c1+d3)=(a3+b1+c3+d2)$　　(1-B)
(①+③)−(⑤+⑦)から　　$(a2+b4+c2+d4)=(a4+b2+c4+d2)$　　(2-B)

（①+④）-（⑤+⑧）から　　　(a2+b2+c1+d1)＝(a4+b4+c3+d3)　　　(3-B)
（①+④）-（⑥+⑦）から　　　(a1+b1+c2+d2)＝(a3+b3+c4+d4)　　　(4-B)

が導かれる．
次に加わった両対角の条件から次の式が成立する．

（⑨+⑩）から　　　(a1+a2+a3+a4)+(b1+b2+b3+b4)＝2Sn　　(1-E)

（1-E）の条件が加わることによって（1-A）と（2-A）の互いのグループの合計はすべて等しくなりそれぞれの合計は定和Snでなければならない．従って

(a1+a2+a3+a4)＝(b1+b2+b3+b4)＝(c1+c2+c3+c4)＝(d1+d2+d3+d4)＝Sn　　(3-A)

次に（1-B）～（4-B）を辺々加え合わせて，⑨と⑩を代入すると

(a1+b3+c1+d3)＝(a3+b1+c3+d2)＝(a1+b1+c2+d2)＝(a3+b3+c4+d4)　　(5-B)
(a2+b4+c2+d4)＝(a4+b2+c4+d2)＝(a2+b2+c1+d1)＝(a4+b4+c3+d3)　　(6-B)

また①～⑩と（3-A）から次のような新しい特性も成立する．

①，②と（3-A）から　　a1+a2＝c3+c4　(1-C)　　a3+a4＝c1+c2　(2-C)
③，④と（3-A）から　　b1+b2＝d3+d4　(3-C)　　b3+b4＝d1+d2　(4-C)
⑤，⑥と（3-A）から　　a1+a4＝d1+d4　(5-C)　　a2+a3＝d2+d3　(6-C)
⑦，⑧と（3-A）から　　b1+b4＝c1+c4　(7-C)　　b2+b3＝c2+c3　(8-C)
⑨，⑩と（3-A）から　　a1+a3＝b2+b4　(1-D)　　a2+a4＝b1+b3　(2-D)

このようにして一般魔方陣の形で成立する場合の特性を分かりやすく解釈してみると

[A]　(a1～a4)，(b1～b4)，(c1～c4)，(d1～d4)の4個数の合計は互いに等しく，それぞれ定和Snずつである．

[B]　(a1+b3+c1+d3)＝(a3+b1+c3+d2)など4個数の合計はそれぞれ等しいが定和Snずつでなくてもよい．

[C]　(a1～a4)，(b1～b4)，(c1～c4)，(d1～d4)の中の2個ずつの合計はそれぞれ等しいが定和Sn／2ずつでなくてもよい．

[D]　対角方向の2個ずつの合計も上の通り対応する合計と等しくなるが，Sn／2ずつではなくてよい．

このような関係が成立するが，[B]～[C]には定和Snに等しいとかSn／2に等しいとかの明確な条件が成立しないので，これらの成立条件だけから一般魔方陣を見つけ出していくことはあまり実用的ではない．したがって次にさらに条件の厳しい汎魔方陣の特性の方を先に検討する方がずっと実用的な方法であると考えられる．

（2）汎魔方陣の場合

汎魔方陣では⑨と⑩の対角の条件に加えて

a4+b4+c1+d1＝Sn　　⑪　　　a1+b1+c4+d4＝Sn　　⑫
a2+b2+c3+d3＝Sn　　⑬　　　a3+b3+c2+d2＝Sn　　⑭
c2+c4+d2+d4＝Sn　　⑮　　　c1+c3+d1+d3＝Sn　　⑯

[4] 一般魔方陣の解法について

の条件が加わる．これらの条件を追加して丁寧に解く方法も有るが，汎魔方陣の場合にも前の一般魔方陣で成立したすべての特性がそのまま成立しているので，その上に16種類の循環配置替えが成立する特性を盛り込む方法で考察を進めていく．

一般魔方陣の場合にはまず（3－A）の式が成立している．循環配置替えによりこの(a1～a4)，(b1～b4)，(c1～c4)，(d1～d4)の合計は隣り合う4個の桝目の合計と見なすことができるので

(A) すべての位置の隣り合う4個の桝目の合計は定和Ｓｎとなる．

次に（5－B），（6－B），に上記の隣り合う4桝の合計はすべて定和34となることを代入すると

$$(a1+b1+c2+d2)=(a3+b3+c4+d4)=(a2+b2+c1+d1)=(a4+b4+c3+d3)=Sn \quad (7\text{-}B)$$

となる．上記と同様にして循環配置替えが成立するので，

(B) すべての行，列方向の1個おきの4個の桝目の合計は定和Ｓｎとなる．

と見なすことができる．

次に新しい対角の条件を用いて⑨－⑭から

$$a1+b1=c2+d2 \quad (2\text{-}E)$$

となる．（7－B）と（2－E）および循環配置替えを考慮すると，

(C) 対角方向の隣り合わない2個の桝目の合計はＳｎ／2である．

汎魔方陣の場合にはこれらの対角方向の組み合わせはすべて補数同士である特性が導かれる．

最後に一般魔方陣で成立していた（1－D）の特性は汎魔方陣でも成立しており，循環配置替えを考慮すると

(D) 対角の2隅の和は相対する対角の中央の2数の和に等しい．

ただしＳｎ／2ずつにはならない．

実際には，条件（A）と（C）から（B）と（D）を誘導することができるので汎魔方陣の成立条件は（A）と（C）であることが分かってくる．

これらを模式図で表示すると

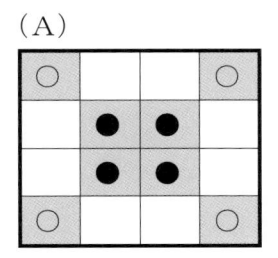

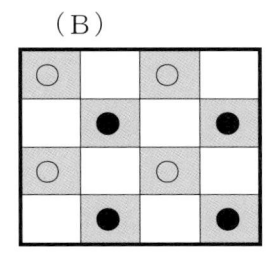

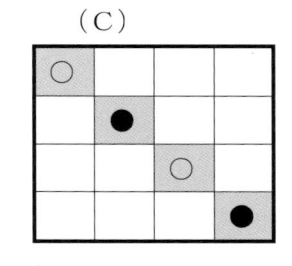

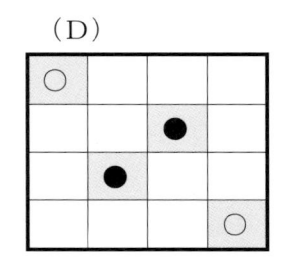

(A)　　　　　　　(B)　　　　　　　(C)　　　　　　　(D)

このように4次の汎魔方陣の解法としては大いに期待することができる．そうしてその汎魔方陣から次に条件を緩めて一般魔方陣を誘導していくことを考えるのが実用的である．上記の様な特性を利用した汎魔方陣の解法は［6－3－3］項において考察する．

［ 4－5－3 ］5次魔方陣

5次魔方陣について前記の4次魔方陣と同様の取り扱いをしてみたいが，まず5次魔方陣を次の様に表示しておく．

a00	a01	a02	a03	a04
a10	a11	a12	a13	a14
a20	a21	a22	a23	a24
a30	a31	a32	a33	a34
a40	a41	a42	a43	a44

（1）一般魔方陣の場合

一般魔方陣の場合には次の12個の条件が成立する．

a00+a01+a02+a03+a04=Sn　①　　　a10+a11+a12+a13+a14 =Sn　②
a20+a21+a22+a23+a24=Sn　③　　　a30+a31+a32+a33+a34=Sn　④
a30+a31+a32+a33+a34=Sn　⑤　　　a00+a10+a20+a30+a40=Sn　⑥
a01+a11+a21+a31+a41=Sn　⑦　　　a02+a12+a22+a23+a43=Sn　⑧
a03+a13+a23+a33+a43=Sn　⑨　　　a04+a14+a24+a34+a44=Sn　⑩
a00+a11+a22+a33+a44=Sn　⑪　　　a40+a31+a22+a13+a04=Sn　⑫

これらの定和が成立する条件から若干の等式が導かれるが，一般魔方陣で誘導される特性は非常に限られたものにしかならないことが分かってくる．これといって魔方陣を構成するための有効な条件とはならないことが分かってくる．

（2）汎魔方陣の場合

汎魔方陣の場合には行と列で成立する①～⑩の10個の式に加えて対角の方向で次の10個の式が成立する．これだけの条件が追加されるとかなり規則的な条件が成立するようになる．

a00+a11+a22+a33+a44=Sn　⑪　　　a40+a31+a22+a13+a04=Sn　⑫
a01+a124+a23+a34+a04=Sn　⑬　　　a00+a41+a32+a23+a14=Sn　⑭
a02+a13+a24+a30+a41=Sn　⑮　　　a10+a01+a42+a33+a24=Sn　⑯
a03+a14+a20+a31+a42=Sn　⑰　　　a20+a11+a02+a43+a34=Sn　⑱
a04+a10+a21+a32+a43=Sn　⑲　　　a30+a21+a12+a03+a44=Sn　⑳

これらの20個の式から5次の汎魔方陣に特有の特性を導き出すことは文献（5）にスマートな手順が示されている．汎魔方陣であるから25種類の循環配置替え（シフト変換）が成立しており，代表位置で特性を示しておけば同じ特性はすべての位置で成立することは4次の汎魔方陣の場合と同様である．まず5次の汎魔方陣では下の［A］図に示されるように

　　　　●印の5箇所の合計は定和Snに等しい　　　　　　　　（#）

これは［a1］～［a5］のように各●印の点を通る行，列，両対角の4個の等式の組合わせを求め，5箇所の等式をを加え合わせてみると，20個の等式を加え合わせたことになる．

●印の5箇所は各8回，他の残りの箇所は3回数えられている．すべての箇所の合計は定和Snの5倍であるから

　　　　5×（●印の5箇所の合計）＋3×（5Sn）＝20Sn

この式をまとめて

[4] 一般魔方陣の解法について

(●印の5箇所の合計)＝定和Ｓｎ

が成立していることが証明される．

[A]　　　　　[a1]　　　　　[a2]　　　　　[a5]

このように[Ａ1]の形で定和Ｓｎが成立することが示されると，同様にして次の様に[Ａ2]，[Ａ3]，[Ａ4]の形でも定和Ｓｎが成立していることが示される．この特性の解釈の仕方については筆者が[6]章で述べる奇数次汎魔方陣の場合の直斜変換を考慮すると4個の位置は同等の位置であることは明らかである．

[A1]　　　　　[A2]　　　　　[A3]　　　　　[A4]

次に[Ａ1]と③，[Ａ1]と⑧，[Ａ3]と⑪，[Ａ3]と⑫などから[Ｂ1]，[Ｂ2]，[Ｂ3]，[Ｂ4]の4式が成立していることが示される．これらは菱形公式と呼ばれている．

●印の合計と○印の合計とは等しい

同じく直斜変換によってこれらの4個の形についても同等の位置であると解釈できる．

[B1]　　　　　[B2]　　　　　[B3]　　　　　[B4]

このように5次魔方陣以上の場合には連立式からの解法は一般魔方陣に対しては期待することはできない．汎魔方陣の場合には上記のように規則性のある条件が成立するので，このような特性を利用した解法が期待される．汎魔方陣であるので[6－3－4]項の中で4次の汎魔方陣と共に取り上げていきたい．

[4-6] コンピュータによる順次確認について

　魔方陣の特性についていろいろな考察を行ないまとめてきた．従来３次の魔方陣は１個，４次の魔方陣は880個が成立することが確認されている．この範囲までであれば何とか人力で取り扱うことが出来た．しかし５次の魔方陣の成立個数はもはや人力では取り扱うことは不可能であり，コンピュータを用いて1976年にアメリカのシュレーペルによって68,826,306個と計算され，1981年になって岡島喜三郎によって275,304,224個であることが確認されているようである．

　このように５次以上の魔方陣を取り扱うためにはコンピュータの力が不可欠ではあるが，たとえコンピュータの力を借りても，６次以上の魔方陣の検討になるとその膨大な成立個数の前にすぐに行き詰まってくる．６次以上の魔方陣の正確な成立総数は未だに計数できていないようだ．ようやく1998年にモンテカルロの模擬実験と統計力学の手法によって，６次の魔方陣の概数は1.77×10^{19}個であると見積もられているようだ．

　このように大型コンピュータといえどもすぐにその能力の限界に突き当たるのであるが，手近にあるパソコンを用いて可能な範囲で魔方陣の検討を進めるための手順について考察していく．魔方陣が成立するか否かを判定すること自体は比較的簡単なことであるが，その組み合わせの総数を過不足なく計数することが大変な作業となる．このことを逆に考えると，パソコンに計算させる方法を開発することが現実的な検討課題になるということであろう．ここでは筆者の提案している分配陣と配置替えの手法による計数手順とその結果を確認して基礎的なデータを求めていき，次の段階の統計的な手法による検討を進めていきたい．

　筆者の手元にあるパソコンはCPU Pentium Ⅲ 700MHz，メモリー 128MB，HDD 20GB，OS Windows Meのものである．本プログラムはＣ言語で記述するが，独習であるためになかなか適切な方法とはいい難いところもあるものと思う．

[4-6-1] 魔方陣検討の手順

　３次以上の魔方陣の成立する総数を検討する方法は次の様にまとめていくことができる．この方法は基本的には岡島喜三郎の方法に近い方式となっているはずである．まず，魔方陣の総数を表示する方法は分配陣とその配置替えという表示方法を採用する．すなわちまず対角方向の定和Ｓｎの成立は不問にしてすべての行と列の定和Ｓｎが成立する分配陣を求めていく．次に組替え配置替えを織り込んで，分配陣の中で対角の定和Ｓｎが成立するものを魔方陣として選び出しその総数を求めていく．５次以上になると成立個数は膨大な数値となるので具体的な魔方陣の構成を求めることはあきらめて，その理論的な成立個数だけを計数することにする．

第１ステージ　：
（１）単独行の総個数
　構成要素の数字は，１～N^2の数字ではなく，代数式10進数である０～（N^2-1）の数字

を使用することとする．これらN^2個の数字の中からN個を選んでi1, i2, i3, … iNとする．N個の数字の合計は定和Sn＝$(N^2-1)*N/2$でなければならない．すなわち

$$(i1+i2+i3+\cdots\cdots +iN)=Sn$$

となるすべての組み合わせを確認し，これを単独行の総成立個数J個とする．これらを昇順に確認する．

（2）N連行の組み合わせ個数

　　上記のJ個の行の中から構成要素の数字が重複しないように，N個の行の組み合わせを選び出す．これをN連行の組み合わせ成立個数K個とする．これらの組み合わせも昇順に確認していく．これの計数方法には第1行から第N行までを順次確認していく順次組み合わせシステムを採用する．

（3）分配陣（N連列）の成立個数

　　上記のN連行の組み合わせの中で，各行から順次1個ずつの数字を計N個選び出して定和Snが成立するものを列とし，定和Snが成立するN連列の組み合わせを選び出す．成立個数をL個とする．これが**分配陣**の個数である．この組み合わせも昇順に選び出し，重複が起こらないように計数しなければならない．

第2ステージ　：

（4）**配置替えの実施**

　　上記の分配陣L個に対して配置替えを行ない，両対角の数字N個の合計が定和Snとなるものを探し出し，成立する**魔方陣**を選び出す．その個数をM個とする．

　　この配置替えについてはその代表表示の選び方と並べ方にはいろいろなバリエーションがあるが，5次以上の分配陣の場合にはswitch文でループを作ることになる．したがって配置替えの代表表示の選び方と並べ方はどれを採用してもかまわない．

第3ステージ　：

（5）**分類整理及び汎魔方陣の選び出し**

　　上記M個の魔方陣を整理してタイプ別に分類し，汎魔方陣を中心にしてまとめていくことが期待されるところではあるが，5次魔方陣以上になると膨大な個数に阻まれて，とても分類整理するという状態ではなくなる．具体的な汎魔方陣や，特徴ある魔方陣の構成は別途それぞれ個別に考察し，まとめていくことになるようである．

　　このようにして魔方陣の成立個数を検討し始めてみると，膨大な成立個数の壁がすぐに立ちふさがってくる．6次以上になると組み合わせの個数が多くて計数時間がかかりすぎ，正面からの正攻法ではとても攻略できそうにない．したがって大きいサイズの魔方陣の検討には，定和成立の確率を統計的に処理する手法を導入することになる．

[4−6−2] 計数プログラムの組み方

(1) 単独行の組み合わせ

5次の魔方陣の場合について説明すると次の様になる．
　　　　次数N＝5　　　構成要素数N^2＝25　　：0 〜 24　　定和s5＝60
5個の数字の合計で定和s5が成立する個数を求める．
　　　　(i1+i2+i3+i4+i5) ＝s5
次の (a) のような**各項を昇順に変更するforループ**を作って順次数え上げていけばよい．
(a) 最大組み合わせ個数
　　　(a-1)第1項 i1＝0　　〜 i1++ 〜 20
　　　(a-2)第2項 i2＝i1+1 〜 i2++ 〜 21
　　　(a-3)第3項 i3＝i2+1 〜 i3++ 〜 22
　　　(a-4)第4項 i4＝i3+1 〜 i4++ 〜 23
　　　(a-5)第5項 i5＝i4+1 〜 i5++ 〜 24

しかしこのループには下のような制限が成立するのでループの回数を減らし，計数時間を減少させることができる．

(b) 各項の最大値制限
　　　(b-1)第1項　(i1*5+10)<=s5　　　　0<=i1<=10
　　　(b-2)第2項　(0)+(i2*4+6)<=s5　　i1+1<=i2<=13
　　　(b-3)第3項　(1)+(i3*3+3)<=s5　　i2+1<=i3<=18
　　　(b-4)第4項　制限成立せず　　　　　i3+1<=i4<=23
　　　(b-5)第5項　制限成立せず　　　　　i4+1<=i5<=24
(c) 各項の最小値制限
　　　(c-1)　(i5-4+i5-3+i5-2+i5-1+i5) >= s5　　i5>=14
　　　(c-2)　(i4-3+i4-2+i4-1+i4+24) >= s5　　　i4>=11
　　　(c-3)　(i3-2+i3-1+i3+23+24) >= s5　　　　i3>=6
　　　(c-4)　制限成立せず
　　　(c-5)　制限成立せず
(d) 最終項のループ制限
　　　(d-1)　(i1 + i2 + i3 + i4 + i5) ＝ s5が成立したときは，以後のi5++〜24のループ
　　　　　はスキップすることができる．

このようにして検討用のプログラムを作る．(c) の各項の最小値制限の条件はforループを直接制御できないので計数時間の短縮には役立たないことがわかってくるので省略すればよい．計数の結果単独行の成立個数1,394個が打ち出されてくる．
(計数時間　＜1秒)

（2）N連行の組み合わせ個数

　N連行の成立計数方式は順次組み合わせシステムを採用する．単独行の計数方式は（1）により構成されている．この単独行の成立を順次第1行から第N行まで積み上げてやればよい．したがって複数の行を順次積み上げることによって発生する新しい条件や制限について考察しておかなければならない．単独行の場合にはその構成要素の各項を順次i1, i2, i3, …, iNと表示していたが，N連行の場合には構成要素の数字を順次

　　　　　第1行　　　a1, a2, a3, …, aN
　　　　　第2行　　　b1, b2, b3, …, bN
　　　　　第3行　　　c1, c2, c3, …, cN
　　　　　………
　　　　　第N行　　　n1, n2, n3, …, nN

と表示することにすると
(a) 第1行から第N行までの第1項は順次

　　　　　a1=0,　　1<=b1<c1<…<n1

(b) 第2行から第N行までの第2項以降は前の行の構成要素と重複してはならないので

　　　　　{b2〜bN} ≠ {a2〜aN}
　　　　　{c2〜cN} ≠ {a2〜aN}&&{b2〜bN}
　　　　　{d2〜dN} ≠ {a2〜aN}&&{b2〜bN}&&{c2〜cN}
　　　　　………
　　　　　{n2〜nN} ≠ {a2〜aN}&&{b2〜bN}&&{c2〜cN}&&……&&{m2〜mN}

　上記の（a），（b）の条件はN連行の個数を計数するためには必ず必要な条件である．

(c) 第2行から第（N－1）行までの第1項ループの最大値はその行以降に残っている行の数だけ小さくてよい．例えば各次数の場合には次の様に小さくしていけばよい．

　　　　　4次の場合には　　　（4／2）＊残りの行数
　　　　　5次の場合には　　　（5／2）＊〃
　　　　　6次の場合には　　　（6／2）＊〃
　　　　　7次の場合には　　　（7／2）＊〃

　偶数次の場合にはすぐに決定できるが，奇数次の場合には切り上げになるかどうか確認してみなければならないように感じている．

　この条件は盛り込まなくてもN連行の成立個数に影響することではないが無意味な計数ループを省略して時間を短縮するためには必要なことである．

(d) その他細かく検討すると計数ループに対して新しく成立する条件が存在することが予想されるのだが，計数時間の短縮に特に有用と思われるものだけ適宜採用することとする．

(e) 最終の第N行は組み合わせが成立しさえすれば必ず定和Snが成立する組み合わせになっているはずであり定和のチェックは必要ないのだが，間違いチェックのため入れておく．

5次のN連行の組み合わせ

（1）の単独行の中から構成要素が重複しないように5行を昇順に順次選び出す．

（1）第1行

	5連行の場合に要求される条件
第1項	a1=0　　　以下a1の表示は必要なし
第2項	a1+1<= a2<=13
第3項	a2+1<=a3<=18
第4項	a3+1<= a4<=23
第5項	a4+1<= a5<=24
定和成立	a1+a2+a3+a4+a5=s5

（2）第2行

	5連行の場合に要求される条件
第1項	a1+1<=b1<=10-2.5*3　　※2 ループを回してみると(10-8)でよい
	b1≠{a2, a3, a4, a5}
第2項	b1+1<=b2<=13
	b2≠{a2, a3, a4, a5}
第3項	b2+1<=b3<=18
	b3≠{a2, a3, a4, a5}
第4項	b3+1<=b4<=23
	b4≠{a2, a3, a4, a5}
第5項	b4+1<=b5<=24
	b4≠{a2, a3, a4, a5}
定和成立	b1+b2+b3+b4+b5=s5

（3）第3行

	5連行の場合に要求される条件
第1項	b1+1<=c1<=10-2.5*2　　※2 ループを回してみると(10-6)でよい
	c1≠{a2, a3, a4, a5, b2, b3, b4, b5}
第2項	c1+1<=c2<=13
	c2≠{a2, a3, a4, a5, b2, b3, b4, b5}
第3項	c2+1<=c3<=18-1
	c3≠{a2, a3, a4, a5, b2, b3, b4, b5}
第4項	c3+1<=c4<=23
	c4≠{a2, a3, a4, a5, b2, b3, b4, b5}
第5項	c4+1<=c5<=24
	c5≠{a2, a3, a4, a5, b2, b3, b4, b5}
定和成立	c1+c2+c3+c4+c5=s5

[4] 一般魔方陣の解法について

（4）第4行

	5連行の場合に要求される条件
第1項	c1+1<=d1<=10-2.5　　　※2 ループを回してみると(10-3)でよい
	d1≠{a2, a3, a4, a5, b2, b3, b4, b5, c2, c3, c4, c5}
第2項	d1+1<=d2<=13-1
	d2≠{a2, a3, a4, a5, b2, b3, b4, b5, c2, c3, c4, c5}
第3項	d2+1<=d3<=18-2
	d3≠{a2, a3, a4, a5, b2, b3, b4, b5, c2, c3, c4, c5}
第4項	d3+1<=d4<=23
	d4≠{a2, a3, a4, a5, b2, b3, b4, b5, c2, c3, c4, c5}
第5項	d4+1<=d5<=24
	d5≠{a2, a3, a4, a5, b2, b3, b4, b5, c2, c3, c4, c5}
定和成立	d1+d2+d3+d4+d5=s5

（5）第5行

	5連行の場合に要求される条件
第1項	d1+1<=e1<=10
	e1≠{a2, a3, a4, a5, b2, b3, b4, b5, c2, c3, c4, c5, d2, d3, d4, d5}
第2項	e1+1<=e2<=13-1
	e2≠{a2, a3, a4, a5, b2, b3, b4, b5, c2, c3, c4, c5, d2, d3, d4, d5}
第3項	e2+1<=e3<=18-2
	e3≠{a2, a3, a4, a5, b2, b3, b4, b5, c2, c3, c4, c5, d2, d3, d4, d5}
第4項	e3+1<=e4<=23-1
	e4≠{a2, a3, a4, a5, b2, b3, b4, b5, c2, c3, c4, c5, d2, d3, d4, d5}
第5項	e4+1<=e5<=24
	e5≠{a2, a3, a4, a5, b2, b3, b4, b5, c2, c3, c4, c5, d2, d3, d4, d5}
定和成立	e1+e2+e3+e4+e5=s5　　　（省略しても良い）

　このように組み合わせを作っていくと5行の組み合わせが成立する個数が計数できるプログラムになる．

　計数の結果，5連行の成立個数 3,245,664個が打ち出されてくる．

（計数時間　1分12秒）

(3) 分配陣（N連列）成立個数

前の（2）によってN連行の成立組み合わせとその成立個数が確認されている．N連行の成立個数は単独行の成立個数よりもさらにはるかに膨大な個数であるので，当然このN連行の一覧表をメモリーしておくようなバッチ処理方式を採用することは実用上不可能である．そこでN連行が成立する都度その直後に分配陣の成立を確認する分配陣確認関数として挿入する方法を考えてみる．

5次の分配陣（N連列の組み合わせ）確認関数の構成

前の（2）によって確認されている3,245,664組の5連行に対してそれぞれ5列の組み合わせが成立するかどうか判定することになる．成立する分配陣の個数を過不足なく効率的に計数するためには列についても昇順に配列する必要がある．まず列の第1項を昇順に取り上げていくためには第1行の1項からN項までをそのままその順序どおりに採用していけばよい．

（1）第1列の構成
  第1項 第1行の第1項を選ぶ．   r11
  第2項 第2行の第1項から第5項まで順次選んでいく． r12
  第3項 第3行の第1項から第5項まで順次選んでいく． r13
  第4項 第4行の第1項から第5項まで順次選んでいく． r14
  第5項 第5行の第1項から第5項まで順次選んでいく． r15

（1−1）第1列の定和成立の判定
  $(r11+r12+r13+r14+r15) == s5$

が成立するか否か判定していく．成立すればこれを第1列の候補とし，

（1−2）第1列の第2項比較

転置配列による重複を避けるためには第1行の第2項が第1列の第2項，第3項，第4項，第5項よりも小さいことを確認する．もしこの条件が成立しない場合にはこの第1列候補は捨てる．

（2）第2列の構成
  第1項 第1行の第2項を選ぶ．   r21
  第2項 第2行の第1項から第5項まで順次選んでいく． r22
  第3項 第3行の第1項から第5項まで順次選んでいく． r23
  第4項 第4行の第1項から第5項まで順次選んでいく． r24
  第5項 第5行の第1項から第5項まで順次選んでいく． r25
    （このとき第1列に使用したものは除く．）

（2−1）第2列の定和成立の判定
  $(r21+r22+r23+r24+r25) == s5$

が成立するか否か判定していく．

(3) 第3列の構成
　　　第1項　　　第1行の第3項を選ぶ.　　　　　　　　　　　　　　r31
　　　第2項　　　第2行の第1項から第5項まで順次選んでいく.　　　r32
　　　第3項　　　第3行の第1項から第5項まで順次選んでいく.　　　r33
　　　第4項　　　第4行の第1項から第5項まで順次選んでいく.　　　r34
　　　第5項　　　第5行の第1項から第5項まで順次選んでいく.　　　r35
　　　　　　（このとき第1列及び第2列に使用したものは除く.）
(3-1) 第3列の定和成立の判定
　　　　（r31+r32+r33+r34+r35）==s5
が成立するか否か判定していく.

(4) 第4列の構成
　　　第1項　　　第1行の第4項を選ぶ.　　　　　　　　　　　　　　r41
　　　第2項　　　第2行の第1項から第5項まで順次選んでいく.　　　r42
　　　第3項　　　第3行の第1項から第5項まで順次選んでいく.　　　r43
　　　第4項　　　第4行の第1項から第5項まで順次選んでいく.　　　r44
　　　第5項　　　第5行の第1項から第5項まで順次選んでいく.　　　r45
　　　　　　（このとき第1列，第2列，第3列に使用したものは除く.）
　　　　（r41+r42+r43+r44+r45）==s5
が成立するか否か判定していく．成立すればこれを第4列の候補とし，

(5) 第5列の構成
　　　第1項　　　第1行の第5項を選ぶ.　　　　　　　　　　　　　　r51
　　　第2項　　　第2行の第1項から第5項まで順次選んでいく.　　　r52
　　　第3項　　　第3行の第1項から第5項まで順次選んでいく.　　　r53
　　　第4項　　　第4行の第1項から第5項まで順次選んでいく.　　　r54
　　　第5項　　　第5行の第1項から第5項まで順次選んでいく.　　　r55
　　　　　　（このとき第1列，第2列，第3列，第4列に使用したものは除く.）
　　　　（r51+r52+r53+r54+r55）==s5
が成立するか否か判定していく．最終の第N列は組み合わせが成立しさえすれば必ず定和Ｓｎが成立する組み合わせになっているはずであり定和のチェックは必要ないのだが，間違いチェックのため入れておく．
　1組の5連列すなわち1個の分配陣が成立するプログラムになる．

　計数の結果，分配陣成立個数160,845,292個が打ち出されてくる．
（計数時間　＜20分45秒）

（4）配置替えの実施と魔方陣の成立個数

（3）までの計数によって分配陣の成立個数が判明してきたので，最後に分配陣の配置替えを実施して汎対角線成分の定和について確認することになる．このようなものは分配陣成立の直後に魔方陣確認関数として挿入する．5次の組替え配置替えの個数は次の通りである．

次数N	組替え配置替え個数	行，列方向の配置替えの代表表示
5	12^2	(A1) 0-1-2-3-4,　(B1) 0-2-4-1-3, (A2) 0-1-2-4-3,　(B2) 0-2-3-1-4 (A3) 0-1-3-4-2,　(B3) 0-3-2-1-4 (A4) 0-1-3-2-4,　(B4) 0-3-4-1-2, (A5) 0-1-4-2-3,　(B5) 0-4-3-1-2, (A6) 0-1-4-3-2,　(B6) 0-4-2-1-3

　また，これらの組替え配置替えの代表表示の取り方は1通りに限定されるものではなく，計数のためのループが回しやすい表示にすればよいのであるが，4次の分配陣以外ではうまく整理された形が構成できないようであり，結局switch文でループを回すことにする．したがって上記の様な代表表示を採用しておく．上の表の(A1)～(B6)をswitch文のcase 0～case 11で表して，この144個の配置替えの中で10個ずつの汎対角線の定和s5が成立するか否かを確認すればよい．このとき奇数次であるので汎対角線の組み合わせはすべて成立する．すなわち，両対角方向の汎対角線5個ずつの組み合わせ計25個は必ず成立する．したがって，主対角方向と従対角方向の汎対角線の中で定和が成立する個数をそれぞれd1とd2とすると，成立する魔方陣の個数は(d1*d2)個である．汎魔方陣の個数は d1とd2が共に5になる個数をチェックしてやればよい．

　1966年に山本行雄が桂馬とび配列の理論を用いて汎魔方陣の成立個数は144個であると計算している．この汎魔方陣の個数の分類法がほぼ定着して認められているようである．汎魔方陣を144個と計数するなら魔方陣の総数は岡島喜三郎の整理方法のようにした方が合理的なように考えている．岡島喜三郎の計数と同数，シュレーペルの4倍の275,305,224個と定義したいものである．

　岡島喜三郎の文献もシュレーペルの文献も直接検証することなく推測のみでこのように考えていることの不完全さについては筆者自身非常に残念に感じている．できるだけ早く両者の文献を直接検証して確認しなければならないと考えている．

　このようにして計数ループを組み上げると魔方陣と汎魔方陣を計数できるプログラムになる．このようにして計数してみると，魔方陣の総数は岡島喜三郎の計数275,305,224個と同数が打ち出されてきた．汎魔方陣の個数も144個と打ち出されてきた．（計数時間2時間30分）今日まで魔方陣の有力な研究者大森清美などを含めて多くの研究者の計数結果は岡島喜三郎の計数結果と一致しているようである．筆者の確認できている範囲ではインターネット上に発表されているhttp://www.ne.jp/asahi/suzuki/hp/houjin92.htmの中にも同数の値275,305,224

個と言う個数が発表されている．

このようにして筆者がパソコンで計数した結果は次の一覧表の通りである．

分配陣及び魔方陣の総数一覧表

濃い色網かけ値は公表された確定値，薄い色網かけ値は筆者による計算値

次数	要素数	定和	単独行成立個数	N連行成立個数	分配陣成立個数	魔方陣成立個数	汎魔方陣成立個数
N	N^2	Sn	J	K	L	M	P
3	9	12	8	2	1	1	0
4	16	30	86	392	477	880	3
5	25	60	1,394	3,245,664	160,845,292	275,305,224	144
6	36	105	32,134	?	?	$1.77*10^{19}$	0
7	49	168	957,332	?	?	?	?
8	64	252	35,154,340	?	?	?	?
9	81	360	1,537,408,202	?	?	?	?
10	100	495	78,132,541,528	?	?	?	0

このようにして魔方陣の総数を検討することになるが，現在までに決定されている総数はまことに微々たる範囲であることを思い知らされる．

[5] 親子魔方陣

現代になるまでは親子魔方陣または周辺魔方陣は非常に重要な分野であった．核となる3次魔方陣または4次魔方陣の周囲に周辺ブロックを追加することによって順次大きいサイズの魔方陣を作り上げることができるので，好んで取り上げられている．

[5-1] 親子魔方陣とその関連魔方陣

[5-1-1] 親子魔方陣の形と特性

N次魔方陣の内部に（N－2）次魔方陣が内蔵された親子魔方陣について考えてみる．親子魔方陣の形は

A	D_1	D_2	⋯	B
E_1				e_1
E_2	内	蔵魔	方陣	e_2
⋯				⋯
b	d_1	d_2	⋯	a

図 5-1 親子魔方陣の形

N次魔方陣の定和Snは

$$Sn = (1+N^2) \times N^2 / 2N = (1+N^2) \times N/2 \quad \cdots ①$$

第1行及び第N行の定和についてみれば

$$A + D_1 + D_2 + \cdots + B = (1+N^2) \times N/2 \quad \cdots ②$$
$$b + d_1 + d_2 + \cdots + b = (1+N^2) \times N/2 \quad \cdots ③$$

②＋③は

$$(A+a) + (D_1+d_1) + (D_2+d_2) + \cdots + (B+b) = (1+N^2) \times 2N/2$$
$$(A+a) = (D_1+d_1) = (D_2+d_2) = \cdots = (B+b) = (補対)$$
$$\therefore N \times (補対) = (1+N^2) \times N$$
$$(補対) = (1+N^2) \quad \cdots ④$$

従って内蔵（N－2）次魔方陣の定和S_{N-2}は

$$S_{N-2} = (1+N^2) \times N/2 - (1+N^2) = (1+N^2) \times (N-2)/2 \quad \cdots ⑤$$

すなわち（1＋N²）／2は1からN²までの数の平均値であるので内蔵魔方陣の定和は魔方陣全体の構成要素の平均値でなければならない．従って各次の親子魔方陣の定和，補対は次のようになる．

表 5-1　各次の親子魔方陣の構成

次数 N	定和 Sn	内蔵魔方陣 N−2	構成要素数	定和	周辺ブロック 構成要素数	補対
5	65	3	9	39	16	26
6	111	4	16	74	20	37
7	175	5	25	125	24	50
8	260	6	36	195	28	65
9	369	7	49	287	32	82
10	505	8	64	404	36	101
11	671	9	81	549	40	122
12	870	10	100	725	44	145
13	1105	11	121	935	48	170

上記のような数値の特性になっているので親子魔方陣を作る方法及び順序は次のように3段階に分離して考えることができる．

第1ステージ： 構成要素1〜N²の数字を（N−2）²個の数字と残りの（4N−4）個の数字とに区分けする．
ここで（N−2）²個の数字と（4N−4）個の数字は必ず補対となっているように選ぶとしておく．補対でない場合については後で考察する．

第2ステージ： （N−2）²個の数字で定和Sn＝（1＋N²）×（N−2）／2の（N−2）次の内蔵魔方陣を作る．

第3ステージ： （4N−4）個の数字で（2N−2）個の補対を構成し周辺N次ブロックを作る．

（1）構成要素の区分け

構成要素1〜N²の数字を（N−2）²個の数字と残りの（4N−4）個の数字とに分ける際に，（N−2）²個の数字と（4N−4）個の数字は必ず補対となっているように選ぶとしておくとどのような補対の選び方をしても（N−2）²個で構成される内蔵魔方陣の定和は全体の平均値となるように構成することができる．例えば5次魔方陣の場合には次のように区分けすることができるし又その他の区分けも成立することが考えられる．このように区分けしたものを前の［2−2］節で示した**補対整列バー**で表してみると次の［図5−2］のようになる．1と25に近い方を**端部**，13に近い方を**中心部**と表現する．

[5] 親子魔方陣

13	12	11	10	9	8	7	6	5	4	3	2	1
	14	15	16	17	18	19	20	21	22	23	24	25
内蔵3次魔方陣を構成					周辺5次ブロックを構成							

図 5-2 親子魔方陣の補対整列バー表示の例

(2) 内蔵魔方陣の構成

上記のように構成要素の数字が連続している場合には一般の3次の場合に較べてすべての数字に8を加えて修飾してやればよい．また，第2章の［2-5］で述べたように構成要素の数字がある規則性による数列になっている場合には一般の魔方陣をその数列に合わせて修飾してやればよい．従って一般の3次の魔方陣と全く同様に構成できる．その他の区分けの場合にはそれぞれ内蔵魔方陣が成立するかどうか検討しなければならない．

(3) 周辺N次ブロックの構成

対称表示を用いて親子魔方陣の周辺ブロックを表すと下記の通りとなる．

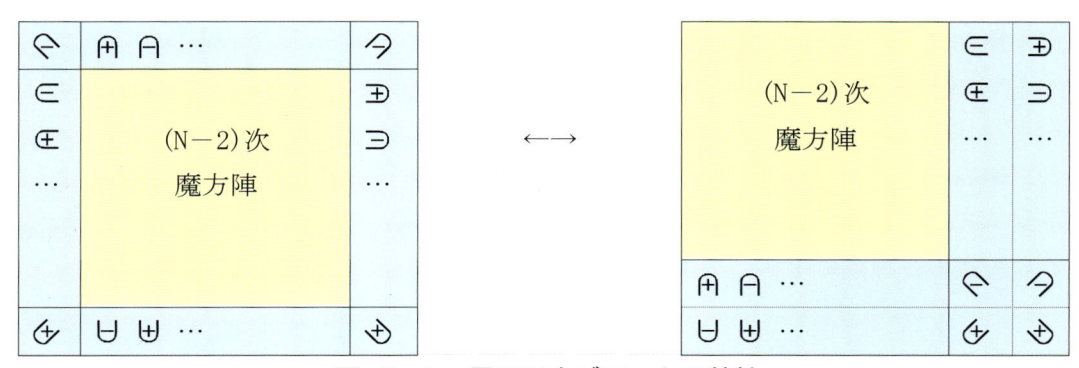

図 5-3 周辺N次ブロックの特性

上図右の形を原型魔方陣とするとNが偶数の場合も奇数の場合も周辺ブロックは補対の組み合わせであることがよく表されている．前記の検討により周辺N次ブロックは（2N−2）個の補対対で構成するのであるが，これの構成については多くの人によって種々の方法が検討されていることが文献（3），（4）に示されている．上記のような区分けの場合には代表的なものに中国の親子魔方陣や関孝和の方法，田中由真の方法などがある．
次数Nは概略

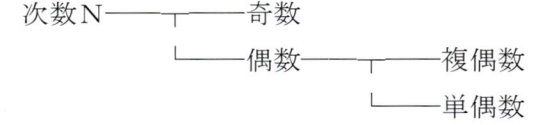

```
次数N ─┬─ 奇数
       └─ 偶数 ─┬─ 複偶数
                └─ 単偶数
```

に分けて考えなければならないことなどが示されている．その他の区分けの場合にはそれぞれ補対を手がかりにして検討し，成立する周辺ブロックを探していくことになる．

133

［5－1－2］ 親子魔方陣の組替えについて

　親子魔方陣の総数の検討や分類の検討に際しては一般の魔方陣の場合とは異なり，全体の魔方陣の配置替えという考え方はとらない．内蔵（N－2）次魔方陣と周辺N次ブロックに分けた組替えの考え方を取るのが分かりやすい．上記のような3段階の手順の中で次のように考えていくことができる．

　構成要素の1～N^2の数字から周辺N次ブロックを構成する（2N－2）個の補対を選び出す組み合わせの総数n_Cは

$$n_C = \frac{n!}{r!(n-r)!}$$

ここで $n = [N^2/2]$ 　（ [ ]は整数を表す ）
　　　 $r = (2N-2)$

　このn_C個の補対の組み合わせに対して周辺N次ブロックが成立する個数n_oと内蔵（N－2）次魔方陣が成立する個数n_iを探していく．
親子魔方陣の総数S_oは

$$S_o = \sum_{i=1}^{ns} (n_o \times n_i)$$

であるがここで次のような組替えが成立する．

(1) 周辺ブロックを固定しておくと内蔵魔方陣は周辺ブロックに対して独立に取り扱えるので次の8種類の組替えが成立する．

　　　　　$\boxed{A}$ $\boxed{!A}$ $\boxed{!!A}$ $\boxed{A!}$ $\boxed{A^*}$ $\boxed{!A^*}$ $\boxed{!!A^*}$ $\boxed{A^*!}$ 　　　　　①

又内蔵魔方陣単独での第3章の［3－2］項で述べた同一対角配置替えが常に成立するので

$$Dd = 2^{(S-1)} \times S! \quad (S = [N/2]) \quad ②$$
　　　　　　　　　　　　ただし［N／2］は整数を表す

(2) 周辺ブロックの2組の周辺対$D_1, D_2, \cdots$ と$E_1, E_2, \cdots$ はそれぞれ独立にその配置順序を組替えできる．この配置替えの個数はそれぞれの周辺対の順列で表すことができるので

$$N = (N-2)! \times (N-2)! \quad ③$$

従って全体としての組替え数は上記の①×②×③種類である．この組替え数n_kをN次の一覧表にすると次のようになる．

表 5-2　　親子魔方陣の組替え数一覧表

次数 N	内蔵魔方陣 対称数	内蔵魔方陣 同一対角配置替え	周辺ブロック 周辺配置替え	全組替え数 n_k
5	8	1	$(3!)^2$	$8 \times 1 \times (3!)^2$
6	8	$2 \times 2!$	$(4!)^2$	$8 \times 2 \times 2! \times (4!)^2$
7	8	$2 \times 2!$	$(5!)^2$	$8 \times 2 \times 2! \times (5!)^2$
8	8	$2^2 \times 3!$	$(6!)^2$	$8 \times 2^2 \times 3! \times (6!)^2$
9	8	$2^2 \times 3!$	$(7!)^2$	$8 \times 2^2 \times 3! \times (7!)^2$
10	8	$2^3 \times 4!$	$(8!)^2$	$8 \times 2^3 \times 4! \times (8!)^2$
11	8	$2^3 \times 4!$	$(9!)^2$	$8 \times 2^3 \times 4! \times (9!)^2$
12	8	$2^4 \times 5!$	$(10!)^2$	$8 \times 2^4 \times 5! \times (10!)^2$
13	8	$2^4 \times 5!$	$(11!)^2$	$8 \times 2^4 \times 5! \times (11!)^2$
14	8	$2^5 \times 6!$	$(12!)^2$	$8 \times 2^5 \times 6! \times (12!)^2$
15	8	$2^5 \times 6!$	$(13!)^2$	$8 \times 2^5 \times 6! \times (13!)^2$
16	8	$2^6 \times 7!$	$(14!)^2$	$8 \times 2^6 \times 7! \times (14!)^2$
17	8	$2^6 \times 7!$	$(15!)^2$	$8 \times 2^6 \times 7! \times (15!)^2$
18	8	$2^7 \times 8!$	$(16!)^2$	$8 \times 2^7 \times 8! \times (16!)^2$

この組替えn_kを前記の親子魔方陣の総数S_oに加えると

$$S_o = n_k \times \sum_{i=1}^{ns} (n_o \times n_i)$$

と表示することができる．

　以上の通り親子魔方陣の場合には周辺ブロックと内蔵魔方陣に分けた組替えという変換が成立するので魔方陣全体の配置替えの取り扱いはひとまず取り下げておく．なぜなら配置替えの考え方で分類整理するよりも組替えの考えで分類整理しておくほうが基本数をずっと省略することができるからである．ただし次に述べるブロック越え配置替えのみは有効に使用できるので整理の中に生かしていきたい．

[5－1－3]　ブロック越え配置替え魔方陣について

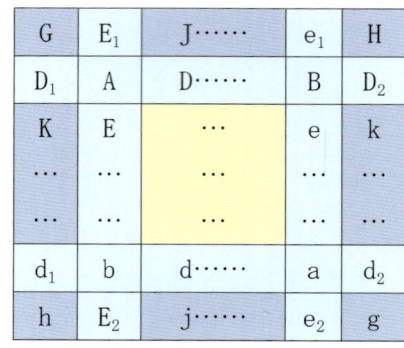

図 5-4　ブロック越え配置魔方陣

　親子魔方陣に対して上記のように周辺ブロックと内蔵魔方陣にまたがる入れ替えを行なうことを「ブロック越え配置替え」と名づける．このブロック越え配置替えを行なっても全体としてのN次魔方陣は成立しているが内蔵（N－2）次魔方陣は崩れていることがわかる．なぜならばD_1及びD_2はそれぞれd_1及びd_2とのみ補対を構成するので，D_1とD_2の対は補対を構成することはできない．従って（A＋D＋B）も内蔵魔方陣としての定和は崩れているこのブロック越え配置替えの個数はどのようになるであろうか．

表 5-3　　各次親子魔方陣のブロック越え配置替え数

全体魔方陣次数N	内蔵魔方陣次数	ブロック越え配置替え数
5	3	1
6	4	2
7	5	2
8	6	3
9	7	3
10	8	4
11	9	4
12	10	5

　一つの親子魔方陣に対しては前表に示したとおりの組替え親子魔方陣が存在するとともに，その各々に対して上表の個数だけのブロック越え配置替えによる一般魔方陣が存在する．

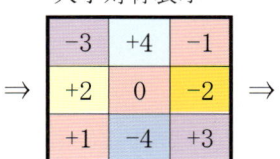

[5-2] 親子魔方陣の解法（従来説のまとめ）

[5-2-1] 親子魔方陣の構成法

従来から親子魔方陣は奇数次の場合には3次の魔方陣を核にして，偶数次の場合には4次の魔方陣を核にしてその周囲を周辺ブロックで囲んで組み上げると表現されている．しかし実は3次魔方陣も形の上では親子魔方陣の構造になっている．

（1） 3次親子魔方陣の構成

親子魔方陣の構成の特徴を表すためには対称表示による補対整列バー表示が一番適している．例えば3次魔方陣は次のように表現できる．親子魔方陣の構成と見なすと補対整列バー表示(1)のように見ればよい．一般の魔方陣と見なすと補対整列バー表示(2)のように見ればよい．

基本（固定）部分と浮動部分と表示する理由は次の5次親子魔方陣の説明で明らかになる．

3次(親子)魔方陣　　大小対称表示　　補対整列バー表示(1)　　補対整列バー表示(2)

2	9	4
7	5	3
6	1	8

⇒

-3	+4	-1
+2	0	-2
+1	-4	+3

⇒

0	-1	-2	-3	-4
	+1	+2	+3	+4

1次　　3次ブロック

0	-1	-2	-3	-4
	+1	+2	+3	+4

基本部分　　浮動部分

補対整列バー表示を主体に考える時には，補対整列バー上のある1組の補対を魔方陣の対角に入れるとか，対角に採用するとか，と表示していく．ここで親子魔方陣の形の分類方法について次のように決めておく．対角に入れる補対は補対整列バー表示の端部に近い方を主対角と見なすと決めておく．補対のうちの小さい数字を上に配置する．色網かけについて説明しておくと次の通りである．先ず主対角をラベンダー色，従対角をピンク色で表す．次に各次数の両対角の小さい数字の行に入れるものを薄青色で示し，反対の補数を青色で示す．主対角の小さい数字の列に入れるものを薄黄色で示し，反対の補数を濃い黄色で示す．この色分けを補対の組み合わせのパターンと表現する．

（2） 5次親子魔方陣

次に5次の親子魔方陣について考察してみる．5次の親子魔方陣の基本型はBurnettや寺村周太郎らによって605種類成立することが1926年までに知られている[3]．

これらの605種類の分類を考えながら補対の組み合わせの特徴について考察してみると，5次の親子魔方陣の補対整列バー表示は次のようになる．

［A］Aタイプ　　10種類成立する

0	-1	-2	-3	-4	-5	-6	-7	-8	-9	-10	-11	-12
	1	2	3	4	5	6	7	8	9	10	11	12

3次魔方陣　　　　　5次周辺ブロック

［B］Bタイプ　　29種類成立する

0	-1	-2	-3	-4	-5	-6	-7	-8	-9	-10	-11	-12
	1	2	3	4	5	6	7	8	9	10	11	12
3次	5次	3次魔方陣	5次周辺ブロック								

［C］Cタイプ　　19種類成立する

0	-1	-2	-3	-4	-5	-6	-7	-8	-9	-10	-11	-12
	1	2	3	4	5	6	7	8	9	10	11	12
3次	5次	3次魔方陣	5次周辺ブロック								

　このようにして次々に合計で26タイプのものが成立し，総計で605種類と分類できる．

　このように親子魔方陣の分類はまず内蔵3次魔方陣への補対の割り当て方A，B，C，…タイプの分類ができると，次には5次周辺ブロックの両対角にどの補対を割り当てるかということに注目すればよい．

（3）7次親子魔方陣

　次に7次親子魔方陣を構成することを考えるとき，可能ならば3次や5次の部分と同じような特徴を持った形，言い換えると同じような組み合わせのパターンになれば，よりシンプルな構成法になると誰もが考えることである．したがって現在にいたるまでに考案されている親子魔方陣の構成法は，3次および5次の親子魔方陣の特徴を利用したものが主流である．5次の親子魔方陣までの上記のような3タイプの特徴を利用すると，次のように考えておけばよい．

［A］Aタイプ

　補対整列バーの中心部から単純に3次，5次，7次，…と周辺ブロックを採用していけばよい．このように採用しておくと次々に大きいサイズの親子魔方陣になっても内蔵部に採用した補対とその組み合わせパターンは変更する必要がない．

0	-1	-2	-3	-4	-5	-6	-7	-8	-9	-10	-11	-12	-13	-14	-15	-16	-17	-18	-19
	1	2	3	4	5	6	7	8	9	10	11	12	13	14	15	16	17	18	19
3次魔方陣	5次周辺ブロック	7次周辺ブロック																		

　しかしこのAタイプの周辺ブロックの構成には次のBタイプや偶数次の周辺ブロックに見られるような浮動性が成立しない．浮動性とは次のBタイプに現れるように，ある1連の補対グループを補対整列バー上で移動させても常に同じ組合わせパターンが成立している性質をいう．浮動性が成立する部分を浮動部分と言う．したがって浮動性が成立しない場合には，例えば補対整列バー上で5次と7次の周辺ブロックの位置を入れ替えたような場合には，全く別の組み合わせを考えなければならない．

[B] Bタイプ

［2－5］節の不連続数列の魔方陣の中で述べたように，3次ブロックの浮動部分は補対整列バーの上でどこまで移動させても常に同じパターンで修飾して表すことができる．したがって3次の基本固定部分と浮動部分の間隔は，親子魔方陣のサイズによって自由に調整して，周辺ブロックの基本固定部分を次々に挿入することができる．また5次以上のブロックの基本固定部分を対角に採用しておくと，3次のブロックと同じ形になり，しかも残りの部分は浮動部分となる．このような構成になると，3次，5次，7次，…のブロックの浮動部分の配列は任意の順序でよいことが明白である．したがって後で述べるアルブーニの親子魔方陣のように順序を全く逆にとったものなどが成立する．

0	-1	-2	-3	-4	-5	-6	-7	-8	-9	-10	-11	-12	-13	-14	-15	-16	-17	-18	-19
	1	2	3	4	5	6	7	8	9	10	11	12	13	14	15	16	17	18	19
1次 3次 5次 7次				3次ブロック			5次周辺ブロック							7次周辺ブロック					

このような条件は各次の固定部分を対角に採用するもの以外では成立しないことがわかる．したがってBタイプでは全29種類のうち，基本固定部分を対角に採用している11種類のものだけ検討すればよい．

［浮動性の成立条件］

奇数次のAタイプのような周辺ブロックに浮動性が成立しない理由はブロックの行や列が奇数個で構成されなければならないことにある．向かい合った奇数個の行や列の中では補対を構成している大小の数字は必ず偶数個と奇数個の組み合わせにしかならない．

それに対してBタイプのように基本固定部分に1つの対角を分離してみると残りの行や列の構成個数は偶数となる．次のCタイプのように基本固定部分に2個の補対を分離する場合には，対角を避けて行と列から1個ずつ分離すると残りの行や列の構成個数は偶数となる．

偶数個であれば大小の数字は必ず同数個の組み合わせにすることができる．（同数個ではない組み合わせの可能性もあるが，そのようなものは除外する．）補対整列バーの上では大小の数字が同数個の組み合わせはどこに移動させてもその合計値は変わらないことが分かる．

[C] Cタイプ

この場合には浮動部分との間に挿入する5次，7次，…の基本固定部分はそれぞれ2連の補対となる．このように順次5次，7次，…の基本固定部分を挿入することができるためには5次，7次，…の残りの部分が浮動部分とならなければならない．そのためには2連の基本固定部分は下のように行と列に1組ずつ入れる組み合わせが必要であり，対角には採用してはならないことが分かってくる．このように5次，7次，…と順次周辺ブロックの基本固定部分を挿入すると周辺ブロックの残りの部分が次々に浮動部分として成立し，親子魔方陣の前提条件が見事にクリアーされていく．したがってBタイプの場合と同様に3次，5次，7次，…のブロックの浮動部分の配列は任意の順序でよいことが明白である．

0	-1	-2	-3	-4	-5	-6	-7	-8	-9	-10	-11	-12	-13	-14	-15	-16	-17	-18	-19
	1	2	3	4	5	6	7	8	9	10	11	12	13	14	15	16	17	18	19
	3次		5次		7次		3次ブロック				5次周辺ブロック							7次周辺ブロック				

ただし上の解説に反してCタイプでは1つだけ次のような構成のものが示されている．

0	-1	-2	-3	-4	-5	-6	-7	-8	-9	-10	-11	-12	-13	-14	-15	-16	-17	-18
	1	2	3	4	5	6	7	8	9	10	11	12	13	14	15	16	17	18
1	3	5	7	7	5	3			5	7	7		5			7		7

　これは安藤有益の親子魔方陣の構成法である[3]．5次の2連の基本固定部分は対角部分に採用してはならないのに，1個を対角部分に採用している．そのために5次以上のものには浮動部分が成立しないので，大きいサイズの親子魔方陣になると次々にこまぎれの挿入部分を作っていかなければならない．このような構成方法を見つけ出したこと自体は驚きではあるが，あまりにも複雑である．このようなものは実は筆者の分類方法とは異なる考え方によるものである．［4］章の一般魔方陣の構成法で述べられているように，魔方陣の構成のスタートに自然方陣を用いることが行なわれている．安藤有益はこの自然方陣を親子魔方陣のスタートに用いているのである．このような親子魔方陣に興味のある方はもとの文献を参照されたい．

（4）偶数次親子魔方陣

偶数次親子魔方陣の場合は内蔵4次魔方陣と周辺ブロックの分け方は次のようになっている．

-0	-1	-2	-3	-4	-5	-6	-7	-8	-9	-10	-11	-12	-13	-14	-15	-16	-17	-18	-19	-20	-21
0	1	2	3	4	5	6	7	8	9	10	11	12	13	14	15	16	17	18	19	20	21
4次魔方陣								6次周辺ブロック										8次ブロック			

　偶数次の場合にはすべての次数の周辺ブロックの行と列の構成個数は偶数個である．したがって奇数次のBタイプやCタイプの場合と同様に，補対が偶数個であれば大小の数字は必ず同数個の組み合わせにすることができる．（同数個ではない組み合わせの可能性もあるが，そのようなものは除外する．）補対整列バーの上では大小の数字が同数個の組み合わせはどこに移動させてもその合計値は変わらないことは奇数次の場合と同じである．

　このような特性と分類方法を確認した上で従来の親子魔方陣の作り方をまとめてみると次のようになる．

［5-2-2］奇数次の親子魔方陣

（1）中国の5次親子魔方陣

中国ではきわめて古くから5方陣が知られており，その中に親子魔方陣が含まれていたことが文献に示されている[3]．中国では下のように選んだものが作られている．元の文献に忠実に表現すると下図［A］の様な魔方陣であるが親子魔方陣の構成の特徴を分かりやすく表現するために少し変形しておく．前の［5-1］節で述べたように，内蔵魔方陣は内部で自由に転置および回転させることができるので，下記［A1］のような親子魔方陣の形を代表表示としておく．

［A］

23	1	2	20	19
22	12	17	10	4
5	11	13	15	21
8	16	9	14	18
7	25	24	6	3

［A1］

3	6	24	25	7
18	10	17	12	8
21	15	13	11	5
4	14	9	16	22
19	20	2	1	23

［B］

1	15	24	20	5
23	8	19	12	3
16	17	13	9	10
4	14	7	18	22
21	11	2	6	25

これらの親子魔方陣を補対整列バー表示にすると下の［A］のようになる．このように表してみるとこの魔方陣は上の分類によるAタイプであることが分かる．

［A］中国の親子魔方陣その1　　　　　（Aタイプ）

13	12	11	10	9	8	7	6	5	4	3	2	1
	14	15	16	17	18	19	20	21	22	23	24	25
	3次魔方陣			5次周辺ブロック								

もう一つ，上図［B］のような5次親子魔方陣が洛書の五五図[3]に示されている．内蔵3次魔方陣と周辺5次ブロックの採り方には下の補対整列バー［B］に示されるとおりの特徴がある．この魔方陣はCタイプに分類することができる．

［B］中国の親子魔方陣その2（洛書五五図）　（Cタイプ）

13	12	11	10	9	8	7	6	5	4	3	2	1
	14	15	16	17	18	19	20	21	22	23	24	25
	3次	5次	3次魔方陣			5次周辺ブロック						

次にこれらの親子魔方陣の特徴を持った大きいサイズの親子魔方陣を作る方法について考えてみたい．

（２）中国の親子魔方陣その１タイプ

中国流の５次親子魔方陣［Ａ］の特徴を使って11次の魔方陣を作ってみると次のようになる．ただし，これは筆者の創作でありこの形の７次，９次，11次などのものが中国や他の地域で実際に作られていたかどうかは確認できていない．補対整列バーで表すと下のようになり各次数のブロックを積み上げると補対の割り当て配列の特徴が読み取れる．

［中国の親子魔方陣その１タイプの11次親子魔方陣］

					61	60	59	58	57					
						26	63	64	65					
						３次魔方陣								
56	55						54	53			52	51	50	49
66	67						68	69			70	71	72	73
				５次ブロック										
48	47	46	45	44	43			42	41			40	39	38	37
74	75	76	77	78	79			80	81			82	83	84	85
				７次ブロック											
36	35	34	33	32	31		30	29	28	27	26	25	24	23	22	21
86	87	88	89	90	91		92	93	94	95	96	97	98	99	100	101
				９次ブロック												
20	19	18	17	16	15	14	13	12	11	10	9	8	7	6	5	4	3	2	1
102	103	104	105	106	107	108	109	110	111	112	113	114	115	116	117	118	119	120	121
				11次ブロック															

上記の親子魔方陣の特徴を考察してみると次のようになっている

［ａ］これは［５－２－１］項で解説したＡタイプである．各次ブロックの浮動性は成立しないので，補対整列バー上の各次ブロックの順序を変えることは出来ない．

［ｂ］両対角の補対の選び方は５次の親子魔方陣の構成に合わせていることが認められる．

［ｃ］各次ブロックの構成パターンは５次ブロックに共通なパターンをもつ共通部分（薄い緑色）と，同じようなパターンをもつ各次の増設部分（ベージュ色）で構成されていることが見てとれる．これを見ると奇数次は交互に$(4m-1)$次と$(4m+1)$次の２種類に分類されるようである．

［ｄ］共通部分はこの２種類の次数によってわずかの違いがある．

このように表示してみると，大きいサイズの親子魔方陣でも同じ手順で順次自由に組み上げることができる．

［４］関孝和の11次親子魔方陣補対整列バー表示

							61										
							1										

60							59									58	57
62							63									64	65

3 次　　　　　　　　　　　　　　　　　　　　　　　　　ブロック

56	55						54	53	52	51						50	49
66	67						68	69	70	71						72	73

5 （A1）次　　　　　　　　　　　　　　　　　　　　　ブロック

48	47	46			45	44	43	42	41	40				39	38	37
74	75	76			77	78	79	80	81	82				83	84	85

7 （A1）次　　　　　　　　　　　　　　　　　　　　　ブロック

36	35	34	33		32	31	30	29	28	27	26	25		24	23	22	21
86	87	88	89		90	91	92	93	94	95	96	97		98	99	100	101

9 （A1）次　　　　　　　　　　　　　　　　　　　　　ブロック

20	19	18	17	16	15	14	13	12	11	10	9	8	7	6	5	4	3	2	1
102	103	104	105	106	107	108	109	110	111	112	113	114	115	116	117	118	119	120	121

11 （A1）次　　　　　　　　　　　　　　　　　　　　ブロック

［ａ］これは［５－２－１］項で解説したＡタイプである．各次ブロックの浮動性は成立しないので，補対整列バー上の各次ブロックの順序を変えることは出来ない．

［ｂ］両対角の補対の選び方は３次の親子魔方陣の構成に合わせていることが認められる．したがってＡタイプの親子魔方陣ではこの関孝和のものが最もきれいにまとめられたものである．

［ｃ］各次のブロックは３次ブロックに共通な共通部分と，同じようなパターンの増設部分で構成されていることがよく分かる．このように表示してみると大きいサイズの親子魔方陣でも同じ手順で順次自由に組み上げることができる．

［ｄ］増設部分の └┘ および，または └┘ および，または └┘ 同士は左右で同時に入れ替え交換を行なったものも成立する(1)．

［ｅ］共通部分の中の (A1) には浮動性(2)が成立するので互いに入れ替えが可能である．

このようにこのＡタイプのものは各次の周辺ブロックに内部の増設部分の入れ替えが成立すると共に，それぞれの (A1) にも浮動性が成立するので２重の変化型が成立する．

（5）田中由真の奇数次親子魔方陣[3]

田中由真の場合も中国や関孝和の場合と同様に，補対の区分けは中心部のものを内蔵魔方陣に，端部のものを周辺部ブロックに割り当てている．田中由真はこの補数となる２数を生数（小さい方）と成数と称している．周辺ブロックから順に生数の入る格（桝目）を定めていく方法である．11次魔方陣の周辺ブロックは4（11－1）＝40格あるから，その半分の20格を生数で埋めればよい．先ず１〜20までの数を次のように並べる．

11次周辺ブロックの構成

	予備配列					移動調整					
１行	1	3	5	7	9	○	○	5	7	9	…右列へ
２行	2	4	6	8	10	**1**	2	4	6	8	○ …上行へ
３行	11	13	15	17	19	10	12	○	13	15	17	19 …左列へ
４行	12	14	16	18	20	**3**	11	○	14	16	18	20 …下行へ

9次周辺ブロックの構成

	予備配列				移動調整					
１行	21	23	25	27		○	○	25	27	…右列へ
２行	22	24	26	28	**21**	22	24	26	○	…上行へ
３行	29	31	33	35	28	30	○	31	33	35 …左列へ
４行	30	32	34	36	**23**	29	○	32	34	36 …下行へ

7次周辺ブロックの構成

	予備配列			移動調整				
１行	37	39	41		○	○	41	…右列へ
２行	38	40	42	**37**	38	40	○	…上行へ
３行	43	45	47	42	44	○	45	47 …左列へ
４行	44	46	48	**39**	43	○	46	48 …下行へ

先ず左列のように１行２行３行４行に20個の数を配列し，○印の数をそれぞれ移動する．そして１，３を太数字にする．この移動と太数字の付け方が奇数次の周辺ブロックの決定にすべて通用する図式である．次の図のように１を右上隅に３を右下隅に置き１行の数を右列へ，３行の数を左列へ置く．ただし相対する生数が重ならないようにする．数の配列は全く任意でよい．同様に相対する生数が重ならないようにして，２行の数を上行へ，４行の数を下行へ配列する．この場合も全く任意でよい．

その中の９次周辺ブロックの数を定めるには21から2（9－1）＝16個の数を前と同じように並べて，前と同じ移動を行ない，太数字の21を右上隅に，23を右下隅に置き，図式に示したように残りの数を任意に置けばよい．次の７次，５次の周辺ブロックも同様である．最後に内部の３次魔方陣は57〜65の数で作ればよい．そして生数の相対する格に成数を埋めれば11次魔方陣は完成する．下図では見易いため生数だけ示した．

[5] 親子魔方陣

関孝和の場合と同様に補対整列バー表示は下のように表される．

[a] これはAタイプである．各次ブロックの浮動性は成立しないので，補対整列バー上の各次ブロックの順序を変えることは出来ない．

[b] 両対角の補対の選び方は5次の親子魔方陣の構成に合わせていることが認められる．

[c] 各次のブロックは5次に共通な共通部分と，同じようなパターンの増設部分で構成されていることがよく分かる．

[d] 増設部分は左右の対称な位置のものがセットになる．A1～A3同士，B1～B2同士は浮動性が成立するので入れ替えできる．

（6）アルブーニーの奇数次周辺魔方陣

イスラム圏の魔方陣の作り方は動的である．この方法はムヒー・ウッディーン・アブル・アッバース・アルブーニー（　～1225）が初めて考えたものであると『ブリタニカ国際大百科事典』に紹介されている．これを7次魔方陣の場合で組み上げて見ると次のようになる．

[7次周辺魔方陣]

16	33	18	31	20	29	28
39	7	42	9	40	27	11
12	46	2	47	26	4	38
37	5	49	25	1	45	13
14	44	24	3	48	6	36
35	23	8	41	10	43	15
22	17	32	19	30	21	34

アルブーニーの方法は数字を連続的に配置していくと解説されているのであるが，中国などの親子魔方陣との比較のために補対整列バーで示すと次のようになる．

25	24	23	22	21	20	19	18	17	16	15	14	13	12	11
	26	27	28	29	30	31	32	33	34	35	36	37	38	39
	3次	5次	7次				7次ブロック							

				10	9	8	7	6	5	4
				40	41	42	43	44	45	46
						5次ブロック				

	3	2	1
	47	48	49
		3魔方陣	

これの3次～7次ブロックの順序を反対に入れ替えると下のようになる．

25	24	23	22				21	20	19
	26	27	28				29	30	31
	3次	5次	7次					3魔方陣	

				18	17	16	15	14	13	12
				32	33	34	35	36	37	38
				A1左		5次ブロック		A1右		

	11	10	9	8	7	6	5	4	3	2	1
	39	40	41	42	43	44	45	46	47	48	49
	B1左	A2左		7次ブロック			A2右		B1右		

これについて考察してみると次のように表現できる．

［ａ］これはＢタイプである．

［ｂ］各次の基本固定部分に対角を入れているので，各次ブロックの残りの部分には浮動性(1)が成立する．したがって上のように各次のブロックの順序を逆にすることは自由に成立することが分かる．

［ｃ］両対角の補対の選び方は３次の親子魔方陣の構成に合わせていることが認められる．（後で述べるがこのＢタイプではいろいろな対角の組み合わせのものがこの親子魔方陣から誘導される．）

［ｄ］各次のブロックは３次に共通な共通部分と，同じようなパターンの増設部分で構成されていることがよく分かる．

［ｅ］共通部分には浮動性(2)が成立していることが分かる．

［ｆ］増設部分にも浮動性(3)が成立していることが分かる．

［ｇ］増設部分の左右のものを比較してみると，行に入れるか列に入れるかの違いだけであり，組み合わせのパターンは同じであると見なすことができる．したがって左右の組み合わせのパターンは入れ替えることができる．この性質を組み合わせパターンの浮動性(4)と表示することにする．

［ｈ］このように４種類の浮動性が成立しているので，増設部分の個数と行と列のパターンの個数さえ守れば，共通部分と増設部分の配列の順序は自由に組み変えることができる．

［ｉ］ただし７次以上のブロックでは増設部分Ａ２とＢ１の順序を入れ替えることは，前のＣタイプの中国の親子魔方陣その２の場合と同様に，無意味である．

［ｊ］５次ブロックの共通部分と増設部分の区分の考え方は下の３種類のような変形も考えられる．この区分であれば５次の親子魔方陣の特徴からははみ出してしまうので，このようなものも含まれることの指摘だけに止める．

５次ブロックの変形（ａ）

	18	17	16	15	14	13	12	
	32	33	34	35	36	37	38	
	5次	A1左	ブロ	A1右	ック	

５次ブロックの変形（ｂ）

	18	17	16	15	14	13	12	
	32	33	34	35	36	37	38	
	A1左	5次ブロ	A1右	ック	

５次ブロックの変形（ｃ）

	18	17	16	15	14	13	12	
	32	33	34	35	36	37	38	
	5次	A1左	ブロック	A1右	

［5－2－3］偶数次親子魔方陣

　従来の説明では関孝和や田中由真やアルブーニーなどの方法はその結果の組み上げ方だけが示されており，作者たちが"どのように考えて"それぞれの方法を考え出したのかと言うことが解説されていなかった．しかし，［5－2－1］項のように奇数次の親子魔方陣の特徴をまとめてみると，3次および5次の親子魔方陣をベースにして組み上げていることが手品の種明かしのように展開されていく．次に同じように偶数次の特徴をまとめてみたい．

（1）中国の偶数次親子魔方陣[3]

　偶数次の親子魔方陣の場合には4次魔方陣を核とする．6次親子魔方陣の場合には下のように配置する．

［6次親子魔方陣］

28	4	3	31	35	10
36	18	21	24	11	1
7	23	12	17	22	30
8	13	26	19	16	29
5	20	15	14	25	32
27	33	34	6	2	9

補対整列バーで表示すると次のようになる．

18	17	16	15	14	13	12	11	10	9	8	7	6	5	4	3	2	1
19	20	21	22	23	24	25	26	27	28	29	30	31	32	33	34	35	36

| 内蔵4次魔方陣 | 6次周辺ブロック |

［a］構成要素の区分け
　　中国流の親子魔方陣では構成要素の区分けは補対整列バーの中央部のものを内蔵4次魔方陣に，端部のものを6次周辺ブロックに選ぶ．

［b］内蔵4次魔方陣
　　内蔵4次魔方陣は中国の魔方陣では上のようなものが採用されているが，4次魔方陣880種類のどれを採用してもよい．

［c］周辺6次ブロック
　　両対角には上のように中央部寄りの補対を採用している．

［d］偶数次の親子魔方陣では周辺ブロックの補対の数は常に偶数個であるので［5－2－1］で述べたように，常に浮動性が成立する．したがってブロックとして連続しておりさえすれば，ブロックの位置は自由に入れ替えることができる．

[12次親子魔方陣]

上記の中国流6次魔方陣の特徴を使って12次親子魔方陣を構成してみると次の様になる．ただし奇数次の親子魔方陣の場合と同様にこれも筆者の創作でありこのような親子魔方陣が実際に中国で作られていたかどうかは確認できていない．

中国流12次親子魔方陣補対整列バー

				72	71	70	69	68	67	66	65				
				73	74	75	76	77	78	79	80				
							内蔵4次魔方陣								
			64	63	62	61	60	59	58	57	56	55			
			81	82	83	84	85	86	87	88	89	90			
						6次ブロック（単偶数）									
		54	53	52	51	50	49	48	47	46	45	44	43	42	41
		91	92	93	94	95	96	97	98	99	100	101	102	103	104
		A1				8次ブロック（複偶数）								A2	
	40	39	38	37	36	35	34	33	32	31	30	29	28	27	26	25	24	23
	105	106	107	108	109	110	111	112	113	114	115	116	117	118	119	120	121	122
	B2		B1				10次ブロック（単偶数）							B3		B4		
22	21	20	19	18	17	16	15	14	13	12	11	10	9	8	7	6	5	4	3	2	1
123	124	125	126	127	128	129	130	131	132	133	134	135	136	137	138	139	140	141	142	143	144
C3		C2		C1				12次ブロック（複偶数）							C4		C5		C6		

このような構成の特徴を考察してみると次のようにまとめることができる．

[a] 6次から12次のブロックはすべて浮動性が成立している．したがってその順序は自由に変更することができる．

[b] またすべてのブロックは6次ブロックと共通のパターンとなる共通部分と，同じようなパターンを示す2連補対からなる増設部分に分かれる．

[c] 共通部分は単偶数次と複偶数次で僅かな違いがある．それ自体でも浮動性が成立する．共通部分それ自体でも異なったパターンが2または3種類成立する．

[d] 増設部分にも浮動性が成立し共通部分との順序は自由に入れ替えることができる．

[e] 増設部分には右タイプと左タイプ，行のパターンと列のパターンがあるが，それらの間には浮動性が成立し，互いに入れ替えることができる．

[f] 各次のブロックでは増設部分の左右のタイプ，行と列のパターンの個数さえ守れば，共通部分と増設部分の順序は自由に変更することができる．

[g] 10次ブロックのB1～B2，B3～B4同士，12次ブロックのC1～C3，C4～C6同士の順序を単純に入れ替えるものは無意味である．

したがってこの12次親子魔方陣の各次ブロックの組み合わせの変形はいろいろ成立する．

（２）関孝和の偶数次親子魔方陣[3]

単偶数次魔方陣の次数は（４ｎ＋２）と表され，10次の場合ｎ＝２である．右上隅から左へ３番目の格（桝目）を出発点として，甲乙丙丁の順に数を書き込んでいく．ｎ＝２とすると18で終わる．残りの相対する格に補数を書き込む．最後に上下の補数を５組，左右の補数を４組入れ替えると10次周辺ブロックは完成する．

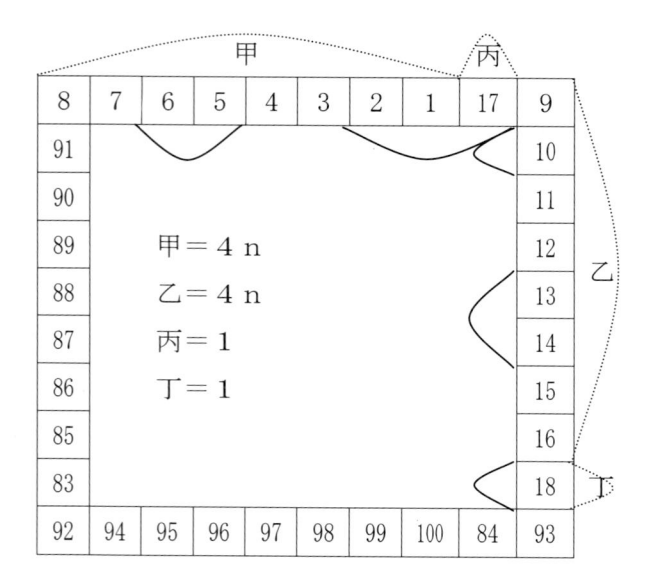

甲								丙	
8	7	6	5	4	3	2	1	17	9
91									10
90									11
89		甲＝４ｎ							12
88		乙＝４ｎ							13
87		丙＝１							14
86		丁＝１							15
85									16
83								18	丁
92	94	95	96	97	98	99	100	84	93

8	7	95	96	4	3	99	100	84	9
10									91
90									11
89									12
13									88
87									14
86									15
85									16
18									83
92	94	6	5	97	98	2	1	17	93

複偶数次魔方陣の次数は（４ｎ）と表され，８次の場合ｎ＝２である．右上隅から左へ３番目の格（桝目）を出発点として，甲乙丙の順に数を書き込んでいく．ｎ＝２とすると14で終わる．残りの相対する格に補数を書き込む．最後に上下の補数を２組，左右の補数を３組入れ替えると共に隅も入れ替えると８次周辺ブロックは完成する．

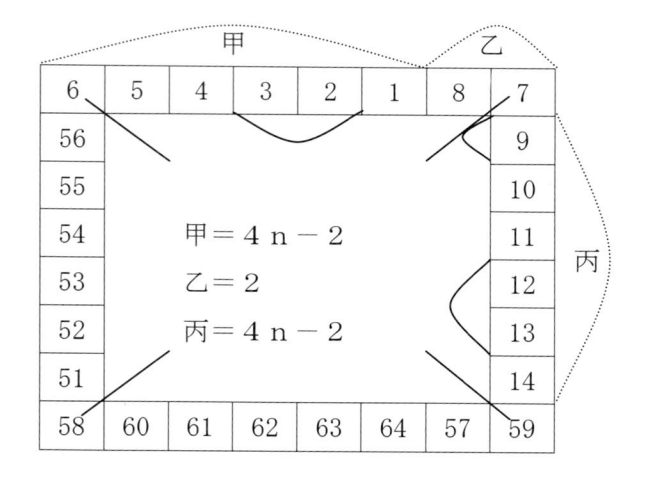

甲						乙	
6	5	4	3	2	1	8	7
56							9
55							10
54		甲＝４ｎ－２					11
53		乙＝２					12
52		丙＝４ｎ－２					13
51							14
58	60	61	62	63	64	57	59

59	5	4	62	63	1	8	58
9							56
55							10
54							11
12							53
13							52
51							14
7	60	61	3	2	64	57	6

偶数次魔方陣には複偶数と単偶数が交互に含まれているので，大きいサイズの魔方陣では１つの周辺魔方陣の中で複偶数と単偶数両方のものをまとめて表示することができる．偶数次の場合も，解説されている通りに組み上げると下の補対整列バーに示されるとおりになる．

関孝和の単偶数次と複偶数次の構成方法

		50	49	48	47	46	45	44	43				
		51	52	53	54	55	56	57	58				
		内蔵4次魔方陣											
	42	41	40	39	38	37	36	35	34	33			
	59	60	61	62	63	64	65	66	67	68			
	6次ブロック（単偶数）												
32	31	30	29	28	27	26	25	24	23	22	21	20	19
69	70	71	72	73	74	75	76	77	78	79	80	81	82
8次ブロック（複偶数）													
18	17	16	15	14	13	12	11	10	9	8	7	6	5	4	3	2	1
83	84	85	86	87	88	89	90	91	92	93	94	95	96	97	98	99	100
10次ブロック（単偶数）

　関孝和の単偶数と複偶数の場合の構成を上のように組み上げて，その特徴を考察すると関孝和自身が示した配列をさらに修正することができる．下の12次親子魔方陣の補対整列バー表示は各次の共通部分と２連補対の増設部分がすっきりした形に統一される．このように表示してみると中国の親子魔方陣と同じ特徴を持っていることが明らかになる．

[修正した関孝和タイプの12次親子魔方陣補対整列バー表示]

				72	71	70	69	68	67	66	65						
				73	74	75	76	77	78	79	80						
				内蔵4次魔方陣													
			64	63	62	61	60	59	58	57	56	55					
			81	82	83	84	85	86	87	88	89	90					
			A1	6次ブロック（単偶数）							A2						
		54	53	52	51	50	49	48	47	46	45	44	43	42	41		
		91	92	93	94	95	96	97	98	99	100	101	102	103	104		
		B2	B1	b1	8次ブロック						B3	B4					
	40	39	38	37	36	35	34	33	32	31	30	29	28	27	26	25	24	23
	105	106	107	108	109	110	111	112	113	114	115	116	117	118	119	120	121	122
	C3	C2	C1	10次ブロック（単偶数）							C4	C5	C6				
22	21	20	19	18	17	16	15	14	13	12	11	10	9	8	7	6	5	4	3	2	1
123	124	125	126	127	128	129	130	131	132	133	134	135	136	137	138	139	140	141	142	143	144
D4	D3	D2	D1	d1	12次ブロック						D5	D6	D7	D8

（3）田中由真の偶数次親子魔方陣[3]　　[12次親子魔方陣]

偶数次の場合にも中国や関孝和の場合と同様に中心部の補対を内蔵魔方陣に，端部の補対を周辺ブロックに割り当てている．奇数次の場合と同様に，解説されている通りに魔方陣を組み上げてみると次の通りとなる．

	22	19		11	6		2	3
8		31	39		38	30		23	
15			42		51		46	43	26
	27	48		62		63		55		9
10	36		57					54		
	33	50	61							16
18			53				58		34	
13	29	47	59							
				60		56	64	49	35	17
7	25		41		45		44		52	
		28		40	37			24	32	14
	21	20		5	4			1		12

これを補対整列バー表示で表すと次のようになる．

72	71	70	69	68	67	66	65
73	74	75	76	77	78	79	80

4次魔方陣

64	63	62	61	60	59	58	57	56	55
81	82	83	84	85	86	87	88	89	90

6次ブロック

54	53	52	51	50	49	48	47	46	45	44	43	42	41
91	92	93	94	95	96	97	98	99	100	101	102	103	104

8次ブロック

40	39	38	37	36	35	34	33		32	31	30	29	28	27	26	25	24	23
105	106	107	108	109	110	111	112		113	114	115	116	117	118	119	120	121	122

10次ブロック

22	21	20	19	18	17	16	15	14	13	12	11	10	9	8	7	6	5	4	3	2	1
123	124	125	126	127	128	129	130	131	132	133	134	135	136	137	138	139	140	141	142	143	144

12次ブロック

このように並べてみるとこの並べ方も，もう少し統一的に整理することができる．

[修正した田中由真タイプの親子魔方陣]

						71	71	70	69	68	67	66	65				
						73	74	75	76	77	78	79	80				
									4次魔方陣								
				64	63	62	61	60	59	58	57	56	55				
				81	82	83	84	85	86	87	88	89	90				
				a1					6次ブロック								
		54	53	52	51	50	49	48	47	46	45	44	43	42	41		
		91	92	93	94	95	96	97	98	99	100	101	102	103	104		
		B1		b1					8次ブロック					B2			
40	39	38	37	36	35	34	33	32	31	30	29	28	27	26	25	24	23
105	106	107	108	109	110	111	112	113	114	115	116	117	118	119	120	121	122
		C2	C1	c1					10次ブロック					C3	C4		
22	21	20	19	18	17	16	15	14	13	12	11	10	9	8	7	6	5	4	3	2	1
123	124	125	126	127	128	129	130	131	132	133	134	135	136	137	138	139	140	141	142	143	144
D3	D2	D1	d1						12次ブロック						D4	D5	D6

この親子魔方陣の特徴を考察してみると次のようになる．

［a］6次親子魔方陣を基本として組み上げている．各次のブロックは浮動性が成立している．

［b］6次の組み合わせと同じようなパターンの共通部分と増設部分に分離される．

［c］共通部分は単偶数と複偶数で少しの違いがある．共通部分にも浮動性が成立している．

［d］増設部分にも浮動性が成立する．左右のパターンおよび行と列のパターンがあるが，左右のパターンおよび行と列のパターンにも浮動性が成立する．したがって増設部分全体は両方のパターンの個数さえ守れば自由に入れ替えることができる．

［e］このようにして全体にはいろいろな変化型が成立する．

ここまで整理してみると偶数次の親子魔方陣構成の特徴が現れて来る．偶数次の場合には補対整列バー上で6次と8次の周辺ブロックを構成するだけでよい．後は行と列とに4個ずつの（大小対称表示であれば和が0となっている）対称形のパターンを持つ増設部分をそれらの外側に付け足していくことにより，6次から10次，8次から12次というように次々に周辺ブロックを構成することができる．

> ［筆者提案その15］このように親子魔方陣の特徴を表示するためには補対整列バー表示が強力な手段となる．従来ではこのような親子魔方陣の特性の考察は行なわれていなかった．奇数次の親子魔方陣は3次と5次の親子魔方陣を基本とし，偶数次の親子魔方陣は6次と8次の親子魔方陣を基本として同じ様な組み合わせで構成できることが示される．

（４）アルブーニーの偶数次周辺魔方陣[2]

アルブーニーの方法によって12次周辺魔方陣を組み上げてみる．

62	93	76	67	80	63	84	59	88	55	92	51
74	42	111	98	45	102	41	106	37	110	33	71
73	49	26	125	116	27	120	23	124	19	96	72
70	95	114	14	135	130	13	134	9	31	50	75
68	97	113	17	7	142	1	140	128	32	48	77
79	46	30	127	2	139	8	141	18	115	99	66
64	101	28	129	144	5	138	3	16	117	44	81
85	40	121	12	137	4	143	6	133	24	105	60
58	107	22	136	10	15	132	11	131	123	38	87
89	36	126	20	29	118	25	122	21	119	109	56
54	112	34	47	100	43	104	39	108	35	103	91
94	52	69	78	65	82	61	86	57	90	53	83

補対整列バー表示は上のようになる．アルブーニーは奇数次の場合にそろえて内蔵４次魔方陣を補対整列バーの端部にとっているが，中央部からとっても全く同様に成立する．偶数次親子魔方陣の分類は基本的には両対角にどの補対を採用するかによっている．またこの場合にも６次と８次の周辺ブロックを用いてその外側に増設部分を付け足す形も成立する．

[5-2-4] 百人一首の親子魔方陣

百人一首が藤原定家（1162〜1241）によって整えられたのは藤原定家の晩年に近い年代であろう．その当時には中国でも日本でも10次魔方陣はいまだ完成されていなかったであろうと推測されている．そのような中で藤原定家は10次魔方陣をすでに組み上げていたらしい．太田明氏の説によると，百人一首と百人秀歌との謎解きから藤原定家が組み上げていた10次魔方陣が誘導されることが示されている[1]．その詳しい解析と考察については太田明氏の著作[1]に頼るとして，ここではその誘導された魔方陣の形について述べておきたい．

この10次魔方陣は内蔵8次魔方陣を中心にして，周辺を10次ブロックが取り囲む親子魔方陣の形で構成されている．10次の周辺ブロックには1〜18と83〜100の数字を割り当て，内蔵魔方陣には19〜82の数字を割り当てている．まず内蔵8次魔方陣には当時から複偶数の場合によく知られていたと考えられる自然方陣からの誘導形が採用されている．自然方陣を構成し，定和Ｓｎの成立している網かけ部を固定しておき，残りの数字を180度回転させると8次内蔵魔方陣が構成される．周辺ブロックは人物や歌の内容による内蔵ブロックとのつながりを見つけ出して関係する位置に配置すると下記のようになると示されている．

百人一首に隠された10次魔方陣

8	7	95	96	4	3	99	100	84	9
11	19	81	80	22	23	77	76	26	90
10	74	28	29	71	70	32	33	67	91
89	66	36	37	63	63	40	41	59	12
88	43	57	56	46	47	53	52	50	13
87	51	49	48	54	55	45	44	58	14
86	42	60	61	39	38	64	65	35	15
16	34	68	69	31	30	72	73	27	85
18	75	25	24	78	79	21	20	82	83
92	94	6	5	97	98	2	1	17	93

この外周ブロックの構成を補対整列バーで表示してみると次の様になっている．

		50	49	48	47	46	45	44	43	42	41	40	39	38	37
		51	52	53	54	55	56	57	58	59	60	61	62	63	64

内蔵8次魔方陣

36	35	34	33	32	31	30	29	28	27	26	25	24	23	22	21	20	19
65	66	67	68	69	70	71	72	73	74	75	76	77	78	79	80	81	82

内蔵8次魔方陣

18	17	16	15	14	13	12	11	10	9	8	7	6	5	4	3	2	1
83	84	85	86	87	88	89	90	91	92	93	94	95	96	97	98	99	100

10次ブロック

この周辺10次ブロックを［5-2-2］項に示されている関孝和が発表している偶数次の親子魔方陣の構成法と比較してみると下記のようになる．

関孝和の偶数次親子魔方陣の構成法

			50	49	48	47	46	45	44	43							
			51	52	53	54	55	56	57	58							
			\multicolumn{8}{c	}{内蔵4次魔方陣}							
		42	41	40	39	38	37	36	35	34	33						
		59	60	61	62	63	64	65	66	67	68						
		\multicolumn{10}{c	}{6次ブロック（単偶数）}						
	32	31	30	29	28	27	26	25	24	23	22	21	20	19			
	69	70	71	72	73	74	75	76	77	78	79	80	81	82			
	\multicolumn{14}{c	}{8次ブロック（複偶数）}			
18	17	16	15	14	13	12	11	10	9	8	7	6	5	4	3	2	1
83	84	85	86	87	88	89	90	91	92	93	94	95	96	97	98	99	100
\multicolumn{18}{c	}{10次ブロック（単偶数）}

太田明氏が示した百人一首の魔方陣の構成法

18	17	16	15	14	13	12	11	10	9	8	7	6	5	4	3	2	1
83	84	85	86	87	88	89	90	91	92	93	94	95	96	97	98	99	100
\multicolumn{18}{c	}{周辺10次ブロック}

　2つの魔方陣を比較してみると偶然とは思えないほど非常に似かよっていることが認められる．今までの調査によると親子魔方陣の構成はまず構成要素の数字を内蔵魔方陣と周辺ブロックにどのように分けるかということと，周辺ブロックの対角にどの数字を配当するかということから出発するように感じている．対角に使用する数字が決まれば，あとはそれぞれの行，列の定和が成立するように組み合わせを試行錯誤でもって決定することもできる．例えば下の配列は前の［5-2-2］項の中で関孝和の配列を筆者が修正したものである．対角の数字は同じものを採用していても行と列の定和が成立する組み合わせはこのようなものも成立する．

18	17	16	15	14	13	12	11	10	9	8	7	6	5	4	3	2	1
83	84	85	86	87	88	89	90	91	92	93	94	95	96	97	98	99	100
\multicolumn{18}{c	}{10次ブロック（単偶数）}

　しかしここに来て太田明氏の百人一首の魔方陣と関孝和の魔方陣を比較してみると非常に似かよっているように思われる．後半の数字の並べ方が僅かに異なっているが，これは最後の組み合わせのバリエーションの範囲内である．かくも似かよっていることを見せつけられると一つの疑問のようなものが浮かんでくる．このように似かよった構成法になった原因のような

ものを考えてみると次のような２つの場合があると思われる．
（1）関孝和はもしかしたら藤原定家の魔法陣すなわち古今伝授の魔方陣の内容について知っていたのではないだろうか．
（2）藤原定家と関孝和は本当に全く偶然にこのような非常に似かよった構成法を別々に考案したのであろうか．

　太田明氏がこの百人一首の魔方陣を発表する際に関孝和の親子魔方陣との類似性について気づかなかったのであろうか．気づいていれば少しでもこの２つの魔方陣の類似性に触れて，裏づけの考察を入れておいたらよかったのではないかと感じている．また（2）の場合には偶然というにはあまりにも低い確率ではないかと考えている．10次周辺ブロックの場合には，配当される数字を日本や中国で行なわれているように補対整列バーの端部に限定したとしても，対角に配当される構成要素の数字は18種類の数字の中から２種類を選ぶ選び方によって決定される．数多くある選び方の中で偶然に一致したと評価されるし，筆者が指摘しているようにたとえ対角に配当される構成要素が同じ場合でも行と列の数字の選び方はいろいろ有ることが示されている．行と列の数字の選び方も似かよった物になる偶然の確率を加え合わせてみると数百年の隔たりをはさんで二人の周辺ブロックの構成が偶然に同じようなものになったというのは本当に奇跡のように思われる．
　そこで一つの大きな仮説が成立する．（1）のように関孝和は藤原定家の古今伝授の内容を知っていたとしたらどうだろうか．そのような資料を掘り出すことができれば太田明氏の著作に，もう一つ大きな夢を盛り込むチャンスがあるのではないだろうか．
　また本当にそのようになったとしても関孝和の方法は古今伝授の単なる10次魔方陣にとどまらず奇数次魔方陣の構成法を含んで全次数のものにまで及んでいるので関孝和の業績を傷つけたり批難したりすることにはならないものと思っている．太田氏の力を持ってすればこれに対する答えが期待できるのではないだろうか．このように勝手に考えている．
　最後にもうひとつ確認したい．太田氏の組み上げた魔方陣の構成に対して
　　　　　11⇔90　　　16⇔85　　　13⇔88　　　14⇔87
を入れ替えた魔方陣である可能性は考えられないのであろうか．この配列の可能性について太田氏に是非検討してもらいたい．もしこの配列であれば関孝和の魔方陣と古今伝授の魔方陣とは完全に一致する．
　筆者の力ではこれ以上の取り扱いは出来そうにないので，残念ながらこの類似性についての指摘だけにとどめたい．

[6] 重複魔方陣と汎魔方陣

汎魔方陣に付随する重要な特性はすでに［1－3］節で基本的なところは述べてあるが，ここで再確認し詳細について考察していく．重複魔方陣の特性は汎魔方陣の特性の中に含まれているので汎魔方陣について考察しておけばよい．

［6－1］ 偶数次と奇数次汎魔方陣の対角の組み合わせの違い

（1）N：偶数次の場合

例えばNが4次の汎魔方陣では主対角と従対角各4本ずつ計8本の汎対角線の定和が成立している．これに派生する16種類の魔方陣は主対角と従対角が同一である各2個の配置替え魔方陣が8種類と考えることができると共に，主対角と従対角各4種ずつはその位置関係から互いにペアーを構成するものとしないものがあり，結局第Ⅰグループと第Ⅱグループの各4種類が2重に重複しているとも考えることができる．そしてこのすべての魔方陣が2個ずつ重複しているのは偶数次魔方陣の特徴であり，汎魔方陣や重複魔方陣だけでなくすべての一般魔方陣でも成立している．従って偶数次魔方陣の場合にはこの同一対角成分の2種類の重複のみのものはいわゆる重複魔方陣の分類には入れないことにする．

従来の文献に於いては偶数次魔方陣の対角成分ペアーはその位置関係によって2つのグループに分かれているという特性について注目した記述が認められず，この特性によるまとめ方がおろそかにされていた．両対角の位置を奇数番目と偶数番目に分けて取り扱うと次の［6－2］節で述べる混成半直斜変換につながってくる．

次に汎魔方陣が成立するのは複偶数（N＝4m）の場合のみであり，単偶数（N＝4m＋2）の場合には汎魔方陣は成立せず重複魔方陣のみが成立することが示されている．

（2）N：奇数次の場合

例えばNが5次の場合には汎魔方陣であれば主対角と従対角は各5本ずつ計10本の汎対角線の定和が成立しており，汎魔方陣に派生する25種類の循環配置替え魔方陣の主対角と従対角ペアーはその位置関係に関係なくすべての組み合わせが成立する．従って奇数次の魔方陣の場合には両対角の組み合わせが同一で循環配置替えになっているものはない．そうして奇数次の場合には対角成分の位置関係によるグループ分けが成立しないので，重複魔方陣は常に偶発的に成立するかのように見える宿命を負っているように思える．

[6－2] 汎魔方陣の組替え

前の［1－3］節で述べたように奇数次の直斜変換と半直斜変換，偶数次の半直斜変換と混成半直斜変換についてもう少し詳細に考察していく必要がある．

[6－2－1] 奇数次汎魔方陣の直斜変換

直斜変換の回転数

　5次魔方陣の場合には計4個の変換が存在するが7次，9次……の汎魔方陣ではどうなるであろうか．実際に7次，9次，11次の汎魔方陣について直斜変換を実行してみると各々6個，6個，10個の変換が存在することが分かる．いずれも偶数個成立する．

　これは次のように考えると理解できる．例えば5次汎魔方陣の場合［A1］の変換は下図の□枠から外の◇枠のように配置した分配陣であり，［A2］の変換は◇枠からさらに外の□枠のように配置した分配陣であり，直斜変換を2回実行すると［A2］の中の□枠から外の□枠に変換されたことになり，必ず元の汎魔方陣の配置替えになることが容易に理解できる．

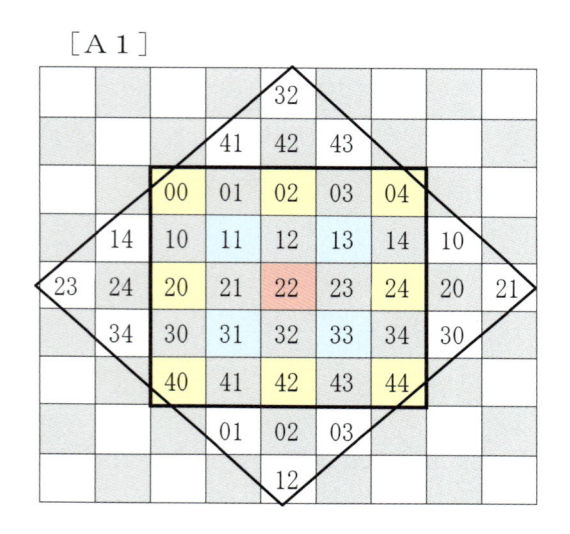

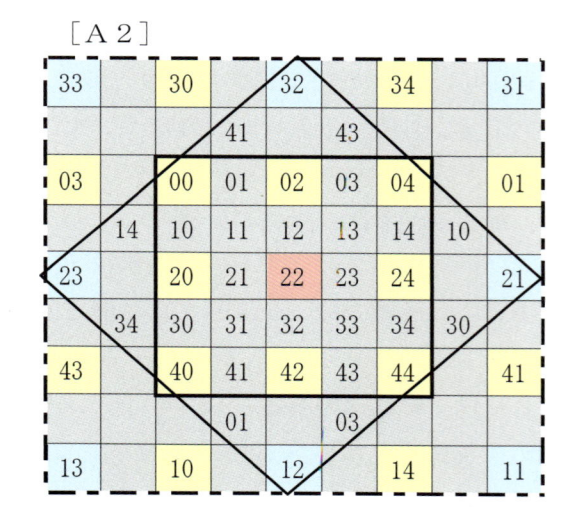

　このように［A1］，［A2］の直斜変換2回を1セットにして**1回転の直斜変換**と表示することができる．そうすると5次，7次，9次，11次汎魔方陣では各々2回転，3回転，3回転，5回転の直斜変換が存在すると表すことができる．このように1回転の直斜変換と見なすと，対角成分は元の成分に返りその配列の順序が異なるものとなっている．次にこの直斜変換の回転数は次数Nによってどのように表されるのかを検討してみる．すべての行，列，及び両対角の順序は同じ順序で機械的に入れ替えられているとみなすことができるので，代表として主対角に注目してすべての機械的な並べ替えを行なってみると，前章の配置替え分配陣の中で述べている汎対角同一配置替え分配陣の成立個数を計算したときの等差行列変換と全く同一のものであることが確認できる．

[6] 重複魔方陣と汎魔方陣

　N＝5～37についてもう一度実際に直斜変換の回転数をまとめてみると下表の通りとなる．下の表のように各次数の回転数は素数次の場合には最大で［（N－1）／2］回転であり素数以外の奇数次の場合にはそれ以下になる．ただし17，31，33……などの場合には回転のグループが2又は3個のグループに分かれるので注意が必要である．

　このように直斜変換には従来の文献（3）に見られるように等差行列変換で表される**汎対角同一配置替え**とそれに付随している各1個の**行列両斜変換**が含まれるので直斜変換という定義は必ずしも一つに断定しなくてもよいが，これらの変換の個数を考えていく必要がある場合には前記の等差行列変換と両斜行列変換は必ずセットでその個数を考えてゆかねばならないので，筆者が提案するように両方を合わせて**直斜変換**と定義しておくのがよいと考える．

表 6-1 　　各次数の直斜変換の回転数

次数N	回転数	（N－1）／2
5	**2**	2
7	**3**	3
9	3	4
1 1	**5**	5
1 3	**6**	6
1 5	4	7
1 7	**4＋4**	8
1 9	**9**	9
2 1	6	1 0
2 3	**1 1**	1 1
2 5	1 0	1 2
2 7	9	1 3
2 9	**1 4**	1 4
3 1	**5＋5＋5**	1 5
3 3	5＋5	1 6
3 5	1 2	1 7
3 7	**1 8**	1 8

　このように直斜変換により汎魔方陣がそれぞれの個数だけ誘導されるがこれらの汎魔方陣はそれぞれ非常に似かよっているものであり，汎魔方陣の成立個数を検討する場合などには同じタイプのものとして又は同じグループとしてまとめることに便利に応用すればよい．

[6－2－2] 奇数次汎魔方陣の半直斜変換

[5次汎魔方陣の半直斜変換]

基本汎魔方陣

00	01	02	03	04
10	11	12	13	14
20	21	22	23	24
30	31	32	33	34
40	41	42	43	44

⇒

列タイプA型半直斜変換

03	04	00	01	02
14	10	11	12	13
20	21	22	23	24
31	32	33	34	30
42	43	44	40	41

列タイプB型半直斜変換

02	03	04	00	01
11	12	13	14	10
20	21	22	23	24
34	30	31	32	33
43	44	40	41	42

⇒

行タイプA型半直斜変換

30	41	02	13	24
40	01	12	23	34
00	11	22	33	44
10	21	32	43	04
20	31	42	03	14

行タイプB型半直斜変換

20	11	02	43	34
30	21	12	03	44
40	31	22	13	04
00	41	32	23	14
10	01	42	33	24

[7次汎魔方陣の半直斜変換]

基本汎魔方陣

00	01	02	03	04	05	06
10	11	12	13	14	15	16
20	21	22	23	24	25	26
30	31	32	33	34	35	36
40	41	42	43	44	45	46
50	51	52	53	54	55	56
60	61	62	63	64	65	66

⇒

列タイプA型半直斜変換

04	05	06	00	01	02	03
15	16	10	11	12	13	14
26	20	21	22	23	24	25
30	31	32	33	34	35	36
41	42	43	44	45	46	40
52	53	54	55	56	50	51
63	64	65	66	60	61	62

⇒

列タイプB型半直斜変換

03	04	05	06	00	01	02
12	13	14	15	16	10	11
21	22	23	24	25	26	20
30	31	32	33	34	35	36
46	40	41	42	43	44	45
55	56	50	51	52	53	54
64	65	66	60	61	62	63

その結果新しい対角方向の配列は元の汎魔方陣の桂馬とび配列であることが分かってくる．
　[7－2]節においてこの配列の定和成立条件を考察していく．

[6-2-3] 偶数次汎魔方陣の半直斜変換

偶数次汎魔方陣の場合にも汎対角線成分を行または列の成分に入れると別の分配陣が誘導されて，別の新しい魔方陣が誘導される可能性が示されている．

[４次魔方陣の場合]

基本となる３種類の汎魔方陣には下のように４種類の半直斜変換が成立する．いずれもそのままの形では新しい対角の定和が成立するものはないことが確認される．しかし組替え配置替えを実行すると１及び２のように魔方陣が成立するものができるので，この形を代表表示とする．

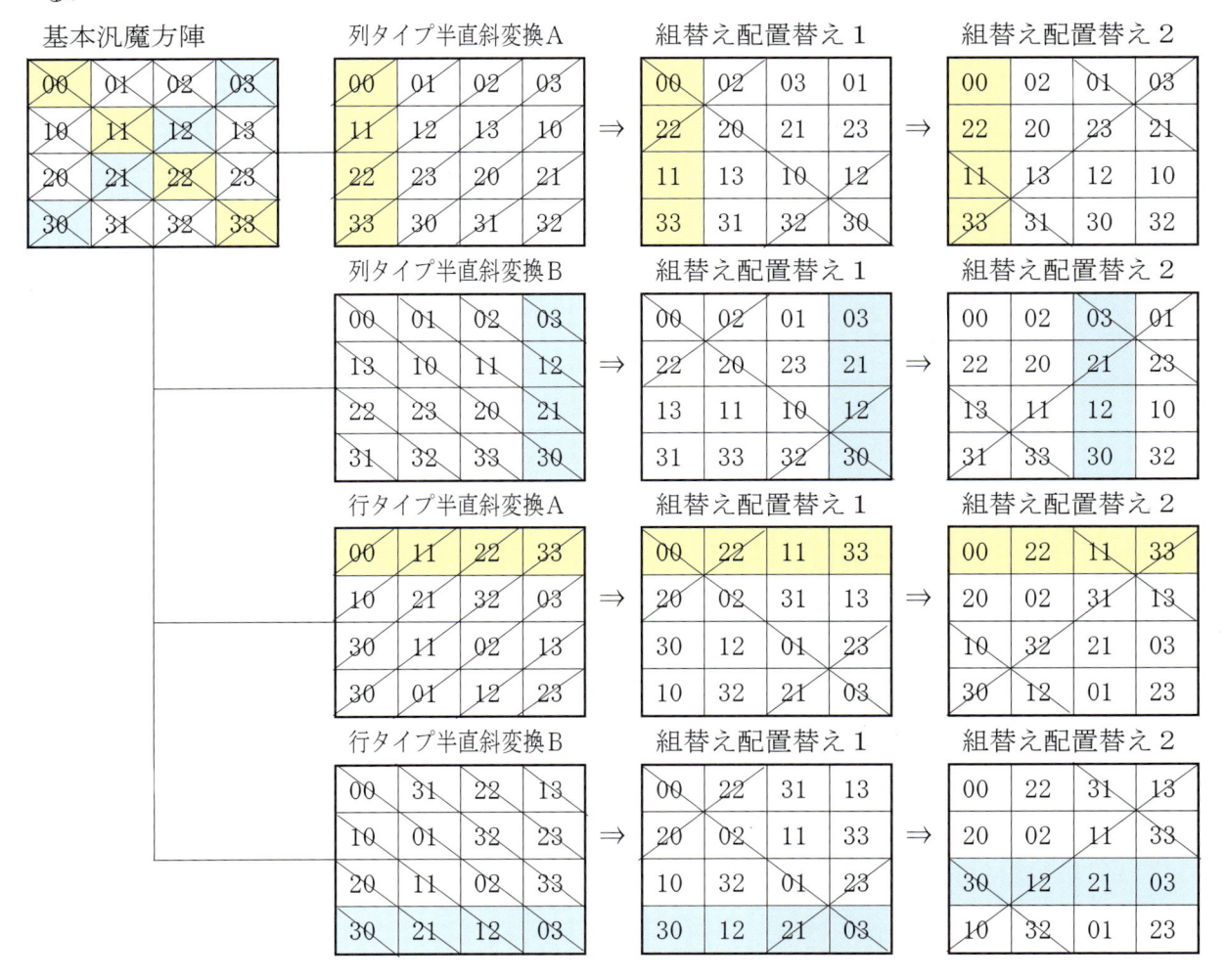

上記の組替え配置替え１，２には各々もう一つの配置替えが成立するので，４系列計16個の魔方陣が誘導される．

８次魔方陣以上についても同様に取り扱うことができる．

[6－2－4] 偶数次汎魔方陣の混成半直斜変換

（1） 混成半直斜変換の成立

また偶数次汎魔方陣の場合には汎対角線成分の主対角方向の奇数番目と従対角方向の偶数番目またはその逆の偶数番目と奇数番目を選んで列または行の成分に入れると別の分配陣が誘導されて，新しい魔方陣が誘導される可能性がある．元の分配陣の主対角の半分と従対角の半分ずつが列または行に変換されているとみなしてこの変換を混成半直斜変換と名づけている．それぞれ列タイプと行タイプと名づける．各2種類計4種類の混成半直斜変換が成立する．この混成半直斜変換では利用しない対角については定和成立の条件が必要ではないので重複魔方陣の形でも列タイプ，行タイプの各1種類計2種類の混成半直斜変換が成立する可能性があることは［1－3］節で指摘している通りである．

[4次魔方陣]

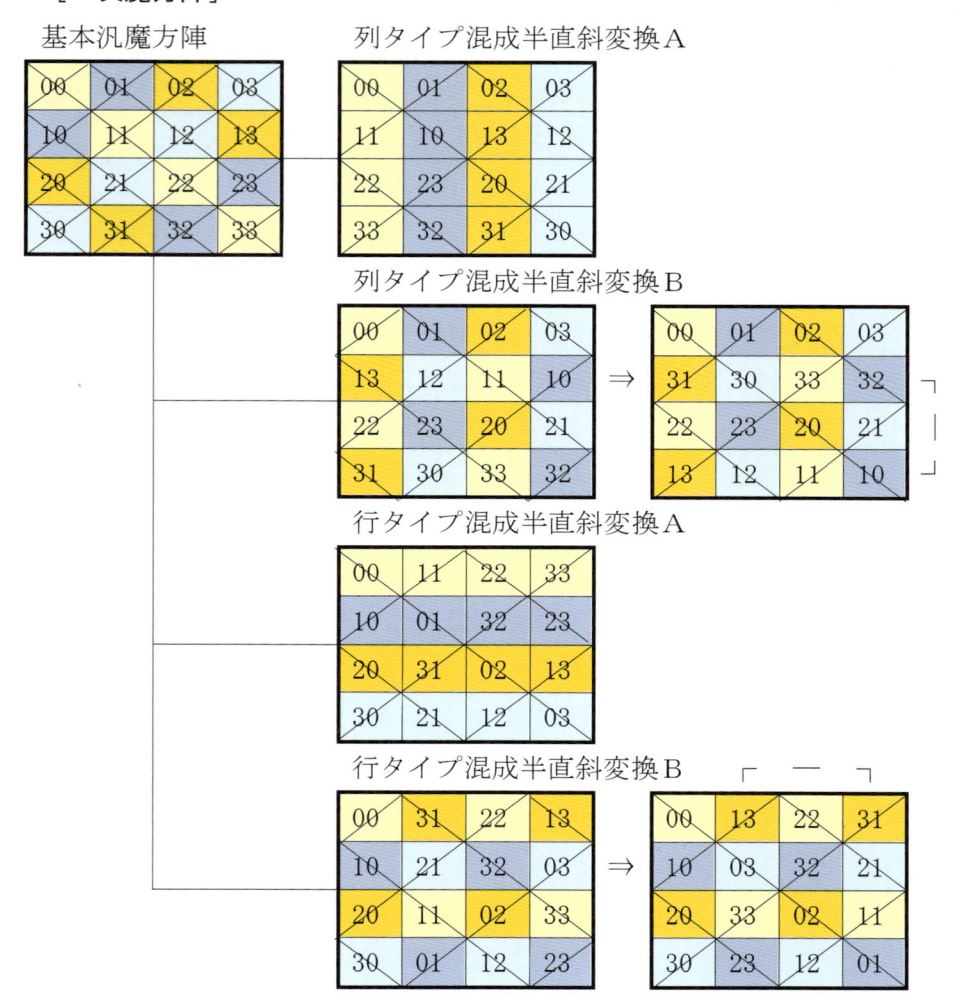

基本汎魔方陣　　列タイプ混成半直斜変換A

列タイプ混成半直斜変換B

行タイプ混成半直斜変換A

行タイプ混成半直斜変換B

なおこの混成半直斜変換によって誘導される分配陣の形も前記の半直斜変換と同様に汎魔方陣のどの形からスタートしても同一のものになることは上の図を見れば容易に理解できる．従って代表表示の汎魔方陣に対して混成半直斜変換を行なってみればよい．

（２）８次魔方陣以上の混成半直斜変換における組替え

混成半直斜変換の場合にきれいな重複魔方陣が成立する組替えは８次魔方陣以上になると次のようになってくる．列タイプを例にして示すが行タイプの場合も全く同様である．

８次魔方陣（列－Ａ）

00	01	02	03	04	05	06	07
11	10	13	12	15	14	17	16
66	63	60	65	62	67	64	61
33	36	35	30	37	32	31	34
44	45	46	47	40	41	42	43
55	54	57	56	51	50	53	52
22	27	24	21	26	23	20	25
77	72	71	74	73	76	75	70

８次魔方陣（列－Ｂ）

00	01	02	03	04	05	06	07
71	70	73	72	75	74	77	76
26	23	20	25	22	27	24	21
53	56	55	50	57	52	51	54
44	45	46	47	40	41	42	43
35	34	37	36	31	30	33	32
62	67	64	61	66	63	60	65
17	12	11	14	13	16	15	10

12次魔方陣（列－Ａ）

00	01	02	03	04	05	06	07	08	09	0a	0b
11	10	13	12	15	14	17	16	19	18	1b	1a
aa	a3	a0	a5	a2	a7	a4	a9	a6	ab	a8	a1
33	3a	35	30	37	32	39	34	3b	36	31	38
88	85	8a	87	80	89	82	8b	84	81	86	83
55	58	57	5a	59	50	5b	52	51	54	53	56
66	67	68	69	6a	6b	60	61	62	63	64	65
77	76	79	78	7b	7a	71	70	73	72	75	74
44	49	46	4b	48	41	4a	43	40	45	42	47
99	94	9b	96	91	98	93	9a	95	90	97	92
22	2b	24	21	26	23	28	25	2a	27	20	29
bb	b2	b1	b4	b3	b6	b5	b8	b7	ba	b9	b0

12次魔方陣（列-B）

00	01	02	03	04	05	06	07	08	09	0a	0b
b1	b0	b3	b2	b5	b4	b7	b6	b9	b8	bb	ba
2a	23	20	25	22	27	24	29	26	2b	28	21
93	9a	95	90	97	92	99	94	9b	96	91	98
48	45	4a	47	40	49	42	4b	44	41	46	43
75	78	77	7a	79	70	7b	72	71	74	73	76
66	67	68	69	6a	6b	60	61	62	63	64	65
57	56	59	58	5b	5a	51	50	53	52	55	54
84	89	86	8b	88	81	8a	83	80	85	82	87
39	34	3b	36	31	38	33	3a	35	30	37	32
a2	ab	a4	a1	a6	a3	a8	a5	aa	a7	a0	a9
1b	12	11	14	13	16	15	18	17	1a	19	10

　このように確認ができると偶数次の混成半直斜変換において形を整えるための組替え手順は次のようなものが予想される．

次数	行または列の交換	
	(A)タイプ	(B)タイプ
N次魔方陣	3番目⇔（N－1）番目 5番目⇔（N－3）番目 7番目⇔（N－5）番目 9番目⇔（N－7）番目 … ⇔ …	2番目⇔（N　　）番目 4番目⇔（N－2）番目 6番目⇔（N－4）番目 8番目⇔（N－6）番目 … ⇔ …

<u>1番目の行または列を除いて上下対称な位置の行同士または左右対称な位置の列同士を互いに交換すればよいことが示されている．</u>すなわち

　　　　（A）タイプの場合には偶数番目同士の交換
　　　　（B）タイプの場合には奇数番目同士の交換

を実行しておくときれいな配列の重複魔方陣が誘導される．

　ここで一つだけ注意しておく．上記のような行または列の入れ替えは元の分配陣の組替え配置替えの中に含まれるものである．従って，元の混成半直斜変換のままで完了しておいて後は組替え配置替えを含むすべての配置替えを実行してみれば必ずどこかの位置にこの形の配列が現れるはずである．しかしそのように実行してみると結局一番きれいにまとまった形がこの交換を行なったものであろうと考えられる．また対角成分の定和がきれいにそろっているのもこの形であるのでこのように行または列の交換まで完了したものを混成半直斜変換の代表表示とする．

[6−3] 汎魔方陣の作り方のまとめ

　汎魔方陣の作り方については従来から多くの人々によって検討されており，最初にあげている文献（3）及び（4）の中にも種々紹介されている．その概要を紹介すると次の通りである．
（1） 文献（6）によると桂馬とびに配置すれば，3で割れない奇数次（5，7，11，…）の場合には完全魔方陣が作れるが，3で割れる奇数次のときには1の位置を適当に取れば通常の魔方陣にはなるが，完全魔方陣は得られない．
（2） 完全魔方陣を構成する補助方陣を桂馬飛び配置によって作り，その組み合わせによって多くの完全魔方陣を作ることができる．
（3） 桂馬とび以外の配置によって作られる完全魔方陣が存在することも指摘されており，7次の汎魔方陣などでは桂馬とび以外のものが発見されている．
（4） 桂馬とび配置による完全魔方陣の作り方は次数によって異なり

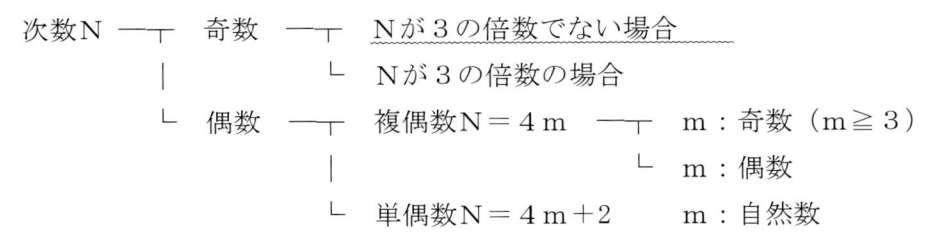

$$
\text{次数 } N \begin{cases} \text{奇数} \begin{cases} N \text{が3の倍数でない場合} \\ N \text{が3の倍数の場合} \end{cases} \\ \text{偶数} \begin{cases} \text{複偶数 } N = 4m \begin{cases} m: \text{奇数}(m \geq 3) \\ m: \text{偶数} \end{cases} \\ \text{単偶数 } N = 4m+2 \quad m: \text{自然数} \end{cases} \end{cases}
$$

　　　の5つの場合に分けて考えなければならないことが示されている．
（5） Nが奇数の場合と複偶数の場合には完全魔方陣が誘導されるが，単偶数の場合には完全魔方陣は構成できないことが示されている．

　このような従来の文献の中に現れる汎魔方陣の構成法の分類は前提となる桂馬とびなどの定義が曖昧なものであり，前の［4］章で一般魔方陣の場合について述べているように正確性にかけるし，非常に分かりにくいものになっている．
　従来説の桂馬とび配置という場合は将棋の駒の桂馬とびだけに限られていたのであろうか．『数学小景』[6]の理論の中には超桂馬とびの構想があるので，2間桂馬とび，3間桂馬とび…などのものを含めてすべての桂馬とびが含まれていたものとは思うが今ひとつはっきりとしない．また従来の桂馬とびとは1，2，3，……の数字を桂馬とびに配列するものに限定されているようだ．さらにブレイクムーブの分類も曖昧である．またこれらの汎魔方陣を補助方陣の組み合わせで考察し，説明していく場合にも，補助方陣に対する取り扱い方法の定義が曖昧であるために正確性がかけている．
　考察を進めてみるといろいろな桂馬とびをまとめて取り扱う方ことが必要であり，さらに桂馬とびという定義は補助方陣の特性によって決めておかなければならないと考えられる．そのように考察すると後で指摘するように奇数の次数Nは素数とその他の場合に分けて考えなければならないことが分かってくる．

[6-3-1] 桂馬とびによる汎魔方陣の構成

3で割れない奇数次の場合には桂馬とび配列によって汎魔方陣が必ず構成されることが『数学小景』[6)]の中で証明されている．5次の魔方陣を例にして次のような特殊の座標を導入して説明している．魔方陣の数字は5進法で表し1位と5位（5位の表示は筆者の表示では2位と表示しているものである．）の数字の組み合わせで表示されるように準備している．この文献は数学の専門書ではないので専門用語を使用していないが，左桂馬とびPは5位の数字が＋1となり，右桂馬とびQは1位の数字が＋1となるように選んでいる．

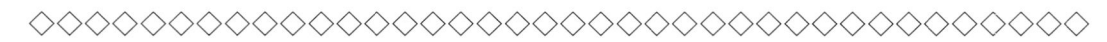

◇◇◇

【『数学小景』P.144～P.155の要旨】

1つの目から他の目に移るには，縦に1目の移行と，横に1目の移行と及びこの2つの移行の繰り返しによってできる．そこで縦に下へ1目行く動作をXと略称し，横に右へ1目行くのをYと略称する．右への桂馬とびは下へ2目，右へ1目の移行であり，左への桂馬とびは下へ2目，左へ1目の移行である．左および右への桂馬とびをそれぞれP，Qと略記すると

$$P = 2X - Y, \qquad Q = 2X + Y \qquad (1)$$

となる．2XはXなる移行を2度繰り返すことを示す．2X－Yは2Xの後に更に－Yの移行をすることである．(1)をX，Yについて解けば

$$4X = P + Q, \qquad 4Y = 2Q - 2P \qquad (2)$$

となる．更に1目の斜行をD，D′と書くと

$$D = X + Y, \qquad D' = X - Y \qquad (3)$$

となり，これに(2)を入れて，

$$4D = 3Q - P, \qquad 4D' = 3P - Q \qquad (4)$$

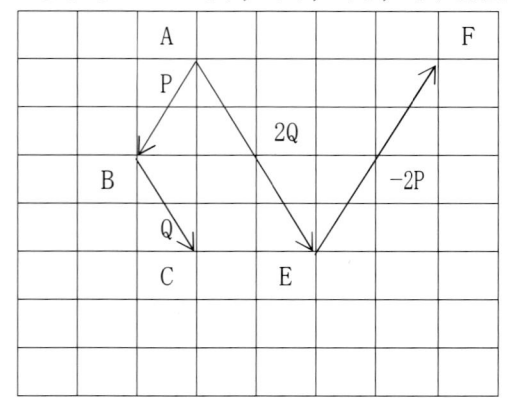

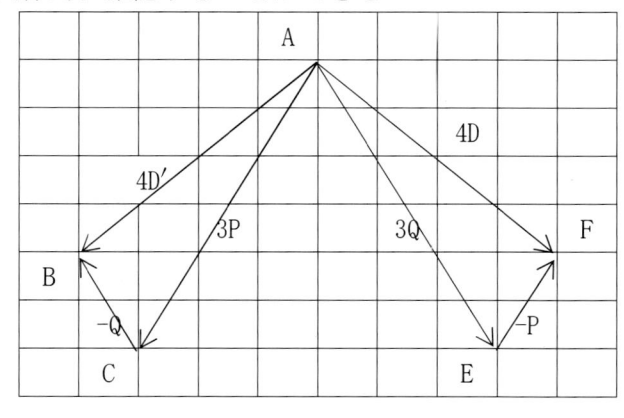

となる．この(1)，(2)，(3)，(4)を図の上で具体的に確認することができる．

この(1)(2)(3)(4)は一般に通用するが，5次魔方陣では，5の倍数だけの差は無視してよい

から，4と－1，3と－2とは互いに流用してよい．その流用によって前記の公式を5次魔方陣にだけ通用するように書き直すことができる．(5次の場合であることを明確に表示するために数式の番号に5次のサフィックスを追加する．以下同様．)

$$P = 2X - Y, \quad Q = 2X + Y \tag{1}$$
$$D = X + Y, \quad D' = X - Y \tag{3}$$
$$X = 4P + 4Q, \quad Y = 2P - 2Q \ (= 2P + 3Q) \tag{2}_5$$
$$D = P + 2Q, \quad D' = 2P + Q \tag{4}_5$$

この公式を使って任意の目の数を知ることが出来る．基準の目から行方向の右へは順次X，2X，3X，4Xを計算すればよい．列方向下へは順次Y～4Yを，両対角方向へはD～4DとD'～4D'などを計算して5の倍数は無視すればよい．Pにより5位の数が＋1大きくなり，Qにより1位の数が＋1大きくなることを考慮するとすべての行，列，両対角線上に配置される5つの5進数に対して5位にも1位にも0，1，2，3，4の数字が揃う．

次に次数が3の倍数になるときは，桂馬とびでは完全魔方陣が作れないことが，上記の公式で証明される．一例として9次魔方陣で確かめるために，公式(2)(4)を9次魔方陣に適用するように直せば次のようである．

$$X = 7P + 7Q, \quad Y = 4P + 5Q \tag{2}_9$$
$$D = 2P + 3Q, \quad D' = 3P + 2Q \tag{4}_9$$

これらの式から前のようにして確認すると行および列はうまくいくが，DとD'の式の右辺の係数には3があるために対角線に支障が生ずる．左対角線では第1数字には0，1，2，…，8が揃うが，第2数字は0，3，6，0，3，6，0，3，6となる．右対角線では第1数字に同じことが生ずる．

しかし対角線上で数字に0，1，2，…，8が揃わなくても，和が定数になればよいのだが左右両対角共不規則数字は0，3，6または1，4，7または2，5，8の3回の繰り返しになるから，その和が36になるのは1，4，7の場合に限る．だから両対角線の交差する中央の目に11，44，77，14，41，17，71，47，74の中の1つを置けば魔方陣が得られるが汎魔方陣は生じない．

高木は次に超桂馬とびの構想を述べている．n次の魔方陣で，下へa目，右へb目の跳躍をPとし，また下へc目，右へd目の跳躍をQとする．PもQも超桂馬とびといった物であるが，これらの超桂馬を魔方陣内で制御するには前に述べたような3つの公式だけで十分である．

$$P = aX + bY, \quad Q = cX + dY \tag{1}$$
$$(ad - bc)X = dP - bQ, \quad (ad - bc)Y = -cP + aQ \tag{2}$$
$$(ad - bc)D = (d - c)P + (a - b)Q, \quad (ad - bc)D' = (d + c)P - (a + b)Q \tag{3}$$

n次の汎魔方陣となるための条件は次の数とnとの間に共通の約数がないことである．

$$a, \ b, \ c, \ d, \ (ad - bc)$$

(a－b), (c－d), (a＋b), (c＋d)

　魔方陣の作り方は桂馬とびの場合と同様である．まず魔方陣の左上の隅の目に0を置いて，それからPと飛んでnを置き，またPと飛んで2nを置く．これをn回行なっておく．次に0からQと飛んで1，またQと飛んで2，またQと飛んで3を置く．n回目には0に戻ってくるが，nの位置はすでに定めている．今度はnからQと飛んでn＋1を置き，またQと飛んでn＋2を置く．こういう操作を続けて行なえば，魔方陣の目が全部ふさがり汎魔方陣が完成する．

　nが偶数の場合にはa，b，c，dは奇数でなければならないから(ad－bc)は奇数ではありえない．だから超桂馬とびは成立しない．次に3の倍数の場合には(a－b)と(a＋b)のいずれかと，(c－d)と(c＋d)のいずれかが3で割り切れるので，超桂馬とびでは汎魔方陣にはならないと述べられている．ただ超桂馬とびの方法からは汎魔方陣にはならないと述べられているだけで，著者はn次の完全魔方陣が絶対に作れないか，どうかは別問題であると断っている．

◇◇◇◇◇◇◇◇◇◇◇◇◇◇◇◇◇◇◇◇◇◇◇◇◇◇◇◇◇◇◇◇◇◇◇

　このような理論と方法によって桂馬とび配置を行なえば3で割れない奇数次の場合には必ず汎魔方陣となることは証明された．しかしこの証明には一部不十分な部分があるように考えられる．そのために次の3で割れる奇数次の場合には桂馬とび配置では完全魔方陣は得られないという結論になっているが，この結論は修正した方が統一的に論じることができる．この理論の根底にある桂馬とびという定義は数字の配列は必ず1，2，3，…，N^2のように順序通りの配列であると限定されているように考えられる．しかし，後の［7］章で取り扱うように桂馬とびによる魔方陣の構成という定義そのものをもっと明確にして，桂馬とびの定義をもっと広く取って，この結論の方を修正したほうがすべての桂馬とびの構成を統一的に考察することができるように考える．

　例えば桂馬とび配列の説明のスタートで示されているように，桂馬とび配列は下図左の自然方陣平面から右の桂馬とび配列平面へ**図形変換**されると見なすことができる．そのように見なすと自然方陣の行と列の順序は自由に入れ替えても良いと考えることができる．このような修正の考え方の詳細については［7］章で取り扱う．

自然方陣

	0	1	2	3	4
0	00	01	02	03	04
1	10	11	12	13	14
2	20	21	22	23	24
3	30	31	32	33	34
4	40	41	42	43	44

⇒

桂馬とび魔方陣

00	23	41	14	32
44	12	30	03	21
33	01	24	42	10
22	40	13	31	04
11	34	02	20	43

図 6-1 自然方陣から桂馬とび魔方陣への変換

[6－3－2] 単偶数次汎魔方陣ができない理由

文献（5）に山本行雄の証明として次のような方法が紹介されている．単偶数の次数Nは
$$N＝4k＋2 \quad (k＝1, 2, 3, \cdots)$$
と表示することができる．背理法によって証明する．k＝1の場合，すなわち6次の場合について図を使って証明しよう．

図7-1が汎魔方陣であると仮定しよう．第2列，第4列，第6列の数の和と，第1行，第3行，第5行の数の和は，いずれも定和の3倍であり等しい．この結果，aと記入してある9箇所の数の和Aと，cと記入してある9箇所の数の和Cが等しくなる．一方，右下がりの汎対角線に注目するとaとcが交互に並んだ3本の汎対角線上の数の和は定和の3倍である．

a	b	a	b	a	b
	c		c		c
a	b	a	b	a	b
	c		c		c
a	b	a	b	a	b
	c		c		c

図7-1

正規形の6次の魔方陣の定和は111で，奇数である．ここまでの考察によって，A＋C＝333かつA＝Cとなる．第1の等式から，A＋Cは奇数になり，第2の等式からA＋Cは偶数になり，矛盾を生じた．この矛盾は正規形の6次の汎魔方陣が存在すると仮定したことによって生じたものである．よって正規形の6次の汎魔方陣は存在しない．

一般に，4k＋2次の魔方陣の定和は$(2k＋1)(4(2k＋1)^2＋1)$であり，奇数である．この事実を使うと，k＝1の場合とまったく同じ方法で，正規形の4k＋2次の汎魔方陣は存在しないことが証明できる．

このように簡潔，明瞭に証明されている．この特性を逆に利用すると，次の［6－4］節で述べているように，単偶数次の場合にも定和が偶数になるような特別の数列を採用してやると汎魔方陣が構成される可能性が出てくるということにつながってくる．

[6－3－3] 複偶数汎魔方陣

（1）合成魔方陣の応用

4m次完全魔方陣はmが奇数であるか偶数であるかによってその作り方が異なる．

　　（ a ）mが奇数の場合　　　m≧3

4とmとは互いに素であるから

（ⅰ）4次完全魔方陣 $\boxed{S}$ とm次完全魔方陣 $\boxed{T}$ とを利用して下記の $\boxed{C}$ $\boxed{D}$ を作る．

m＝5の場合

$\boxed{C}$ =

T	T	T	T
T	T	T	T
T	T	T	T
T	T	T	T

$\boxed{D}$ =

S	S	S	S	S
S	S	S	S	S
S	S	S	S	S
S	S	S	S	S
S	S	S	S	S

（ⅱ）この $\boxed{C}$ $\boxed{D}$ から $\boxed{M}$ ＝ $\boxed{C}$ ＋25（ $\boxed{D}$ － $\boxed{E}$ ）を構成する．

　　（ b ）mが偶数の場合

例えばm＝2の場合

（ⅰ）まず下記の $\boxed{A}$ $\boxed{B}$ $\boxed{S'}$ を作る．

$\boxed{A}$ =

1	2	3	4
4	3	2	1

$\boxed{B}$ =

4	3	2	1
1	2	3	4

$\boxed{S'}$ =

3	2	1	4
2	3	4	1
4	1	2	3
1	4	3	2

（ⅱ） $\boxed{A}$ $\boxed{B}$ $\boxed{S'}$ から $\boxed{C}$ $\boxed{D}$ を作る．

$\boxed{C}$ =

A	B
B	A
A	B
B	A

$\boxed{D}$ =

S'	S'
S'	S'

（ⅲ） $\boxed{C}$ の転置方陣を $\boxed{C'}$ とし

$\boxed{M}$ ＝ $\boxed{C}$ ＋4（ $\boxed{C'}$ － $\boxed{E}$ ）＋16（ $\boxed{D}$ － $\boxed{E}$ ）

（2）対称表示による補対対から

前の［4－5］対称表示による検討の中で示されるように4次の魔方陣は補対対による取り扱いがうまくいく．汎魔方陣の代表表示は下図［A］の形になっており，4個のブロックに4組の補対対がXタイプに配置されていなければならない．

［A］タイプ

4組の補対対を選び出す場合，上段と下段の2組の列和aがそれぞれ等しくなるように選ぶと共に，左右の2組の列和bがそれぞれ等しくなるように選びさえすれば，重複魔方陣が構成され単純な配置替えによって自動的に汎魔方陣が構成できる．

これは次の3種類のものであった．

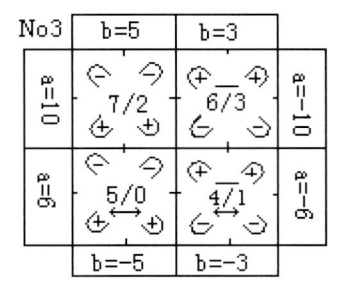

上の3種類に組替え配置替えを行なうと下の3種類の汎魔方陣となる．

汎魔方陣1

-7	+6	-4	+5
-0	+1	-3	+2
+4	-5	+7	-6
+3	-2	+0	-1

汎魔方陣2

-7	+6	-2	+3
-0	+1	-5	+4
+2	-3	+7	-6
+5	-4	+0	-1

汎魔方陣3

-7	+5	-1	+3
-0	+2	-6	+4
+1	-3	+7	-5
+6	-4	+0	-2

一般の歴史的10進法表示で表すと［図1－2］のようになる．

（3）連立方程式からの構成法

4次汎魔方陣の構成法

［4－5］節での考察によって連立方程式を解く形で魔方陣の特性を求める方法が示されている．一般魔方陣の場合では連立方程式の形ではなかなかうまく解くことができないが，汎魔方陣の場合であれば有効な特性が誘導されることが示されている．それによると4次汎魔方陣の形では必ず次の特性が成立している．

（A）すべての位置の隣り合う4個の桝目の合計は定和Ｓｎとなる．
（B）すべての行，列方向の1個おきの4個の桝目の合計は定和Ｓｎとなる．
（C）対角方向の隣り合わない2個の桝目の合計はＳｎ／2である．
（D）対角の2隅の和は相対する対角の中央の2数の和に等しい．
　　　ただしＳｎ／2ずつにはならない．

またこれらの4個の特性は互いに重なり合っており，（A）と（C）の特性だけを使えば汎魔方陣は誘導することができることが示されている．

補数の対角線上への配置

上の（A）と（C）の特性から下の［a］と［c］のように補数が分配されていることが分かる．（A）により Ⅰ，Ⅱ，Ⅲ，Ⅳのブロックはそれぞれ定和Ｓｎが成立する．（C）により(A1-a1)，(B1-b1)などには補数が配置される．このように配置されると，すべての対角方向の組み合わせは<u>2組の補数同士</u>で構成されるので，各行，各列の定和が成立するように配置できさえすれば，<u>すべての両対角の定和は自動的に成立する</u>ことである．<u>この特徴は4次汎魔方陣だけではなく8次汎魔方陣の一部の中にも見られることであり，すべての複偶数次の場合に汎魔方陣として成立するものであると考える</u>．

［a］

Ⅰ		Ⅱ	
Ⅲ		Ⅳ	

［c］

A1	A2	B1	B2
A3	A4	B3	B4
b1	b2	a1	a2
b3	b4	a3	a4

更にこの行，列の組み合わせは次のように構成することができる．魔方陣は上半分の2行だけで次のように調整していけば自動的に全体の魔方陣ができ上がる．

（1）補数同士の組み合わせから，いずれか一方のみの数字だけ使用する．
（2）Ⅰブロックの定和が成立するように数字の組み合わせを選んでいく．
（3）隣りのⅡブロックの合計も定和が成立するように選ぶ．
（4）列の数字はそれぞれ2個ずつの合計が，左右のブロックの第1列同士，第2列同士，で同じ数値になっておればよい．

（4）現代数学的取り扱いによる魔方陣の構成

現代数学的と名づけても表現方法は従来のものと変わっているわけではない．しかしその取り扱い方が現代風であり，数学的な要素が織り込まれている．文献（5）には連立方程式から導かれる性質を用いて，非常に巧妙でスマートな汎魔方陣の構成法が示されている．4次汎魔方陣の性質は上の（3）で述べたように下記の（A）と（C）2種類の性質で代表される．

　　　　（A）すべての位置の隣り合う4個の桝目の合計は定和Ｓnとなる．
　　　　（C）対角方向の隣り合わない2個の桝目の合計はＳn／2である．

文献（5）には定和Ｃと表現されているが本編の表現法により定和Ｓnとする．
　（A）と（C）2種類の性質から（D）の性質が導かれる．

　　　　（D）対角方向の2隅の桝目の合計は相対する対角方向の中央の桝目の合計に等しい．

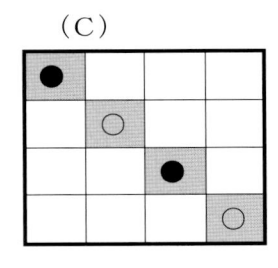

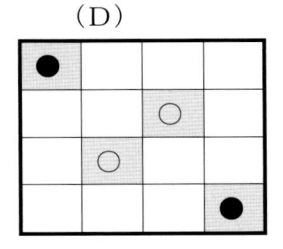

(A) (C) (D)

この3個の性質を使えばすべての汎魔方陣が誘導されることが示されている．性質（A）と（C）は循環配置替え（シフト変換）により不変な性質であるから性質（D）も循環配置替え（シフト変換）により不変な性質である．構成要素の数字は代数的10進法表示による0～15の数字を使用する．このように表示すると数学的に非常に美しい形に表示できる．

循環配置替え（シフト変換）により0は左上（a 11）の位置に配置できる．下の［a］図を出発点にして［a］の空欄を性質（A）と（C）と（D）を使って埋めていく．まず（D）を使って，［b］図を得る．

［a］

0			
			b
	a	x	c
		d	

［b］

0			
	c+d	b	a+d
	a	x	c
	b+c	d	a+b

ここで（C）により　x=a+b+c+d=Sn/2となることが分かる．さらに，（C）を使って，［c］図を得る．最後に（A）を使って，残りの空欄を埋めると［d］図が完成する．

　［d］図において各行，各列，各汎対角線に並ぶ4数の和は，いずれも2(a+b+c+d)=Snになっている．したがってa，b，c，dの値を決めて全体として0～15までが配置できるようにすることが残された問題である．

[c]

0	a+b+d		b+c+d
a+b+c	c+d	b	a+d
	a	x	c
a+c+d	b+c	d	a+b

[d]

0	a+b+d	a+c	b+c+d
a+b+c	c+d	b	a+d
b+d	a	x	c
a+c+d	b+c	d	a+b

実はa，b，c，dとして1，2，4，8（順不同）を与えたときのみ，これが可能になる．

[証明]

[d]図に配置される16個の符号は0，a，b，c，d，a＋b，a＋c，a＋d，b＋c，b＋d，c＋d，a＋b＋c，a＋b＋d，a＋c＋d，b＋c＋d，a＋b＋c＋dである．したがってa，b，c，dについては全く対等であるから$a<b<c<d$と仮定しても一般性は失わない．大小関係を考慮すればa＝1，b＝2となることが直ちに分かる．このときa＋b＝3となり残りの最小数はc＝4である．この結果a＋c＝5，b＋c＝6，a＋b＋c＝7となり，残りの最小数はd＝8である．この場合a＋d＝9，b＋d＝10，a＋b＋d＝11，c＋d＝12，a＋c＋d＝13，b＋c＋d＝14，a＋b＋c＋d＝15となり0から15の数が出揃う．

次にa，b，c，dの値を決めて4次の汎魔方陣を分類しよう．まず，[d]図を壁紙模様に展開してみると，[e]図を得る．[e]図の左上の5×5小方形に注目すると，0の位置に対するa，b，c，dの位置はまったく対等であることが分かる．よってa＝1として一般性を失わない．さらにcの値を決めると0，a，に対するb，dの位置はまったく対等であることが分かる．よってcの値を2，4，8に決めればそれぞれ1つの汎魔方陣が決まる．

[e]

0				0			
		b				b	
	a		c		a		c
		d				d	
0				0			
		b				b	
	a		c		a		c
		d				d	

各成分に1を加えて正規形の4次の汎魔方陣3種類が［図1－2］のように決まる．

[6-3-4] 奇数次完全魔方陣（Nが3の倍数でない場合）

（1）従来の補助方陣による構成法

5次魔方陣について検討してみると

（ⅰ）完全補助方陣 A を桂馬とび配列で作ることができる．

次にこの A の転置方陣 A′ を作る．

A =

①	2	3	4	5
4	5	①	2	3
2	3	4	5	①
5	①	2	3	4
3	4	5	①	2

A′ =

①	4	2	5	3
2	5	3	①	4
3	①	4	2	5
4	2	5	3	①
5	3	①	4	2

これらの2つの補助方陣 A , A′ から M = A + 5 (A′ − E) を作る．

（ⅱ） A の第1行の1～5の数字の順序は4！＝24通りの変化がある．

A′ についても同様である．

従って A , A′ 共各々24通りの補助方陣が成立する．

（ⅲ） A ・ A′ はすべて直交している．

A 同士及び A′ 同士では直交するものはない．

A 型24個のうち各4個ずつは補助方陣としては同一である．（補助方陣の分類方法が確立していないのでこのような説明が唐突に出てくる．［7－2］節の中で筆者が定義するように説明すると説明が明確になる．）

（ⅳ） A 型6個と A′ 型24個の組み合わせから6×24＝144通りの完全魔方陣が成立する．

（2）現代数学的取り扱いによる魔方陣の構成法

［4－5－3］項の中で5次の汎魔方陣の2つの性質が示されている．この性質を用いて現代数学風に取り扱う方法が文献（5）に示されている．

［A1］～［A4］図と［B1］～［B1］図に示されるように

　　●印の5箇所の合計は定和Snに等しい　　　　　　　　　（#）
　　●印の合計と○印の合計とは等しい　　　　　　　　　　（*）

　　これらは菱形公式と呼ばれている．

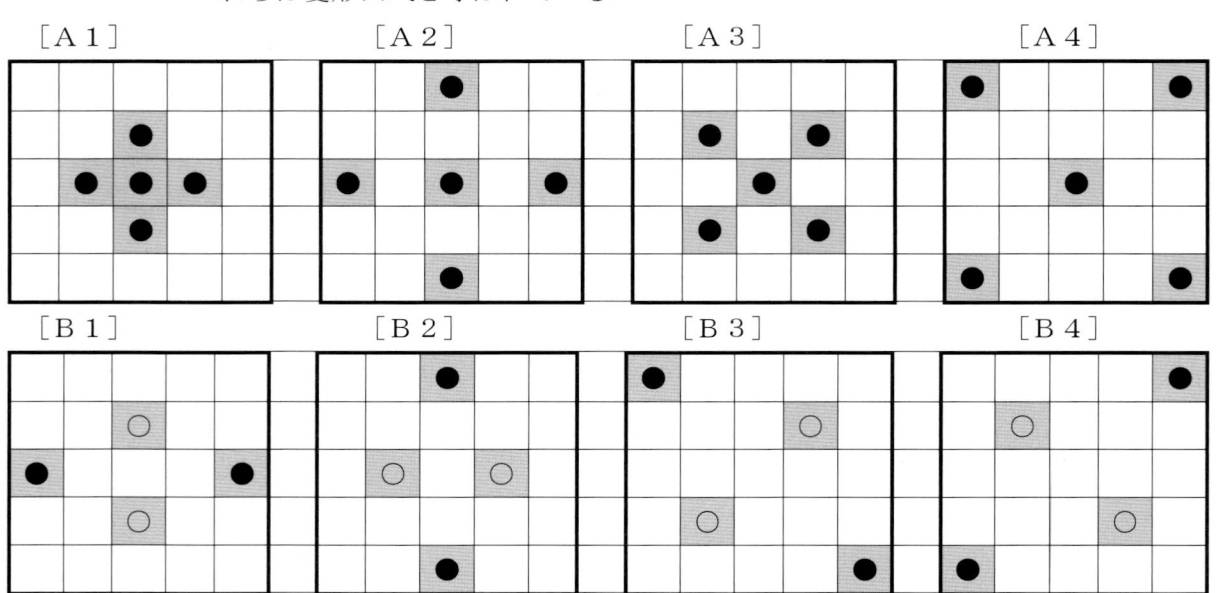

［A1］　　　　［A2］　　　　［A3］　　　　［A4］

［B1］　　　　［B2］　　　　［B3］　　　　［B4］

これらの等式は循環配置替え（シフト変換）を考慮するとすべての場所においても成立する．構成要素の数字は0～24の数字を使用する．循環配置替え（シフト変換）により0は中央の位置に配置できる．まず［a］図を出発点にして［b］図のように壁紙模様の展開図を考え，菱形公式を使って空欄を埋めていく．

［a］

	b		A	
B				a
		0		
c				D
		C	d	

［b］

	D	c	b+A		D	c	
d			C		d		C
A		b	a+B	A			b
	a	B				a	B
c+B	b+C		0		d+A		a+D
	D	c				D	c
d			C	c+D	d		C
A			b		A		b
	a	B	d+C			a	B

［b］図は中央の0を1つの頂点とした菱形について，菱形公式を適用して得られたものである．

5列分または5行分の平行移動した位置には同じ値が配置されるので，この事実によって，さらに空欄をうめると［c］図となる．［c］図をみると，0を中心とする中央の3×3小正方形の4隅の空欄が菱形公式によって埋められることが分かる．その結果［d］図を得る．［d］図をみると，残りの空欄も菱形公式を使って埋められることが分かる．その結果，［e］図を得る．

［c］

	D	c		b+A		D	c	
d			C	c+D	d			C
A		b	a+B	A			b	
	a	B		d+C		a	B	
c+B	d+A	b+C	a+D	0	c+B	d+A	b+C	a+D
	D	c		b+A		D	c	
d			C	c+D	d			C
A		b	a+B	A			b	
	a	B		d+C		a	B	

［d］

a+C	D	c	d+B	b+A	a+C	D	c	d+B
d			C	c+D	d			C
A		b	a+B	A			b	
b+D	a	B	c+A	d+C	b+D	a	B	c+A
c+B	d+A	b+C	a+D	0	c+B	d+A	b+C	a+D
	D	c	d+B	b+A	a+C	D	c	
d			C	c+D	d			C
A		b	a+B	A			b	
b+D	a	B	c+A	d+C	b+D	a	B	c+A

［e］図から，中央部分の5×5小正方形を取り出して，完成図［f］図を得る．

［e］

a+C	D	c	d+B	b+A	a+C	D	c	d+B
d	b+B	a+A	C	c+D	d	b+B	a+A	C
A	c+C	d+D	b	a+B	A	c+C	d+D	b
b+D	a	B	c+A	d+C	b+D	a	B	c+A
c+B	d+A	b+C	a+D	0	c+B	d+A	b+C	a+D
a+C	D	c	d+B	b+A	a+C	D	c	d+B
d	b+B	a+A	C	c+D	d	b+B	a+A	C
A	c+C	d+D	b	a+B	A	c+C	d+D	b
b+D	a	B	c+A	d+C	b+D	a	B	c+A

［f］

d+D	b	a+B	A	c+C
B	c+A	d+C	b+D	a
b+C	a+D	0	c+B	d+A
c	d+B	b+A	a+C	D
a+A	C	c+D	d	b+B

［f］図を見ると，各列，各行，各汎対角線に並んだ数の和が，いずれも a＋b＋c＋d＋A＋B＋C＋D になっていることが分かる．したがって，残る問題は a，b，c，d，A，B，C，D にどのような値を割り振ったら［f］図の各成分に0から24までが揃うようにできるかという問題である．a，b，c，d と A，B，C，D の立場はまったく同等であるから，a，b，c，d の中に1が属していると仮定できる．さらに，正方形の回転を考慮すれば a＝1 と仮定しても一般性を失わないことも分かる．よって a＝1 と仮定して議論を進めよう．

実は，b，c，d が 2，3，4（順不同）で，A，B，C，D が 5，10，15，20（順不同）となる場合に限り，［f］図の各成分に 0 から 24 まで揃うようにできることが分かる．

[証明]

$a=1<b<c<d$，$A<B<C<D$と仮定して一般性を失わない．最大数を考慮すると$d+D=24$となり，$d<12$または$D<12$が成り立つ．場合分けにより，すべての可能性を調べていく．

［1］$b=2$または$A=2$である．$b=2$の場合について考察しよう．
$c=3$または$A=3$となる．$c=3$の場合，$d=4$または$A=4$となる．$d=4$であれば，$A=5$，$B=10$，$C=15$，$D=20$となり，条件を満たす．

この場合以外に条件を満たすものが存在しないことを示したい．
$A=4$の場合には，$d=8$または$B=8$となる．$d=8$の場合には $B=9$となるが，$d+A=12=c+B$となり矛盾を生じる．$B=8$の場合には，$d<12$または$D<12$の可能性がなくなり矛盾を生じる．
以上で，$c=3$の場合について考察が終了する．

$A=3$の場合にも，同じように考察することによって，この場合が生じないことが分かる．残るのは$A=2$の場合であるが，同じような考察によって，この場合も生じないことが分かる．詳しい説明は省略する．

0と$a=1$の位置を指定した汎魔方陣（［f］図）について，汎魔方陣として同一視できるのは，それ自身のみである．よって，b，c，dへの2，3，4の割り振り方とA，B，C，Dへの5，10，15，20の割り振り方を計算すれば，正規形の5次の汎魔法陣の種類が分かる．前者は$6(=3!)$通りで後者は$24(=4!)$通りであり，互いに独立に割り振ることができる．
よって，

正規形の5次の汎魔方陣は144（＝6×24）種類

である．

汎魔方陣（［f］図）は［g］図のように2つの行列の和に分解される．分解された2つの表を見ると，際立った特徴を示している．各列，各行，各汎対角線上には，いずれも異なる5種類の文字が並んでいる．

［g］

d	b	a	0	c
0	c	d	b	a
b	a	0	c	d
c	d	b	a	0
a	0	c	d	b

+

D	0	B	A	C
B	A	C	D	0
C	D	0	B	A
0	B	A	C	D
A	C	D	0	B

一般に$n \times n$の表において，N個の文字が配置され，各列，各行に異なるn個の文字が並んでいるときこの表をラテン方陣という．更に，各汎対角線にも異なるn個の文字が並んでいるとき，この表を汎ラテン方陣という．

[6-3-5] 奇数次完全魔方陣（Nが3の倍数の場合）

Nを次のように表す
$$N = 3 \times m \quad (m：奇数 \geqq 3)$$
そして3とmが互いに素である場合と素ではない場合に分けて考える．

(a) 3とmが互いに素である場合

例えばm＝5の場合

$\boxed{A}$ =

14	5	4	10	7
1	13	8	3	15
9	6	12	11	2

$\boxed{A'}$ =

14	1	9
5	13	6
4	8	12
10	3	11
7	15	2

（ⅰ）1～N＝3×mまでを含み，各行各列の和が一定でしかも中央の要素に関して対称な位置にある要素の和も一定である3×m行列 $\boxed{A}$ とその転置行列 $\boxed{A'}$ を作る．

（ⅱ）この$\boxed{A}$ と$\boxed{A'}$ を用いて$\boxed{C}$ $\boxed{D}$ を作り

$\boxed{C}$ =

A	A	A
A	A	A
A	A	A
A	A	A
A	A	A

$\boxed{D}$ =

A'	A'	A'	A'	A'
A'	A'	A'	A'	A'
A'	A'	A'	A'	A'

（ⅲ）$\boxed{C}$ $\boxed{D}$ を用いて
$$\boxed{M} = \boxed{C} + 15\,(\,\boxed{D} - \boxed{E}\,)$$
を構成すれば完全魔方陣が得られる．

(b) 3とmが互いに素でない場合

（ⅰ）(1)の場合と比べて次のような工夫をする．例えばm＝3の場合．
まず下記の通り $\boxed{A}$ $\boxed{B}$ $\boxed{C}$ を作り

$\boxed{A}$ =

1	2	3
1	2	3
1	2	3

$\boxed{B}$ =

3	1	2
3	1	2
3	1	2

$\boxed{C}$ =

2	3	1
2	3	1
2	3	1

183

(ii) 次に $\boxed{G}$ $\boxed{G'}$ を作り

$\boxed{G}$ =

A	A	A
B	B	B
C	C	C

$\boxed{G'}$ =

A'	B'	C'
A'	B'	C'
A'	B'	C'

(iii) 次に $\boxed{G}$ $+3\,($ $\boxed{G'}$ $-$ $\boxed{E}$ $)$ を作り，これの左右対称なものを $\boxed{H}$ と表す．

(iv) 次にこの $\boxed{H}$ を用いて

$\boxed{M}$ = $\boxed{G}$ $+3\,($ $\boxed{G'}$ $-$ $\boxed{E}$ $)+9\,($ $\boxed{H}$ $-$ $\boxed{E}$ $)$

を作ると完全魔方陣が得られる．

[6－4] 単偶数次汎魔方陣

［6－3－2］項のように1～N^2の連続数列で構成する限り，汎魔方陣は作ることができない．しかしある特別な数列を用いた場合には汎魔方陣となるものが発見されている．

[6－4－1] Planckの汎魔方陣

［6次汎魔方陣の作例］

文献（3）によると，1916年にPlanckは1と19の代わりに0と38を使えば次の［A］のような6次汎魔方陣を作ることができることを示している．

［A］Planckの汎魔方陣

38	16	12	36	3	9
34	6	11	33	13	17
28	8	18	31	14	15
2	35	29	0	22	26
5	25	21	4	32	27
7	24	23	10	30	20

→

［B］

	0	0	0	0	0	0	
	39	17	13	37	4	10	0
	35	7	12	34	14	18	0
	29	9	19	32	15	16	0
	3	36	30	1	23	27	0
	6	26	22	5	33	28	0
	8	25	24	11	31	21	0
	0	0	0	0	0		
	0	0	0	0	0	0	

元の魔方陣［A］の数字に1を加えてやると［B］のように表示され，構成要素は1～39までの数字の中から2と38と20を除いた数列と考えることができる．これは［5－1－1］項の中で示しているような補対整列バーで表示すると

［B］の補対整列バー表示

20	19	18	17	16	15	14	13	12	11	10	9	8	7	6	5	4	3	2	1
	21	22	23	24	25	26	27	28	29	30	31	32	33	34	35	36	37	38	39

このように表示することができる．

ここまで分析してみるとPlanckがこのような汎魔方陣を発見していった道筋が見えてくる．このような構成の魔方陣を作り上げていくためには2つの大きな要素がある．第1はこのような数列をどのように考察して採用したのかということであり，第2は数字の配列をどのように考えて決めていったのかということである．

（1）数列の決定

Planckはこのような数列をどのように考えて採用したのであろうか．まず考えられることは

Planck自身も1～36の連続数列を用いる通常の6次魔方陣では汎魔方陣が構成できない理由は，すべての行，列，対角の定和を奇数に設定しなければならないことが問題であると気づいていたものと推察できる．従って定和を偶数に変更するために構成要素36個の数字の中で偶数を2個削除して奇数を2個取り入れたと解釈できる．（Planck自身は2個の奇数を削除して2個の偶数を追加しているが，次の10次汎魔方陣の場合には筆者の表現のように偶数を2個削除して奇数を2個追加する表現になっているので，奇数を追加する表現に統一しておく．）

追加する最小の奇数の候補は37と39である．次に削除する偶数を選ばなければならない．構成要素は一般の場合のように補数同士のセットにしておく方が何かと取り扱いに便利であることが考えられる．従って最小の数字1と最大の数字39を補数と見なすと上記の補対整列バーに示されるようになる．まず38に対応する偶数2を削除する．次に中央で単数となる偶数20を削除すると，補数の対が18個でき上がるというところまでは理解できる．

（2）数字の配列の考察

数字の割り当て方，配列順序はとてもやみくもに調べ上げたものとは考えられない．Planckには上記の様な数列を選び出す前にすでに配列についての考えがあったはずである．図のように上下，左右に4ブロックに分割してみると，互いに対角のブロックの相対応する位置に補数が配置されているからである．文献（5）によるとこのような位置関係を対蹠点（たいせきてん）とよぶ．従って各行，各列の定和が成立するように配置できさえすれば，<u>すべての両対角の定和は自動的に成立するように工夫されている．この特徴は［6－3－3］項で補足説明をしておいたように，4次汎魔方陣や8次汎魔方陣の一部の中に見られることであり，すべての偶数次の場合に汎魔方陣として成立するものと考える</u>．

Planckは当時すでに［図1－2］の4次汎魔方陣3種類は知っていたであろう．また1900年以前にはすでにFrostにより次のような8次汎魔方陣［D］がヨーロッパに紹介されているし，1913年にはPlanck自身も下のような汎魔方陣［E］を作っていることが文献（3）に述べられている．また［4－5－2］の4次魔方陣の性質で示されるように，4次の汎魔方陣の場合には連立方程式を解いて対角の対蹠点には補数同士が配置されることは理解していたものと推測する．

［D］Frostの汎魔方陣

1	58	3	60	8	63	6	61
16	55	14	53	9	50	11	52
17	42	19	44	24	47	22	45
32	39	30	37	25	34	27	36
57	2	59	4	64	7	62	5
56	15	54	13	49	10	51	12
41	18	43	20	48	23	46	21
40	31	38	29	33	26	35	28

［E］Planckの汎魔方陣

1	48	23	58	3	46	21	60
32	49	10	39	30	51	12	37
42	7	64	17	44	5	62	19
55	26	33	16	53	28	35	14
2	47	24	57	4	45	22	59
31	50	9	40	29	52	11	38
41	8	63	18	43	6	61	20
56	25	34	15	54	27	36	13

従って６次の汎魔方陣を組み上げるためにこの特徴を採用したものと推測される．Planckにはこのような考え，法則があったのではないかと推測するが，このような法則はこの魔方陣の発表には添えられていなかったのであろうか．もしそうであればこのように発見した結果の魔方陣だけを発表し，それを導いた考え方を隠しておくことは大きな損失であり非常に残念に思う．

このようにすべての補数同士を対蹠点に配置する場合には，補数のいずれか一方の数字を選んでその合計が同数となる２個のグループに分けることがまず必要である．しかし例えば６次の場合に１～37の数列から中央の19だけを除いた18個の補数を採用した場合には，１～18の合計と20～37の合計は互いに奇数でありすべての補数同士の差は偶数である．したがって補数同士をどのように入れ替えた選び方をしても２個のグループの合計は必ず奇数にしかならない．このグループをさらに同数に分割しなければならないが全体が奇数であるから同数に分割することは出来ない．Planckはこのような問題点を解決するために，さらに奇数同士の補数の対を１個追加し，偶数同士の補数の対を１個削除したものであろう．このように考察してこの数列を採用したものであろうと推察する．

［10次汎魔方陣の作例］

同じ文献（３）にPlanckは10次魔方陣でも汎魔方陣を作っていると示されている．その場合の数列は１～100の数字の中で52と２の代わりに，101と103を使っていると示されてはいるが具体的な10次汎魔方陣の形は記載されていない．

Planckの６次汎魔方陣の作り方を参考にして10次汎魔方陣を作ることができる．Planckが作ったであろうと考えられる10次汎魔方陣の形を推察してみると次のようなものになる．作ってみると細かい部分の調整のやり方により，似たようなものがいろいろと成立するようである．従ってここに作成したもの２個はもしかするとPlanckの作成したものとはいずれも多少違ったものになっているかも知れない．

［A］

103	74	47	28	8	101	68	62	15	14
99	94	72	16	9	97	67	48	12	6
93	4	49	26	73	87	80	40	50	18
85	61	60	23	21	91	22	71	20	66
75	63	51	39	27	79	59	58	35	34
3	36	42	89	90	1	30	57	76	96
7	37	56	92	98	5	10	32	88	95
17	24	64	54	86	11	100	55	78	31
13	82	33	84	38	19	43	44	81	83
25	45	46	69	70	29	41	53	65	77

［B］

103	74	47	28	8	91	73	67	20	9
99	94	72	16	14	97	62	48	12	6
93	4	49	26	68	101	80	66	15	18
85	61	60	23	21	87	22	40	50	71
75	63	51	39	27	79	59	58	35	34
13	31	37	84	95	1	30	57	76	96
7	42	56	92	98	5	10	32	88	90
3	24	38	89	86	11	100	55	78	36
17	82	64	54	33	19	43	44	81	83
25	45	46	69	70	29	41	53	65	77

第1に，構成要素の数字の選び方は6次の場合と同様に奇数を2個追加するための手順である．第2に，数字の配列は魔方陣を上下左右に4ブロックに分割し，互いに対角のブロックの相対応する位置に補数を配置していくことである．このような条件を加えながら各行，各列の定和が成立するように配置していくことができれば，魔方陣が成立しさえすれば，自動的に汎魔方陣となる．魔方陣は上半分の5行だけで，次のように調整していけば自動的に全体の魔方陣ができ上がる．

　　（1）50個の補数同士の組み合わせから，いずれか一方のみの数字だけ使用する．
　　（2）5行の定和が成立するように数字の組み合わせを選んでいく．定和は520である．
　　（3）10列の数字はそれぞれ5個ずつの合計が，左右のブロックの第1列同士，第2列同士，第3列同士，第4列同士，第5列同士で同じ数値になっておればよい．

このようにして上半分の配列が決定すると，それに合わせて対応する位置に補数を配置すればよい．

［A］の補対整列バー表示

［B］の補対整列バー表示

[7] 桂馬とび配置補助方陣による汎魔方陣の検討

　従来の桂馬とび配置による汎魔方陣の作り方の説明には不十分な部分が見られるので，この章で補充して考察してみる．桂馬とびという考え方を整理していろんなタイプのものをまとめて取り扱いたいが，そのためにはまず補助方陣による魔方陣の表現方法とその特性について基本的なことを整理しておく必要がある．汎魔方陣に限らず魔方陣構成の特性は奇数次と偶数次とでは大きく異なっていることがこれまでの考察のいろいろな場面で示されている．桂馬とび配置補助方陣による魔方陣の表現方法に対しても奇数次と偶数次の場合に分けてその特徴についてあらかじめ考えておかなければならない．

[7-1]　桂馬とび魔方陣の補助方陣による表現の特性

[7-1-1] 桂馬とび補助方陣の形とその代表表示

　これまでに取り扱った議論の中にもすでに桂馬とび補助方陣の形で多くのものが取り扱われているが，ここで改めて桂馬とび補助方陣の形とその表現方法について基本的な整理が必要である．今までの通常の10進法表示においては，桂馬とび配列という場合には下の［A］のような形を想定していた．このように数字は1からの順序どおりに桂馬とびに配列されたものを取り扱ってきた．従って文献（6）のように，桂馬とび配置によって汎魔方陣が成立するかしないかという結論は，この様な範囲内で取り扱われているように考えられる．また，下の汎魔方陣［A］を2つの補助方陣で表現すると［B］，［C］のようになる．［B］，［C］の数字の配列を［A］の数字の位置に合わせて解釈してみると，［B］の配列は同じ数字が桂馬とびに配列されており，［C］の配列は数字が順序どおり桂馬とびに配列されている．このように補助方陣表示における桂馬とび配列とはどちらを示す表現なのであろうか．

［A］桂馬とび魔方陣

1	15	24	8	17
9	18	2	11	25
12	21	10	19	3
20	4	13	22	6
23	7	16	5	14

＝

［B］2位補助方陣

0	2	4	1	3
1	3	0	2	4
2	4	1	3	0
3	0	2	4	1
4	1	3	0	2

・

［C］1位補助方陣

0	4	3	2	1
3	2	1	0	4
1	0	4	3	2
4	3	2	1	0
2	1	0	4	3

図 7-1　桂馬とび魔方陣の補助方陣表示

　このような疑問が一瞬よぎるのであるが，［B］，［C］共数字の配列を斜線のように注目してみると互いに全く同じタイプの配列であることが分かる．このような特徴は従来からすでに半ば常識ではあるのだが，今まではなしくずし的に取り扱われており，取り扱い方法は曖昧なままになっているように感じられる．

従って本編においては補助方陣の桂馬とびを［B］のようにN個の同じ数字が桂馬とびに配列される表示形を代表とする．そうすると［C］の形は［B］の転置方陣とみなすことができる．このように表示すると，奇数の場合と偶数の場合では数字の配列を少し変えて次のように配列するものを代表にすると分かりやすいと予想される．

奇数次の桂馬とび表示

0						
		0				
				0		
6	5	4	3	2	1	0
	0					
			0			
					0	

偶数次の桂馬とび表示

0	1	2	3	4	5	6	7
		0					
				0			
						0	
0							
		0					
				0			
						0	

図 7-2　桂馬とび補助方陣の代表表示

［ 7－1－2 ］　奇数次補助方陣の桂馬とび配置

ここで奇数次の桂馬とび配置の個数について考えておくと次のようになる．まず上の行に対する下の行の配置に注目してみると，桂馬とびの可能性は［表７－１］の通り２番目の位置から中央までの位置である．中央を過ぎると裏返して考えてみると重複したものになることが分かる．従って桂馬とびの種類は次数Nが大きくなるに従って

桂馬とび（１間桂馬とび）
大桂馬とび（２間桂馬とび）
３間桂馬とび
４間桂馬とび
…

などが考えられその最大個数は同表の通りとなる．従来の桂馬とび配置という考え方の中にこれらの大桂馬とび以上のものも含まれていたことは文献（3），（4）の中に記述されてはいるがその取り扱い方とか分類の考え方とかに関しては記述が非常に曖昧であり桂馬とびの種類はどのように分類されて何種類成立するのかというようなことは正確には判断できない．特に奇数を３の倍数とそれ以外の奇数に分類していることは正確な記述とはいえないと考えられる．また３の倍数である奇数の場合には３×３や３×５などの合成魔方陣の形となる汎魔方陣だけ示されており，考え落としのものがあるように思われる．

[7] 桂馬とび配置補助方陣による汎魔方陣の検討

表 7-1　各奇数次の桂馬とびの成立個数

次数	桂馬とび	個数
5	0①②③④ 　　〇	1
7	0①②③④⑤⑥ 　　〇〇	2
9	0①②③④⑤⑥⑦⑧ 　　〇〇〇	3
11	0①②③④⑤⑥⑦⑧⑨⑩⑪ 　　〇〇〇〇	4
13	0①②③④⑤⑥⑦⑧⑨⑩⑪⑫ 　　〇〇〇〇〇	5
15	0①②③④⑤⑥⑦⑧⑨⑩⑪⑫⑬⑭⑮ 　　〇〇〇〇〇〇	6
……	0①②③④⑤⑥………〇〇〇…… 　　〇〇〇〇………〇〇	…
N	中央までの（N＋1）／2から最初の2個を引くと	n＝（N－3）／2

　また次に各次の汎魔方陣を検討していく中で示されているように7次以上の汎魔方陣の総数を考察してみると，これらの大桂馬とび以上のものもまとめて取り扱う考え方が必要であり，合理的であることが分かってくる．またそのように取り扱うと奇数を素数とそれ以外の奇数に分けて分類することが必要になってくる．

　次にこれらの配列を魔方陣平面または補助方陣平面として2次元的に取り扱っていかなければならない．上記の行方向の桂馬とびをN個の行間で実行して，その結果を列の方向でも注目してみると，列の方向の配置も完全に桂馬とびになっているものとそうでないものとができるし，でき上がった形は完全な桂馬とびの形を構成してはいても列方向や両対角方向の数字の合計が常には一定にはならないものができ上がることが分かってくる．

　これら列の方向の配置が桂馬とびになっていないものや，常には一定の合計にならないものの取り扱いには注意が必要であるが，大きく考えてこれらのものも桂馬とびの構成の中にまとめておく方が統一的に考察できると考える．

　前の［6-3］節で文献（6）による汎魔方陣の理論を紹介した．その中に超桂馬とびという考え方が含まれているが，超桂馬とびは整理して，筆者のように大桂馬とび（2間桂馬とび），3間桂馬とび，4間桂馬とび，…などと分類する方が取り扱いやすいと考えている．

[7－1－3]　奇数次補助方陣の組み合わせ

　補助方陣の組み合わせは第3章［3－2－3］で述べた通りであるが，汎魔方陣の場合に特有の特性もあるので，ここでもう一度まとめておく．補助方陣 A は数字配列の中にN個ある中央数字Mの1つを中心に置いた形を代表に選んで，その回転対称なもの8種類

　　　A　!A　!!A　A!　A*　!A*　!!A*　A*!

を作成し，この8種類を1位の補助方陣とする． A* は A の転置方陣であり回転対称なものは中央数字Mを中心にしてそれぞれ回転すればよい．ここで重複するものを除いておく．

　補助方陣 A はa～nまでN個ある中央数字Mのどれを中央に配置するかによってN種類の補助方陣が考えられる場合にはN個の補助方陣が重複していると見なして以後の考察，処理を行なえばよい．次に一般の魔方陣の場合には更に上記の1位の補助方陣すべてに組替え配置替えを行なうのだが，汎魔方陣の場合にはその中で汎対角同一配置替えとなる等差行列変換のものだけでしか成立しないものと思われる．ここで重複するものを除外しておく．このようにして1位の補助方陣とする．

　2位の補助方陣 A は同様に中央数字Mによる重複を Aa ～ An と置き，さらに組替え配置替え（等差行列変換）による重複を確認し，1位の補助方陣と直交が成立するものすべてを選び出してやればよい．

分配陣	2位補助方陣	1位補助方陣
M	A	(1)回転対称8種類による重複含む A, !A, !!A, A!, A*, !A*, !!A*, A*!
	(2)固定数字による(Aa～An)のN個の重複含む	(2)固定数字による(Aa～An)のN個の重複含む
	(3)組替え配置替え（等差行列変換）によるK個の重複含む	(3)組替え配置替え（等差行列変換）によるK個の重複含む
	合計　N×K個	合計　8×N×K個

　最後に，このようにして構成された汎魔方陣に対してさらに直斜変換を実行して，付属して誘導される汎魔方陣の形を確認する．
　汎魔方陣を構成する2つの補助方陣を仮に<u>汎補助方陣</u>と名づけておく．

[7-1-4] 偶数次補助方陣の桂馬とび配置

奇数次の場合と同じようにまず上の行に対する下の行の配置に注目してみる．桂馬とびの可能性は下表の通り2番目の位置から中央までの位置である．偶数の場合には中央とは（N+2）／2の位置である．中央を過ぎると裏返して考えてみると重複したものになることは奇数の場合と同様である．また桂馬とびの種類は次数Nが大きくなるに従って

  桂馬とび（1間桂馬とび）
  大桂馬とび（2間桂馬とび）
  3間桂馬とび
  …

などが考えられその最大個数は下表の通りとなることも奇数の場合と同様である．しかし上記の行方向の桂馬とびをN個の行間で実行して，その結果を列の方向に注目してみると列の方向の配置は桂馬とびにはならない．しかも列方向や両対角方向の定和も成立しないように見えることは素数以外の奇数次の場合とよく似ている．このようにして従来の桂馬とび配置という考え方の中にはこれらの偶数次のものは含まれていなかったと思われるが，列方向の配列や両対角の配列の修正方法は素数次以外の奇数次のものと同じ手法で取り扱い，処理していくことができると考えられる．従って桂馬とび配置の中に偶数次のものもまとめて取り扱う考え方を採用することが必要であると考える．

ただし汎魔方陣は複偶数の場合にのみ成立し，単偶数の場合には成立しないことが証明されているので，複偶数の場合だけを検討すればよい．

表 7-2 　各偶数次の桂馬とびの成立個数

次数	桂馬とび	個数
4	0①②③ 　　〇	1
8	0①②③④⑤⑥⑦ 　　〇〇〇	3
12	0①②③④⑤⑥⑦⑧⑨⑩⑪ 　　〇〇〇〇〇	5
……	0①②③④⑤⑥………◎〇〇…… 　　〇〇〇〇〇………〇	…
N	中央まで（N+2）／2 最初の2個を引くと（N+2）／2−2	n＝（N−2）／2

[7－1－5] 偶数次補助方陣の組み合わせ

偶数次補助方陣の回転対称の考え方

　前章の［3－2－3］で指摘している通りである．偶数次補助方陣の場合には最小の数字 0 を左上隅に固定する表示方法を採用すると共に回転対称 8 種類は左上の数字 0 を中心にして回転させることが必要である．このことは汎魔方陣の場合でも全く同様に取り扱わなければならない．

　まず基本となる補助方陣 Aa は前章の［3－2－3］の［図3－9］のように連続して広がっていると見なして，この Aa 平面から回転対称補助方陣 Aa と !!Aa と !Aa と Aa! を切りとって選び出すと考えてやればよい．それぞれ矢印の方向から見たもので表示すればよい．

　転置対称補助方陣についても同様にして表示する．［図3－10］の Aa* 平面から回転対称補助方陣 Aa* と !!Aa* と !Aa* と Aa*! を切りとって選び出すと考えてやればよい．それぞれ矢印の方向から見たもので表示すればよい．以上によって回転対称 8 種類の補助方陣を表示することができる．

　また N 個ある数字 0a～0d を左上隅に置いた補助方陣 Aa～Ad を順次作り，それに対応する 8 種類の回転対称補助方陣を作っていく．ここで重複するものを除外しておく．次にこれらの組替え配置替えの中でも汎対角同一配置替えとなる等差行列変換のものを作り，同様に重複するものを除外しておく．これらを 1 位の補助方陣とする．

　2 位の補助方陣は N 個ある数字 0a～0d を左上隅に置いた補助方陣 Aa～Ad を順次作り，さらに等差行列変換による組替え配置替えを含む重複があるとする．

　このようにして直交が成立するものを選び出していくことは，奇数次の場合と同様である．ただし奇数魔方陣の場合に述べたように，等差行列変換以外の組替え配置替えによっては新しい対角成分を持つ汎魔方陣は誘導されないと考えている．

　このようにして，次に上記の桂馬とび配置による汎魔方陣の総数を素数次，素数以外の奇数次，複偶数次の順序で考えてみる．

［筆者提案その16］偶数次魔方陣の場合にも桂馬とび配置という考え方を拡大して応用する．

[7－2]　素数次の桂馬とび汎魔方陣

[7－2－1]　5次汎魔方陣

（1）補助方陣の構成

5次の場合には桂馬とび配置が成立するのは1間桂馬とびの1種類だけである．補助方陣を1間桂馬とびに配列すると次のように表示できる．

［A］

0	4	3	2	1
2	1	0	4	3
4	3	2	1	0
1	0	4	3	2
3	2	1	0	4

奇数次の補助方陣では数字を上図のように順序通り並べる形を代表とする．上図をながめてみると行方向，列方向，両対角方向共に0から4までの数字が一度ずつ現れており，汎ラテン方陣となっていることが分かる．従ってすべての行，列，両対角の合計数は同一であり，汎魔方陣を構成する補助方陣の候補として成立していることは勿論のこと，構成要素の数字の並べ順は中央単数0を構成する2を除いて自由に入れ替えることができる．また各N個の数字はすべて同じとび方であるので各N個の数字のどれに注目しても同じ配列である．

次に注意しておくことは構成要素である<u>数字を桂馬とびに配置する</u>という規則性によって行方向の配列位置順序が列方向や両対角方向の配列位置順序を決定するという特性となって現れてくる．また9次の桂馬とび魔方陣の場合などに<u>行方向の桝目の位置をグループ分けすることが意味</u>を持ってくるという形で現れてくる．従って<u>この基本的な数字の配列を利用して**桝目の番号**</u>と読み替えることを行なうので注意しておいてほしい．

縦方向及び横方向共1間桂馬とびの配列になっている．この［A］の配列を1－1桂馬とび A と表示して，**対称型桂馬とびタイプ**とする．

これの回転対称なものは次の3種類でありいずれも［A］タイプの1－1桂馬とびに含まれる．

!A

1	3	0	2	4
2	4	1	3	0
3	0	2	4	1
4	1	3	0	2
0	2	4	1	3

!!A

4	0	1	2	3
2	3	4	0	1
0	1	2	3	4
3	4	0	1	2
1	2	3	4	0

A!

3	1	4	2	0
2	0	3	1	4
1	4	2	0	3
0	3	1	4	2
4	2	0	3	1

このように対称型桂馬とびには常に4個の回転対称なものが含まれている．また念のため等差行列変換のものを確認してみると，例えば A の等差行列変換は A !となり同じく［A］タ

イプの中に含まれる．

> [筆者提案その17] 桂馬とび配置の特徴を行，列２方向の平面的にとらえてその特徴を分類整理していく．このように平面的にとらえてその特徴を分類整理していく取り扱いは従来の文献の中にはなかったように思う．

（２）桂馬とび配置補助方陣の成立個数

次にこの桂馬とび配置補助方陣は何個存在するのかという問題があるが，中央の行の数字配列に注目すればよい．中央単数０が中央にくる形を代表表示とするので２を中央に固定するが，残りの４個の数字は自由に並べ替えてもよいので［A］の数字の並べ替えは４！＝24通りある．その中に A ，!A ，!!A ，A! の４種類の回転対称なものが含まれるので A セットの並べ替えの種類は24／４＝６種類ある．これを一覧表にすると次のようになる．下記のように１－１桂馬とび補助方陣 A は，太い罫線枠の中の（１）から（６）までの６種類を考えておけばよい．従ってこれ以後の考察では補助方陣 A を

$$An \qquad (n=1, 2, 3 \ldots\ldots 6)$$

と表示していくことにする．

	An	!An	!!An	An!
(1)	0-1-2-3-4	1-4-2-0-3	4-3-2-1-0	3-0-2-4-1
(2)	0-1-2-4-3	1-3-2-0-4	3-4-2-1-0	4-0-2-3-1
(3)	0-3-2-1-4	3-4-2-0-1	4-1-2-3-0	1-0-2-4-3
(4)	0-3-2-4-1	3-1-2-0-4	1-4-2-3-0	4-0-2-1-3
(5)	0-4-2-3-1	4-1-2-0-3	1-3-2-4-0	3-0-2-1-4
(6)	0-4-2-1-3	4-3-2-0-1	3-1-2-4-0	1-0-2-3-4

一般にＮ次のある一つの桂馬とび補助方陣の数字の並べ替え個数は（Ｎ－１）！個である．この中に対称型桂馬とびの場合には４個，後の７次魔方陣で出てくる非対称型桂馬とびの場合には２個の回転対称なものが含まれるので桂馬とびの数字の並べ替え個数Ｎｋは

$$Nk ＝ (N－1)!／4 \qquad （対称型桂馬とびの場合）$$

または $\qquad Nk ＝ (N－1)!／2 \qquad （非対称桂馬とびの場合）$

である．

（３）汎魔方陣成立個数

次に転置方陣 An*，!An*，!!An*，An*! までを作り，１位の補助方陣は An ，!An ，!!An ，An! ，An* ，!An* ，!!An* ，An*! の８種類とする．２位の補助方陣を An としてこれらの補助方陣と直交する組み合わせを探していく． An タイプ同士の補助方陣では直交するものは成立しないことが確認できる．これは５次の An タイプの補助方陣が<u>対称型桂馬とび</u>の配列であるからである．次の７次補助方陣の場合に述べるように，行方向と列方向の桂馬と

びの間数が異なる**非対称型桂馬とび**の場合には，[An]タイプ同士でも直交する組み合わせが成立する場合が起こってくる．

[An]の転置対称補助方陣 [An*] ![An*] !![An*] [An*]! 計24種との組み合わせはすべて直交が成立しており

$$(4!/4) \times (4!) = (4!)^2/4$$
$$= 144$$

種類の汎魔方陣が成立する．

（4）直斜変換による誘導

前の［6－2］節の中で述べたように奇数次の汎魔方陣に対しては直斜変換による一連の汎魔方陣が誘導される．5次の場合には2回転4種類の汎魔方陣がセットになっている．2種類の汎対角同一配置替えとそれに付随する各1個の行列両斜変換の計4種類と表現してもよいことは前に述べたとおりである．これを確認してみると[An]・[Am*]からは

[An]・[Am*]　　[An]・![Am*]　　[An]・!![Am*]　　[An]・[Am*]!

の4種類が誘導される．従って1位の補助方陣が回転対称なものとなっている4種類の汎魔方陣は直斜変換によって互いに誘導されることが明らかとなる．従って5次桂馬とび補助方陣の場合には直斜変換を実行しても元の補助方陣と同じものであり，ただ2つの補助方陣の組み合わせ方だけが変化していると見ることができる．後の更に大きいサイズの汎魔方陣の場合についても示されるように，直斜変換によって誘導される汎魔方陣同士は非常に似かよった形のグループを形成することが確認できる．

（5）5次桂馬とび補助方陣のタイプ別分類の考え方

次に上記の144種類の汎魔方陣[An]を分類整理する方法を考えてみる．5次桂馬とび補助方陣の種類と個数は中央の行の配列に注目してみれば

  (1) 0 1 [2] 3 4
  (2) 0 1 [2] 4 3
  (3) 0 3 [2] 1 4
  (4) 0 3 [2] 4 1
  (5) 0 4 [2] 1 3
  (6) 0 4 [2] 3 1

の6種類であると見なすことができる．これの分類方法は次のように考えられる．

　　　（A）これの構成数字は0～4であり，対称対は0－4，及び1－3である．この対称対が次の図の（a）又は（b）のように対称の位置に配置されたものは「**対称和**」が成立すると表示する．

```
        ┌─────(a)─────┐
        │   ┌──(b)──┐  │
        │   │       │  │
        ○   ○   2   ○   ○
```

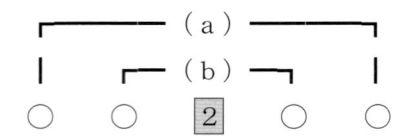

(B) 前記の An 6種類の中で（1）と（3）が，対称和が成立するタイプである．後で分かるように分配陣の補対がきれいに成立するタイプであるので，これを Ar1, Ar2 と表示して補対成立基本型とする．残りの4種類をこの2種類からの誘導型として分類することを考えてやればよい．

(C) （1）と（3）からの数値変換は下図のように表すことができる．0と 2 の位置は固定されているとすれば残りの 3⇔4 及び 1⇔4 の数字を入れ替えることができると考えればよい．

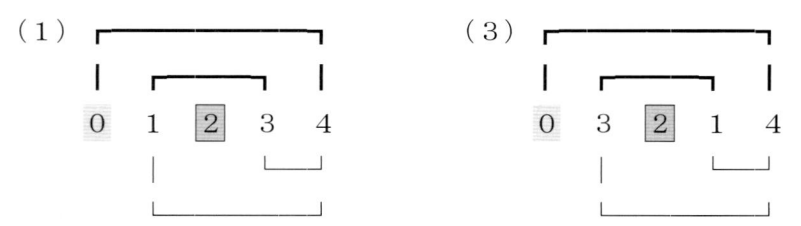

```
(1)   ┌─────────┐           (3)   ┌─────────┐
      │ ┌───┐   │                 │ ┌───┐   │
      0  1  2  3  4                0  3  2  1  4
         │       │                    │       │
         └───────┘                    └───────┘
```

Ar1 及び Ar2 タイプの2種類が基本のタイプであり As1 及び As2 のタイプはそれぞれ Ar タイプから3と4の数字の位置が変換されていると見なすことができる．同様に At1 及び At2 のタイプはそれぞれ Ar タイプから1と4の数字の位置が変換されていると見なすことができる．このようにして6種類の補助方陣を作ってみると下記のようになり2種類ずつ3種類のタイプに分類することができる．

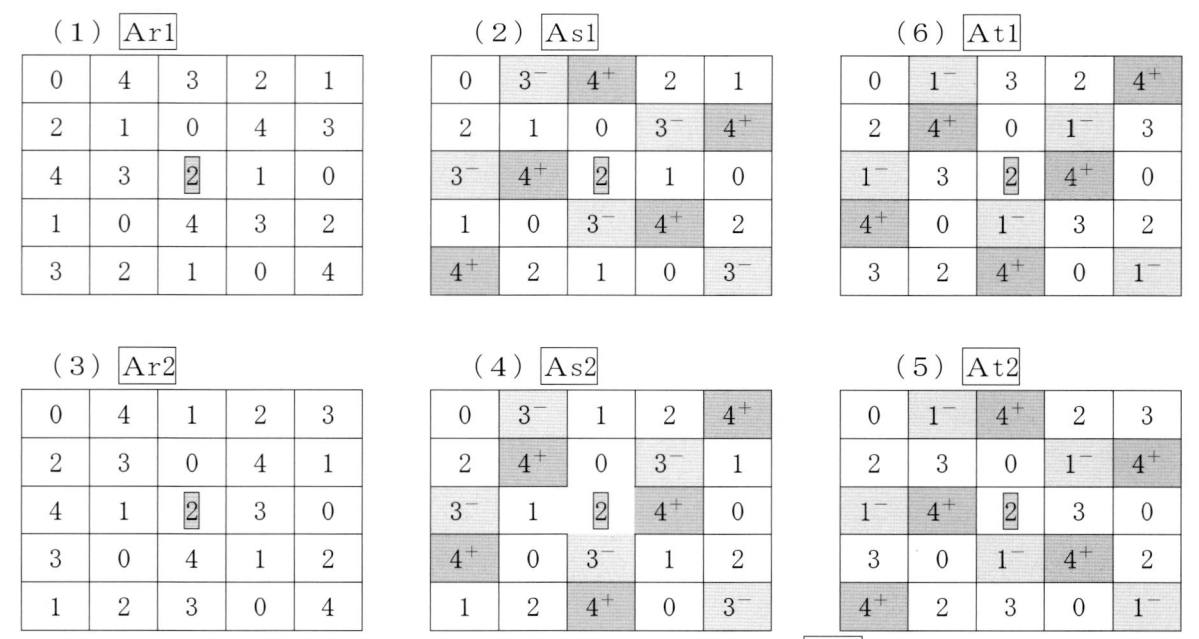

（1）Ar1

0	4	3	2	1
2	1	0	4	3
4	3	2	1	0
1	0	4	3	2
3	2	1	0	4

（2）As1

0	3^-	4^+	2	1
2	1	0	3^-	4^+
3^-	4^+	2	1	0
1	0	3^-	4^+	2
4^+	2	1	0	3^-

（6）At1

0	1^-	3	2	4^+
2	4^+	0	1^-	3
1^-	3	2	4^+	0
4^+	0	1^-	3	2
3	2	4^+	0	1^-

（3）Ar2

0	4	1	2	3
2	3	0	4	1
4	1	2	3	0
3	0	4	1	2
1	2	3	0	4

（4）As2

0	3^-	1	2	4^+
2	4^+	0	3^-	1
3^-	1	2	4^+	0
4^+	0	3^-	1	2
1	2	4^+	0	3^-

（5）At2

0	1^-	4^+	2	3
2	3	0	1^-	4^+
1^-	4^+	2	3	0
3	0	1^-	4^+	2
4^+	2	3	0	1^-

従ってこれらの補助方陣が1位の補助方陣となる場合には As タイプは5セットの数値変

換＜1＞，Atタイプは5セットの数値変換＜3＞となる．2位の補助方陣となる場合には数値変換＜5＞及び数値変換＜15＞となり，それぞれの補助方陣の組み合わせによっては数値変換の複合タイプも成立する．以上のように見なすことによって144種類の汎魔方陣は次の9種類に分類できる．

上記のように分類して補助方陣の数字の並び方を眺めてみると番号1の基本対称型のものは補対対の構成がはっきりと現れており，補対対に注目して分類を考えることが容易である．番号2から9のものは補対対の構成が崩れているように見えるが，上記のように数値変換という考え方を導入しておくことによって統一的に分類整理することができる．

表 7-3　　数値変換タイプ表

番号	数値変換タイプ	補助方陣組み合わせ	成立個数
1	基本対称型	Ar1・Ar1*,　Ar1・Ar2*,　Ar1・!Ar1*…… Ar2・Ar1*,　Ar2・Ar2*,　Ar2・!Ar1*……	16
2	数値変換＜1＞型	Ar1・As1*,　Ar1・As2*,　Ar1・!As1*…… Ar2・As2*,　Ar2・As2*,　Ar2・!As2*……	16
3	数値変換＜3＞型	Ar1・At1*,　Ar1・At2*,　Ar1・!At1*…… Ar2・At1*,　Ar2・At2*,　Ar2・!At1*……	16
4	数値変換＜5＞型	As1・Ar1*,　As1・Ar2*,　As1・!Ar1*…… As2・Ar1*,　As2・Ar2*,　As2・!Ar1*……	16
5	数値変換＜5＞＋＜1＞型	As1・As1*,　As1・As2*,　As1・!As1*…… As2・As1*,　As2・As2*,　As2・!As1*……	16
6	数値変換＜5＞＋＜3＞型	As1・At1*,　As1・At2*,　As1・!At1*…… As2・At1*,　As2・At2*,　As2・!At1*……	16
7	数値変換＜15＞型	At1・Ar1*,　At1・Ar2*,　At1・!Ar1*…… At2・Ar1*,　At2・Ar2*,　At2・!Ar1*……	16
8	数値変換＜15＞＋＜1＞型	At1・As1*,　At1・As2*,　At1・!As1*…… At2・As1*,　At2・As2*,　At2・!As1*……	16
9	数値変換＜15＞＋＜3＞型	At1・At1*,　At1・At2*,　At1・!At1*…… At2・At1*,　At2・At2*,　At2・!At1*……	16
	合計		144

ただし上記の数値変換によるものはすべて平準タイプの中でも均一タイプのものであり，重複タイプのものや，繰上りタイプのものは含まれていないことはいうまでもない．5次以上の汎魔方陣になると形に表れてくる補対の配置はまとまりがつかないものが多くなってくるこ

とが分かる．言い換えると対称型の汎魔方陣以外のものが多くなってくる．従って5次以上になると，従来の対称線による分類方法は全体的な見通しにはその効力を十分発揮していなかったと考えておかなければならないだろう．上記のように数値変換という考え方と組み合わせることによって従来の対称線による分類方法が補強されて全体的な体系に組み上がるものと予想される．上記の分類による代表的なものを4種類だけ次に書き上げて示しておく．

基本対称型

$\boxed{\text{Ar1}}\cdot\boxed{\text{Ar1}}^*$　　　　　　　　　　（分配陣代表形）

1	23	20	12	9
15	7	4	21	18
24	16	13	10	2
8	5	22	19	11
17	14	6	3	25

⇔

1	9	20	23	12
17	25	6	14	3
24	2	13	16	10
15	18	4	7	21
8	11	22	5	19

数値変換<3>型

$\boxed{\text{Ar1}}\cdot\boxed{\text{At1}}^*$

1	23	17	15	9
12	10	4	21	18
24	16	13	7	5
8	2	25	19	11
20	14	6	3	22

⇔

1	9	17	23	15
20	22	6	14	3
24	5	13	16	7
12	18	4	10	21
8	11	25	2	19

数値変換<5>+<1>型

$\boxed{\text{As1}}\cdot\boxed{\text{As1}}^*$

1	18	24	12	10
14	7	5	16	23
20	21	13	9	2
8	4	17	25	11
22	15	6	3	19

⇔

1	10	24	18	12
22	19	6	15	3
20	2	13	21	9
14	23	5	7	16
8	11	17	4	25

数値変換<15>+<3>型

$\boxed{\text{At1}}\cdot\boxed{\text{At1}}^*$

1	8	17	15	24
12	25	4	6	18
9	16	13	22	5
23	2	10	19	11
20	14	21	3	7

⇔

1	24	17	8	15
20	7	21	14	3
9	5	13	16	22
12	18	4	25	6
23	11	10	2	19

［筆者提案その18］5次の桂馬とび汎魔方陣は上記のように数値変換というまとめ方をすることができる．

[7－2－2]　7次汎魔方陣

（1）補助方陣の構成

7進法表示による桂馬とび補助方陣を作成してみると次の2種類になる．

1間桂馬とび［A］

0	6	5	4	3	2	1
2	1	0	6	5	4	3
4	3	2	1	0	6	5
6	5	4	3	2	1	0
1	0	6	5	4	3	2
3	2	1	0	6	5	4
5	4	3	2	1	0	6

［A］は **1－2桂馬とび**タイプである．
［A］には A ， !! A が含まれる
このように桂馬とびの間数が縦と横で異なるものを**非対称型桂馬とび**とする．

2間桂馬とび［B］

4	3	2	1	0	6	5
0	6	5	4	3	2	1
3	2	1	0	6	5	4
6	5	4	3	2	1	0
2	1	0	6	5	4	3
5	4	3	2	1	0	6
1	0	6	5	4	3	2

［B］は **2－1桂馬とび**タイプである．
［B］には ! A ， A ! が含まれる．

　桂馬とびは行及び列の方向で桂馬とびの間数が異なっているのが一般的であり，間数の小さい方を代表にとると，［B］は［A］のタイプの回転対称と見て整理することができる．また，この配列も規則正しい汎ラテン方陣タイプであるので，7個のどの数字に注目しても同じ配列であり，3種類の等差行列変換のものも同じく［A］タイプの中に含まれる．

（2）桂馬とび配置補助方陣の成立個数

［A］［B］共数字の並べ替えは6！＝720通りある．
　　　［A］の720通りは A と !! A が360通りずつ
　　　［B］の720通りは ! A と A ! が360通りずつ
このように桂馬とびの間数が異なる非対称型桂馬とびの場合には必ず2種類の桂馬とびをセットとして4種類の回転対称なものを表示することができる．ここで360通りの A を

$$A n \quad (n＝1，2，3……360)$$

と表示することにする．

201

（3）汎魔方陣成立個数

1位の補助方陣は $\boxed{An}$, $\boxed{!An}$, $\boxed{!!An}$, $\boxed{An!}$, $\boxed{An^*}$, $\boxed{!An^*}$, $\boxed{!!An^*}$, $\boxed{An^*!}$ の8種類，2位の補助方陣は $\boxed{An}$ である．7次補助方陣の場合は非対称型補助方陣タイプであるので， $\boxed{An}$ 同士でも直交が成立する組み合わせがあり，直交する補助方陣の組み合わせは

まず $\boxed{An}$ とその転置対称補助方陣 $\boxed{An^*}$ $\boxed{!An^*}$ $\boxed{!!An^*}$ $\boxed{An^*!}$ との組み合わせにより

$$(6!/2) \times (6! \times 4/2) = (6!)^2 \times 4/4$$

次に $\boxed{An}$ と $\boxed{!An}$ 及び $\boxed{An!}$ との組み合わせにより

$$(6!/2) \times (6! \times 2/2) = (6!)^2 \times 2/4$$

合わせて

$$(6!)^2 \times (4+2)/4 = (6!)^2 \times (2 \times 3/4)$$
$$= 7.77600 \times 10^5$$

種類の汎魔方陣が成立する．

（4）直斜変換による誘導

直斜変換による6種類を確認してみると $\boxed{A1} \cdot \boxed{A1^*}$ からは

$\boxed{A1} \cdot \boxed{A1^*}$　　$\boxed{A3^*} \cdot \boxed{!A3}$　　$\boxed{A2} \cdot \boxed{A2^*}$　　$\boxed{A1^*} \cdot \boxed{!A1}$　　$\boxed{A3} \cdot \boxed{A3^*}$　　$\boxed{A2^*} \cdot \boxed{!A2}$

の6種類が誘導される． $\boxed{A3^*} \cdot \boxed{!A3}$ と $\boxed{A1^*} \cdot \boxed{!A1}$ および $\boxed{A2^*} \cdot \boxed{!A2}$ は裏返して2位の補助方陣を $\boxed{An}$ タイプで表示して整理すると $\boxed{A3} \cdot \boxed{A3^*!}$, $\boxed{A1} \cdot \boxed{A1^*!}$, $\boxed{A2} \cdot \boxed{A2^*!}$ である．従って

$\boxed{A1} \cdot \boxed{A1^*}$　　$\boxed{A2} \cdot \boxed{A2^*}$　　$\boxed{A3} \cdot \boxed{A3^*}$　　$\boxed{A1} \cdot \boxed{A1^*!}$　　$\boxed{A2} \cdot \boxed{A2^*!}$　　$\boxed{A3} \cdot \boxed{A3^*!}$

の6種類が誘導される．同様に $\boxed{A1} \cdot \boxed{!!A1^*}$ からは

$\boxed{A1} \cdot \boxed{!!A1^*}$　　$\boxed{A2} \cdot \boxed{!!A2^*}$　　$\boxed{A3} \cdot \boxed{!!A3^*}$　　$\boxed{A1} \cdot \boxed{!A1^*}$　　$\boxed{A2} \cdot \boxed{!A2^*}$　　$\boxed{A3} \cdot \boxed{!A3^*}$

の6種類が誘導される． $\boxed{A1} \cdot \boxed{!A1}$ からは

$\boxed{A1} \cdot \boxed{!A1}$　　$\boxed{A2} \cdot \boxed{!A2}$　　$\boxed{A3} \cdot \boxed{!A3}$　　$\boxed{A1} \cdot \boxed{A1!}$　　$\boxed{A2} \cdot \boxed{A2!}$　　$\boxed{A3} \cdot \boxed{A3!}$

の6種類が誘導される．このようにして $\boxed{An} \cdot \boxed{An^*}$　　$\boxed{An} \cdot \boxed{!!An^*}$　　$\boxed{An} \cdot \boxed{!An}$ の3タイプの直斜変換によってすべての補助方陣の組み合わせタイプが誘導されることが分かる．

ここで $\boxed{A1}$, $\boxed{A2}$, $\boxed{A3}$ は等差行列変換による汎対角同一配置替えの3種類を表している．

（5）7次桂馬とび補助方陣のタイプ別分類の考え方

次に上記の777,600種類の汎魔方陣を分類整理する方法を考えて見る．上記の2位の補助方陣は360種類ある．

(A) これの構成数字は 0～6 であり，対称対は 0—6, 1—5, 及び 2—4 である．この対称対が下図の (a), (b), (c) のように対称の位置に配置されたものは対称和が成立する．

```
┌─────────(a)─────────┐
│  ┌───────(b)───────┐  │
│  │  ┌──(c)──┐      │  │
○  ○  ○  ③  ○  ○  ○
```

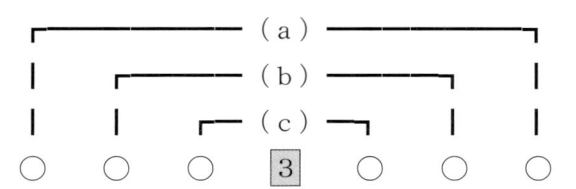

（B）この対称和が成立するものは次の24種類である．

番号	A¹配列	番号	A²配列	番号	A³配列
1-1	0 1 2 ③ 4 5 6	1-2	2 0 5 ③ 1 6 4	1-3	1 4 0 ③ 6 2 5
2-1	0 1 4 ③ 2 5 6	2-2	4 0 5 ③ 1 6 2	2-3	1 2 0 ③ 6 4 5
3-1	0 2 1 ③ 5 4 6	3-2	1 0 4 ③ 2 6 5	3-3	2 5 0 ③ 6 1 4
4-1	0 2 5 ③ 1 4 6	4-2	5 0 4 ③ 2 6 1	4-3	2 1 0 ③ 6 5 4
5-1	0 4 1 ③ 5 2 6	5-2	1 0 2 ③ 4 6 5	5-3	4 5 0 ③ 6 1 2
6-1	0 4 5 ③ 1 2 6	6-2	5 0 2 ③ 4 6 1	6-3	4 1 0 ③ 6 5 2
7-1	0 5 2 ③ 4 1 6	7-2	2 0 1 ③ 5 6 4	7-3	5 4 0 ③ 6 2 1
8-1	0 5 4 ③ 2 1 6	8-2	4 0 1 ③ 5 6 2	8-3	5 2 0 ③ 6 4 1

残りの336種を上記24種からの誘導型として分類する．

（C）例えば（1－1）の場合には数値変換の可能性は次のように考えてやればよい．

0と③の位置は固定されているとすれば下記の数値変換が考えられるが，数値変換1⇔2と4⇔5は他の対称和が成立するもの24種類と総合的に考えると同一のものである．同様に数値変換1⇔4と2⇔5も同一のものである．従ってそれぞれの数値変換〈1〉及び〈3〉の中の同一な変換はいずれか一方のみを採用して，重複しないように考慮しなければならない．

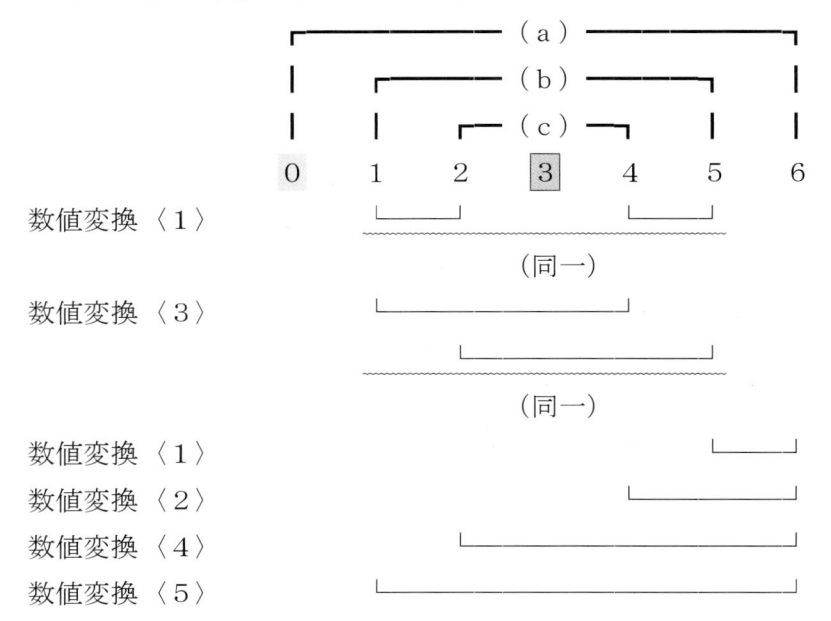

```
        ┌─────────(a)─────────┐
        │  ┌───────(b)───────┐  │
        │  │  ┌──(c)──┐      │  │
        0  1  2  ③  4  5  6
数値変換〈1〉   └─┘     └─┘
                 （同一）
数値変換〈3〉      └────┘
              └────┘
                 （同一）
数値変換〈1〉              └─┘
数値変換〈2〉              └─┘
数値変換〈4〉           └────┘
数値変換〈5〉        └───────┘
```

（D）次にこれらの変換が同時に複数個成立する可能性を含めて考えると対称和が成立する全24種類について次の15種類の数値変換のタイプにまとめることができる．

補助方陣360種類の分類一覧表

番号	記号	数値変換タイプ	変換数字	基本数字配置	成立数
a	A^1a1〜 A^3a8	基本補対型		0123456〜 5203641	24
b	A^1c1〜 A^3c8	数値変換〈1〉 又は数値変換〈7〉	1⇔2	0213456〜 5103642	24
c	A^1e1〜 A^3e8	数値変換〈3〉 又は数値変換〈21〉	1⇔4	0423156〜 5203614	24
d	A^1b1〜 A^3b8	数値変換〈1〉 又は数値変換〈7〉	5⇔6	0123465〜 6203541	24
h	A^1h1〜 A^3h8	数値変換〈1+1〉 又は数値変換〈7+7〉	1⇔2 5⇔6	0213465〜 6103542	24
l	A^1j1〜 A^3j8	数値変換〈1+3〉 又は数値変換〈7+21〉	1⇔4 5⇔6	0423165〜 6203514	24
e	A^1d1〜 A^3d8	数値変換〈2〉 又は数値変換〈14〉	4⇔6	0123654〜 5203461	24
i	A^1i1〜 A^3i8	数値変換〈1+2〉 又は数値変換〈7+14〉	1⇔2 4⇔6	0213654〜 5103462	24
m	A^1m1〜 A^3m8	数値変換〈2+3〉 又は数値変換〈14+21〉	2⇔5 4⇔6	0153624〜 2503461	24
f	A^1f1〜 A^3f8	数値変換〈4〉 又は数値変換〈28〉	2⇔6	0163452〜 5603241	24
j	A^1k1〜 A^3k8	数値変換〈1+4〉 又は数値変換〈7+28〉	4⇔5 2⇔6	0163542〜 4603251	24
n	A^1n1〜 A^3n8	数値変換〈3+4〉 又は数値変換〈21+28〉	1⇔4 2⇔6	0463152〜 5603214	24
g	A^1g1〜 A^3g8	数値変換〈5〉 又は数値変換〈35〉	1⇔6	0623451〜 5203146	24
k	A^1l1〜 A^3l8	数値変換〈1+5〉 又は数値変換〈7+35〉	4⇔5 1⇔6	0623541〜 4203156	24
o	A^1o1〜 A^3o8	数値変換〈3+5〉 又は数値変換〈21+35〉	2⇔5 1⇔6	0653421〜 2503146	24
合計					360

[7－2－3]　11次汎魔方陣

（1）補助方陣の構成

11進法表示による桂馬とび補助方陣を作成してみると次のように［A］［B］［C］［D］の4種類が考えられる．

［A］は **1－4** 桂馬とび　　　　□A□ ,　‼A　が同数ずつ
［B］は **2－6** 桂馬とび　　　　□B□ ,　‼B　が同数ずつ
［C］は **6－2** 桂馬とび　　　　!B ,　B!　が同数ずつ
　　　　［C］は **3－7** 桂馬とびであるが，［C］は［B］の回転対称と見ることができる．
［D］は **4－1** 桂馬とび　　　　!A　A!　が同数ずつ

また，この配列も規則正しいラテン方陣タイプであるので，11個のどの数字に注目しても同じ配列であり，5種類の等差行列変換のものも同様に同じタイプの中に含まれる．

（2）桂馬とび補助方陣の成立個数

［A］［B］［C］［D］の補助方陣は各々10！種類ずつであるので
　［A］は　A　‼A　が10！／2ずつ
　［B］は　B　‼B　が10！／2ずつ
　［C］は　!B　B!　が10！／2ずつ
　［D］は　!A　A!　が10！／2ずつ
従って A と B 共10！／2＝1,814,400種類の補助方陣が成立する．ここで A と B を
　　　　An　　　（n=1, 2, 3, ……．1,814,400）
　　　　Bn　　　（n=1, 2, 3, ……．1,814,400）
と表示することにする．

（3）汎魔方陣成立個数

まず An , Bn と An* , !An* , ‼An* , An*! , Bn* , !Bn* , ‼Bn* , Bn*! との組み合わせにより
　　　　(10！×2／2)×(10！×8／2)＝(10！)^2×16／4
次に An と !An, An!, Bn, !Bn, ‼Bn, Bn! との組み合わせにより
　　　　(10！／2)×(10！×6／2)＝(10！)^2×6／4
次に Bn と An, !An, ‼An, An!, !Bn, Bn! との組み合わせにより
　　　　(10！／2)×(10！×6／2)＝(10！)^2×6／4
合わせて
　　　　(10！)^2×(16＋6＋6)／4＝(10！)^2×28／4
　　　　　　　　　　　　　　　　＝(10！)^2×4×7／4
　　　　　　　　　　　　　　　　＝9.21774×10^{13}
個の汎魔方陣が成立する．

[7−2−4]　素数次の桂馬とびによる汎魔方陣総数のまとめ

　同様にして，素数次の桂馬とび配置による汎魔方陣の総数をまとめてみると次の表のようになる．この表のようにすべての素数次魔方陣で成立個数を計算することができる．
素数次の桂馬とび配置による汎魔方陣の総数Ｎｐは
　　Ｎｐ＝［（Ｎ−１）！］²・［（Ｎ−３）／２］・［Ｎ−４］／４］

表 7−4　素数次の桂馬とびによる汎魔方陣

次数N	補助方陣 Aタイプ	補助方陣 A*タイプ	桂馬とび汎魔方陣の個数 [(N-1)!]²・[(N-3)/2][N-4]/4	
5	4!／4	4!	[4!]²・1／4	=144
7	6!・2／4	6!・2	[6!]²・2・3／4	=7.77600×10⁵
(9)			([8!]²・3・5／4	=1.52410×10¹⁰)
11	10!・4／4	10!・4	[10!]²・4・7／4	=9.21773×10¹³
13	12!・5／4	12!・5	[12!]²・5・9／4	=2.58122×10¹⁸
(15)				
17	16!・7／4	16!・7	[16!]²・7・13／4	
19	18!・8／4	18!・8	[18!]²・8・15／4	
(21)				
23	22!・10／4	22!・10	[22!]²・10・19／4	
(25)				
(27)				
29	28!・13／4	28!・13	[28!]²・13・25／4	
31	30!・14／4	30!・14	[30!]²・14・27／4	
(33)				
(35)				
37	36!・17／4	36!・17	[36!]²・17・33／4	
(39)				
41	40!・19／4	40!・19	[40!]²・19・37／4	

　後で述べるように7次以上の汎魔方陣には桂馬とびの構成以外のものが発見されているので汎魔方陣の総数はこれよりも更に多くなる．これは桂馬とび配置による汎魔方陣に対する別の種類のタイプとしてまとめて検討する．
　上の表7−4と同じ結果がスマートな表現でインターネット上にも示されている[11]．

［筆者提案その19］素数次の桂馬とびによる汎魔方陣の総数は上の一覧表のようにまとめることができる．

[7－3]　素数以外の奇数次の桂馬とび汎魔方陣

次に3の倍数，5の倍数などの奇数次魔方陣について考察を進めてみる．これらの魔方陣の中には従来の桂馬とび配置には含まれていない形のものが現れてくるが広い意味で桂馬とびと考えてまとめて行くことができる．

[7－3－1]　9次汎魔方陣

(1) 補助方陣の構成

9進法表示による桂馬とび補助方陣は次の3種類になる．

1間桂馬とび [A]

0	8	7	6	5	4	3	2	1
2	1	0	8	7	6	5	4	3
4	3	2	1	0	8	7	6	5
6	5	4	3	2	1	0	8	7
8	7	6	5	4	3	2	1	0
1	0	8	7	6	5	4	3	2
3	2	1	0	8	7	6	5	4
5	4	3	2	1	0	8	7	6
7	6	5	4	3	2	1	0	8

　0　-9　+9　0　-9　+9　0　-9　+9

[A] は **1－3**桂馬とびタイプである．

[A] は行，列，及び主対角方向の3方向は常に和が一定になるが，従対角方向は一般には同一の和にならないので汎魔方陣の補助方陣としては常に成立するとはいえない．

[A] には A と !!A が含まれる．

2間桂馬とび [B]

5	4	3	2	1	0	8	7	6
8	7	6	5	4	3	2	1	0
2	1	0	8	7	6	5	4	3
5	4	3	2	1	0	8	7	6
8	7	6	5	4	3	2	1	0
2	1	0	8	7	6	5	4	3
5	4	3	2	1	0	8	7	6
8	7	6	5	4	3	2	1	0
2	1	0	8	7	6	5	4	3

　+9　0　-9　+9　0　-9　+9　0　-9

[B] は **2//2**桂馬とびタイプと表示する．

[B] には B , !!B が含まれる．この [B] タイプも一般には列方向の和が一定にはならないのでこのままでは汎魔方陣の補助方陣としては常に成立するとはいえない．

3間桂馬とび [C]

[C] は **3－1**桂馬とびタイプであるが，[A] の回転対称と見なすことができる．

[C] には !A と A! が含まれる．

(2) 桂馬とび配置補助方陣の成立個数

　上記のように［A］タイプの1－3桂馬とびも［B］タイプの2//2桂馬とびも一定和が成立しない対角や列が発生するので従来の桂馬とび補助方陣の検討の中ではこの時点で排除されている．しかし素数次桂馬とび配置の中で述べたように0～8の数字は 4 を中央に固定する以外配列の順序は変更することができる．汎魔方陣の補助方陣としては常に成立するというわけにはいかないが数字の配列がある特定の順序の場合には成立するものがあると思われる．

　［A］の従対角と［B］の列方向の配列はいずれも

　　　　（1）　　（1＋4＋7）＋（　〃　）＋（　〃　）＝36±0
　　　　（2）　　（0＋3＋6）＋（　〃　）＋（　〃　）＝36－9
　　　　（3）　　（2＋5＋8）＋（　〃　）＋（　〃　）＝36＋9

という3個の組み合わせになっており，その他の行，列，対角などはすべて0～8の数字が均等に配置されている．そうであれば数字の配列順序を変更して上記の（1）（2）（3）の3組の定和36が成立するように並べることができれば補助方陣として成立するはずである．

　この並べ替えを行なうためには次のように考えてやればよい．今［A］，［B］の補助方陣は中央の行に注目してみれば，仮に0～8までの数字を順序通りに並べて構成した．そして各行の数字は桂馬とびによって横に移動した．従って上記の3個の数字の組み合わせは中央の行の中での桝目の位置の番号と読み替えることができる．このようにこれまでの構成要素の数字を流用して桝目の位置を表すことにするので，そこに新たに配分される構成要素の数字とを混乱しないように理解してほしい．

　従って 1 ＋ 4 ＋ 7 の位置と 0 ＋ 3 ＋ 6 の位置と 2 ＋ 5 ＋ 8 の位置に入る数字の和がそれぞれ一定和（＝12）となる組み合わせは次の2組で成立する．

　　　　［1］　（1）2＋4＋6，　（2）0＋5＋7，　（3）1＋3＋8
　　　　［2］　（1）0＋4＋8，　（2）1＋5＋6，　（3）2＋3＋7

これは下に示されるように3次の魔方陣と同じ分配になっている．これについてはまた後ほど取り上げていく．

3	8	1
2	4	6
7	0	5

　補助方陣では数字の4の入る位置は中央に固定しているので数字の4は桝目 4 の位置に固定されるが，他の数字は自由に入れ替えても一定和は成立する．従って

　　　　(1)の数字2個の入れ替え　………… 2
　　　　(2)の数字3個の入れ替え　………… 3！
　　　　(3)の数字3個の入れ替え　………… 3！
　　　　(2)と(3)の組の入れ替え　………… 2

の合計で［1］と［2］の配列の種類はそれぞれ

　　　　2×(3！)×(3！)×2＝144

種類成立することになる．このような数字の組み合わせとその数字が配置される桝目の位置との関係を次のように表現していくのが分かりやすくて，混乱を防止することができると思われる．

(a) 4は[4]の位置に固定される．2＋6は[1＋7]の位置に固定される．
2と6は入れ替え自由である．

(b) 0＋5＋7，1＋3＋8は[0＋3＋6]，[2＋5＋8]の位置に固定される．
0，5，7は[0＋3＋6]の位置で自由に入れ替えることができると共に，[2＋5＋8]の位置に入れることもできる．1，3，8についても同様である．

この配列によるそれぞれの補助方陣の中には[A]と[!!A]及び[B]と[!!B]が同数ずつ含まれているのでそれぞれ1／2の72種類となる．[A]，[B]タイプには前記のようにそれぞれ2種類の数字の組み合わせがあるので結局[A1]，[A2]，[B1]，[B2]タイプのものがそれぞれ72種類成立し，[A]，[B]タイプはそれぞれ144種類成立すると考えることができる．

このことはいずれの文献の中にも全く指摘されておらず，単純な桂馬とびの配列のものは見落とされていたように思われる．上記のように数字を配列した補助方陣の一例は次のようなものである．

A1

0	8	6	7	3	4	5	1	2
1	2	0	8	6	7	3	4	5
4	5	1	2	0	8	6	7	3
7	3	4	5	1	2	0	8	6
8	6	7	3	4	5	1	2	0
2	0	8	6	7	3	4	5	1
5	1	2	0	8	6	7	3	4
3	4	5	1	2	0	8	6	7
6	7	3	4	5	1	2	0	8

A2

1	7	8	6	3	4	5	2	0
2	0	1	7	8	6	3	4	5
4	5	2	0	1	7	8	6	3
6	3	4	5	2	0	1	7	8
7	8	6	3	4	5	2	0	1
0	1	7	8	6	3	4	5	2
5	2	0	1	7	8	6	3	4
3	4	5	2	0	1	7	8	6
8	6	3	4	5	2	0	1	7

B1

3	4	5	1	2	0	8	6	7
8	6	7	3	4	5	1	2	0
1	2	0	8	6	7	3	4	5
3	4	5	1	2	0	8	6	7
8	6	7	3	4	5	1	2	0
1	2	0	8	6	7	3	4	5
3	4	5	1	2	0	8	6	7
8	6	7	3	4	5	1	2	0
1	2	0	8	6	7	3	4	5

B2

3	4	5	2	0	1	7	8	6
7	8	6	3	4	5	2	0	1
2	0	1	7	8	67	3	4	5
3	4	5	2	0	1	7	8	6
7	8	6	3	4	5	2	0	1
2	0	1	7	8	6	3	4	5
3	4	5	2	0	1	7	8	6
7	8	6	3	4	5	2	0	1
2	0	1	7	8	6	3	4	5

上記のような A, B タイプがそれぞれ144個ずつ成立する．
これ以後はこの2つのものを次のように表示する．

 An　　　　　　（n＝1，2，3，．．．144）
 Bn　　　　　　（n＝1，2，3，．．．144）

9次補助方陣の場合には Bn はラテン方陣とはならないが，ある面では規則正しく配列されており，どの数字に注目しても同じ配列にはなっている．また，等差行列変換は次の3種類が成立する．
（1）　0，1，2，3，4，5，6，7，8
（2）　3，1，8，6，4，2，0，7，5
（3）　6，1，5，0，4，8，3，7，2

上記の 0＋3＋6，1＋4＋7，2＋5＋8 の位置の数字をグループとして取り扱うことと，成立する3種類の等差行列変換とは完全に同調していることが分かる．従って等差行列変換のものはすべて上記の An, Bn の中に含まれると考えられる．

（3）汎魔方陣成立個数

1位の補助方陣は次の計16種類である．

　　An, !An, !!An, An!, An*, !An*, !!An*, An*!,
　　Bn, !Bn, !!Bn, Bn!, Bn*, !Bn*, !!Bn*, Bn*!,

2位の補助方陣を An 及び Bn として直交の成立するものを探し出していくと

　　An・!An,　An・An!,　An・!An*,　An・An*!,
　　An・!Bn,　An・Bn!,　An・Bn,　An・!!Bn,
　　An・!Bn*,　An・Bn*!,　An・Bn*,　An・!!Bn*,
　　Bn・!Bn,　Bn・Bn!,　Bn・Bn*,　Bn・!!Bn*,
　　Bn・!An,　Bn・An!,　Bn・An,　Bn・!!An,
　　Bn・!An*,　Bn・An*!,　Bn・An*,　Bn・!!An*,

の24通りが成立する．An, Bn タイプ共144種類ずつ成立するので合計で

$$144 \times 144 \times 24 = 144^2 \times 3 \times 8 = 497,664$$

個の汎魔方陣が成立する．

（4）直斜変換による誘導

A1 の直斜変換を行なってみると，

 An1 → !!Bn1* → !An2 → Bn2*! → !!An3 → Bn3* → An1!

と変換されていくので，An と Bn はセットで取り扱うことができることの裏づけとなる．

（5）桂馬とび補助方陣の配置修正

（1）〜（4）で検討してきたように単純な桂馬とび配置のままでも，汎魔方陣の補助方陣として成立するものが存在することが分かってきた．そうしてその補助方陣の組み合わせにより，従来は知られていなかったタイプの9次汎魔法陣の形を示すことができた．次に従来の文献に示されている3×3次の合成汎魔方陣につながる補助方陣について考えてみる．前の（4）で確認した通り An タイプと Bn タイプは変換可能なものであるので，どちらか一方で考察しておけばよいのだが，Bn タイプで考える方が分かりやすいことと，従来の考え方と同じ形になるものが直接導かれるので，［B］タイプを代表にして考察を進めてみる．

［B］

5	4	3	2	1	0	8	7	6
8	7	6	5	4	3	2	1	0
2	1	0	8	7	6	5	4	3
5	4	3	2	1	0	8	7	6
8	7	6	5	4	3	2	1	0
2	1	0	8	7	6	5	4	3
5	4	3	2	1	0	8	7	6
8	7	6	5	4	3	2	1	0
2	1	0	8	7	6	5	4	3

［B］タイプの2//2桂馬とび補助方陣を眺めてみると，

（a）3×3の9個のブロックに分かれていると見なすことができる．

（b）横方向に見ると上，中，下の3ブロックは左，中，右のブロックの配列が一行ずつ右下がりにずれていると見なすことができる．

（c）そうであれば縦方向の上，中，下の3ブロックについても縦方向の配列を左又は右に一列だけずらした2種類を考えることができる．

［D］

4	3	5	1	0	2	7	6	8
7	6	8	4	3	5	1	0	2
1	0	2	7	6	8	4	3	5
5	4	3	2	1	0	8	7	6
8	7	6	5	4	3	2	1	0
2	1	0	8	7	6	5	4	3
3	5	4	0	2	1	6	8	7
6	8	7	3	5	4	0	2	1
0	2	1	6	8	7	3	5	4

［E］

3	5	4	0	2	1	6	8	7
6	8	7	3	5	4	0	2	1
0	2	1	6	8	7	3	5	4
5	4	3	2	1	0	8	7	6
8	7	6	5	4	3	2	1	0
2	1	0	8	7	6	5	4	3
4	3	5	1	0	2	7	6	8
7	6	8	3	5	4	1	0	2
1	0	2	7	6	8	4	3	5

（1）上記の［D］と［E］の2種類のものを見比べてみると当然ながら上下のブロックが入れ替わったものになっている．

（2）［D］と［E］はすべての行，列，両対角方向共一定和（＝36）が成立していることが確認できる．

（3）［D］も［E］もすべての行，及び列の方向は0〜8の数字で均等に構成されているが両対角の方向は偏った数字で構成されている．

次にこれらの組み合わせについて更に考察を進めてみる．

［D］タイプの数字配列

次に［D］タイプのものは何個成立するか考えてみたい．［D］タイプのものは両対角の数字の組み合わせが主対角方向と従対角方向に

［1］　(1)（2＋4＋6）　(2)（0＋5＋7）　(3)（1＋3＋8）
［2］　(1)（0＋4＋8）　(2)（1＋5＋6）　(3)（2＋3＋7）

の組み合わせの合計が一定和（＝12）になっていればよい．従ってこの二つの条件が同時に成立するような数字の配列を探せばよい．この様な数字の組み合わせは［1］［2］のどちらを主体に考えても同じ結果になることは予想されるとおりである．

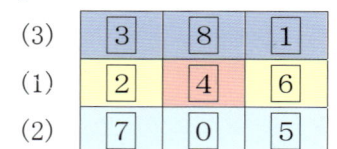

［1］
(3) | 3 | 8 | 1 |
(1) | 2 | 4 | 6 |
(2) | 7 | 0 | 5 |

［2］
(3) | 7 | 2 | 3 |
(1) | 0 | 4 | 8 |
(2) | 5 | 6 | 1 |

この様な組み合わせを考えることは，考え直してみると3次の分配陣を作っていくことである．（ただし中央数字M＝4は必ず中央の位置に固定する）

この組み合わせ表に従って 0 から 8 の桝目に数字を配置してみると次のようになる．

	7	2	3	0	4	8	5	6	1
(1)	7	2	3	0	4	8	5	6	1
(2)	5	6	1	0	4	8	7	2	3
(3)	7	0	5	2	4	6	3	8	1
(4)	3	8	1	2	4	6	7	0	5

(1)〜(4)の4種類のものが考えられるが，(1)と(2)および(3)と(4)は同じ配列であり

D2＝!!D1*,　　D4＝!!D3*

であることが確認できるので，［D］タイプのものは D1 と D3 の2種類の補助方陣が成立する．

[7] 桂馬とび配置補助方陣による汎魔方陣の検討

D1

4	3	5	1	0	2	7	6	8
7	6	8	4	3	5	1	0	2
1	0	2	7	6	8	4	3	5
5	4	3	2	1	0	8	7	6
8	7	6	5	4	3	2	1	0
2	1	0	8	7	6	5	4	3
3	5	4	0	2	1	6	8	7
6	8	7	3	5	4	0	2	1
0	2	1	6	8	7	3	5	4

D3

4	5	3	1	2	0	7	8	6
7	8	6	4	5	3	1	2	0
1	2	0	7	8	6	4	5	3
3	4	5	0	1	2	6	7	8
6	7	8	3	4	5	0	1	2
0	1	2	6	7	8	3	4	5
5	3	4	2	0	1	8	6	7
8	6	7	5	3	4	2	0	1
2	0	1	8	6	7	5	3	4

D1とD3の2種類の補助方陣は0⇔2，3⇔5，6⇔8の数値変換としてまとめることができることはまた後ほど説明して整理していく．

Dタイプのものができ上がってみると，更に次のことを考えておかなければならない．今までのA，Bタイプの桂馬とびの補助方陣までは桂馬とびが全く機械的に行なわれており，中央に固定するN個の数字4はどれに注目してもすべて同じ順序とパターンであった．このDタイプでは配列の機械的な順序を一部だけ変更したのでN個の数字の配置に変化が導入され，中央数字4はどの位置の4を持ってくるかによってDの形が変わってくる．D1タイプについて9種類の4を中央に置いたものを確認してみると次のようになる．D3タイプは0⇔2，3⇔5，6⇔8の数値変換を行なえばよい．

等差行列変換については次の直斜変換でまとめて取り扱う．

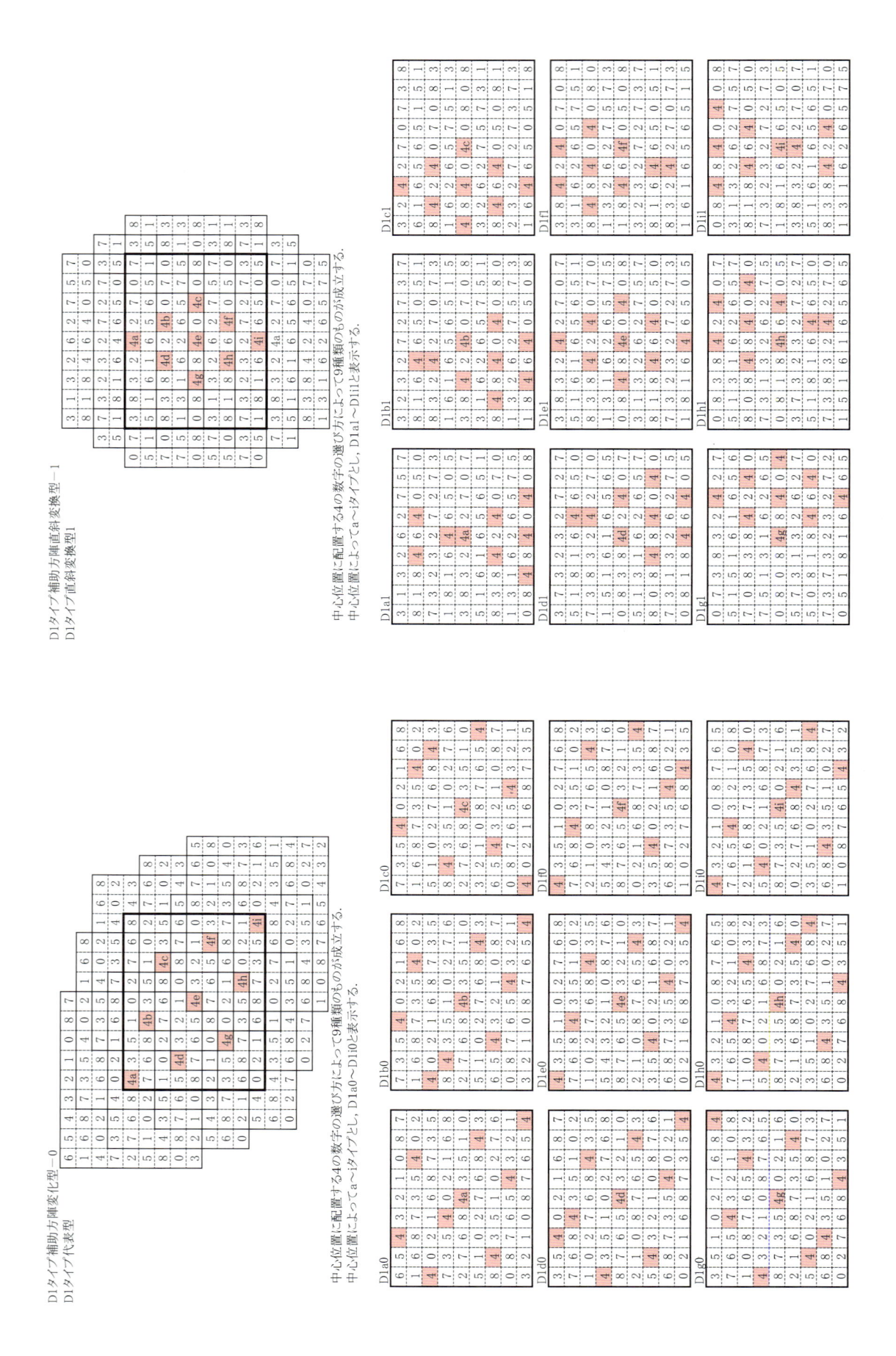

D1タイプ補助方陣直斜変換型-1
D1タイプ直斜変換型1

中心位置に配置する4の数字の選び方によって9種類のものが成立する。
中心位置によってa〜iタイプとし、D1a1〜D1i1と表示する。

D1タイプ補助方陣変化型-0
D1タイプ代表型

中心位置に配置する4の数字の選び方によって9種類のものが成立する。
中心位置によってa〜iタイプとし、D1a0〜D1i0と表示する。

［E］タイプの数字配列

　［E］タイプの両対角の数字配列は［D］タイプのものとは少し異なるが，基本的には［D］タイプの場合と同様に両対角の数字配列において

　　　［1］　　(1) (2+4+6)　　(2) (0+5+7)　　(3) (1+3+8)
　　　［2］　　(1) (0+4+8)　　(2) (1+5+6)　　(3) (2+3+7)

の組み合わせのものが同時に成立しなければならないという条件は同一である．上記の2種類の数字の合計が一定和（＝12）になる配列順序は［D］の場合と全く同一で次の2種類である．

E1

3	5	4	0	2	1	6	8	7
6	8	7	3	5	4	0	2	1
0	2	1	6	8	7	3	5	4
5	4	3	2	1	0	8	7	6
8	7	6	5	4	3	2	1	0
2	1	0	8	7	6	5	4	3
4	3	5	1	0	2	7	6	8
7	6	8	4	3	5	1	0	2
1	0	2	7	6	8	4	3	5

E3

5	3	4	2	0	1	8	6	7
8	6	7	5	3	4	2	0	1
2	0	1	8	6	7	5	3	4
3	4	5	0	1	2	6	7	8
6	7	8	3	4	5	0	1	2
0	1	2	6	7	8	3	4	5
4	5	3	1	2	0	7	8	6
7	8	6	4	5	3	1	2	0
1	2	0	7	8	6	4	5	3

　Dタイプの場合と同様に中央数字4にどの4を配置するかによって形が変わってくる．E1タイプについて確認してみると各々次の9種類になる．E3タイプについては0⇔2，3⇔5，6⇔8の数値変換としてまとめることができる．

E1タイプ補助方陣直方陣斜変換型-1
E1タイプ直斜変換型1

E1タイプ補助方陣変化型-0
E1タイプ代表型

中心位置に配置する4の数字の選び方によって9種類のものが成立する。
中心位置によってa〜iタイプとし、E1a0〜E1i0と表示する。

中心位置に配置する4の数字の選び方によって9種類のものが成立する。
中心位置によってa〜iタイプとし、E1a1〜E1i1と表示する。

216

このようにしてDタイプとEタイプには

D1a, D1b, D1c, D1d, D1e, D1f, D1g, D1h, D1i, …	9種類
D3a, D3b, D3c, D3d, D3e, D3f, D3g, D3h, D3i, …	9種類
E1a, E1b, E1c, E1d, E1e, E1f, E1g, E1h, E1i, …	9種類
E3a, E3b, E3c, E3d, E3e, E3f, E3g, E3h, E3i, …	9種類

の各9種類の補助方陣が成立する．これらの36種類の補助方陣を眺めてみるとよく似た形のものがあり，数字4に注目してみると下の表のようにDタイプもEタイプも5種類の型に分類することができる．

	数値分配1タイプ		数値分配3タイプ	
D-1型	D1e		D3e	
D-2型	D1a	!!D1i	D3a	!!D3i
D-3型	D1c	!!D1g	D3c	!!D3g
D-4型	D1b	!!D1h	D3b	!!D3h
D-5型	D1d	!!D1f	D3d	!!D3f
E-1型	E1e		E3e	
E-2型	E1a	!!E1i	E3a	!!E3i
E-3型	E1c	!!E1g	E3c	!!E3g
E-4型	E1b	!!E1h	E3b	!!E3h
E-5型	E1d	!!E1f	E3d	!!E3f

このようにまとめてみると

 （1） 数値分配1タイプと3タイプとの間では　　　　0⇔2,　　　3⇔5,　　　6⇔8

 （2） 各型のD1aと!!D1iやE1aと!!E1iなどの間では0⇔8, 1⇔7, 2⇔6, 3⇔5

の数値が機械的に変換されていると見なすことができる．従ってDタイプとEタイプの転置対称補助方陣D*とE*を作って直交するものを探していく場合には

 （1） 数値分配1と3のものは同じ形のものが同じ種類だけ成立する．

 （2） 各型のD1aと!!D1iやE1aと!!E1iなどの間では同じ組み合わせのものが同じ種類だけ成立することが予想される．

DタイプとEタイプについて確認すると次の一覧表の通りである．

Dタイプ補助方陣直交成立一覧表

2位 \ 1位		1型 De	2型 Da	2型 Di	3型 Dc	3型 Dg	4型 Db	4型 Dh	5型 Dd	5型 Df!	合計
1型	De	De*!	-	-	-	-	Db*!	Dh*!	Dd*!	Df*	5
		!De*	-	-	-	-	!Db*	!Dh*	!Dd*	!Df*	5
		!De	-	-	-	-	!Db	!Dh	!Dd	!Df	5
		De!	-	-	-	-	Db !	Dh!	Dd!	Df!	5
2型	Da	-	Da*!	Di*!	-	Dg*!	-	Dh*!	Dd*!	-	5
		-	!Da*	!Di*	!Dc*	-	!Db*	-	-	!Df*	5
		-	! Da	! Di	-	!Dg	-	!Dh	!Dd	-	5
		-	Da !	Di !	Dc!	-	Db!	-	-	Df!	5
	Di	-	Da*!	Di*!	Dc*!	-	Db*!	-	-	Df*!	5
		-	!Da*	!Di*	-	!Dg*	-	!Dh*	!Dd*	-	5
		-	!Da	!Di	!Dc	-	!Db	-	-	!Df	5
		-	Da!	Di!	-	Dg!	-	Dh!	Dd!	-	5
3型	Dc	-	-	Di*!	Dc*!	Dg*!	-	Dh*!	-	Df*!	5
		-	!Da*	-	!Dc*	!Dg*	!Db*	-	!Dd*	-	5
		-	!Da	-	!Dc	!Dg	!Db	-	!Dd	-	5
		-	-	Di !	Dc!	Dg!	-	Dh!	-	Df!	5
	Dg	-	Da*!	-	Dc*!	Dg*!	Db*	-	Dd*!	-	5
		-	-	!Di*	!Dc*	!Dg*	-	!Dh*	-	!Df*	5
		-	-	! Di	!Dc	!Dg	-	!Dh	-	!Df	5
		-	Da !	-	Dc!	Dg!	Db !	-	Dd!	-	5
4型	Db	De*!	-	Di*!	-	Dg*!	Db*!	Dh*!	-	-	5
		!De*	!Da*	-	!Dc*	-	!Db*	!Dh*	-	-	5
		!De	! Da	-	-	!Dg	-	-	!Dd	!Df	5
		De!	-	Di !	Dc!	-	-	-	Dd!	Df!	5
	Dh	De*!	Da*!	-	Dc*!	-	Db*!	Dh*!	-	-	5
		!De*	-	!Di*	-	!Dg*	!Db*	!Dh*	-	-	5
		!De	-	! Di	!Dc	-	-	-	!Dd	!Df	5
		De!	Da !	-	-	Dg!	-	-	Dd!	Df!	5
5型	Dd	De*!	Da*!	-	-	Dg*!	-	-	Dd*!	Df*!	5
		!De*	-	!Di*	!Dc*	-	-	-	!Dd*	!Df*	5
		!De	-	! Di	-	!Dg	!Db	!Dh	-	-	5
		De!	Da !	-	Dc!	-	Db !	Dh!	-	-	5
	Df	De*!	-	Di*!	Dc*!	-	-	-	Dd*!	Df*!	5
		!De*	!Da*	-	-	!Dg*	-	-	!Dd*	!Df*	5
		!De	! Da	-	!Dc	-	!Db	!Dh	-	-	5
		De!	-	Di !	-	Dg!	Db !	Dh!	-	-	5
合計		20	20	20	20	20	20	20	20	20	180

[7] 桂馬とび配置補助方陣による汎魔方陣の検討

Eタイプ補助方陣直交成立一覧表

2位＼1位		1型 Ee	2型 Ea	2型 Ei	3型 Ec	3型 Eg	4型 Eb	4型 Eh	5型 Ed	5型 Ef	合計
1型	Ee	Ee*!	-	-	-	-	Eb*!	Eh*!	Ed*!	Ef*!	5
		!Ee*	-	-	-	-	!Eb*	!Eh*	!Ed*	!Ef*	5
		Ee*	-	-	-	-	Eb*	Eh*	Ed*	Ef*	5
		!!Ee*	-	-	-	-	!!Eb*	!!Eh*	!!Ed*	!!Ef*	5
2型	Ea	-	Ea*!	Ei*!	-	Eg*!	-	Eh*!	Ed*!	-	5
		-	!Ea*	!Ei*	!Ec*	-	!Eb*	-	-	!Ef*	5
		-	-	Ei*	Ec*	Eg*	-	Eh*	-	Ef*	5
		-	!!Ea*	-	!!Ec*	!!Eg*	!!Eb*	-	!!Ed*	-	5
	Ei	-	Ea*!	Ei*!	Ec*!	-	Eb*!	-	-	Ef*!	5
		-	!Ea*	!Ei*	-	!Eg*	-	!Eh*	!Ed*	-	5
		-	Ea*	-	Ec*	Eg*	Eb*	-	Ed*	-	5
		-	-	!!Ei*	!!Ec*	!!Eg*	-	!!Eh*	-	!!Ef*	5
3型	Ec	-	-	Ei*!	Ec*!	Eg*!	-	Eh*!	-	Ef*!	5
		-	!Ea*	-	!Ec*	!Eg*	!Eb*	-	!Ed*	-	5
		-	Ea*	Ei*	Ec*	-	Eb*	-	-	Ef*	5
		-	!!Ea*	!!Ei*	-	!!Eg*	-	!!Eh*	!!Ed*	-	5
	Eg	-	Ea*!	-	Ec*!	Eg*!	Eb*!	-	Ed*!	-	5
		-	-	!Ei*	!Ec*	!Eg*	-	!Eh*	-	!Ef*	5
		-	Ea*	Ei*	-	Eg*	-	Eh*	Ed*	-	5
		-	!!Ea*	!!Ei*	!!Ec*	-	!!Eb*	-	-	!!Ef*	5
4型	Eb	Ee*!	-	Ei*!	-	Eg*!	Eb*!	Eh*!	-	-	5
		!Ee*	!Ea*	-	!Ec*	-	!Eb*	!Eh*	-	-	5
		Ee	-	Ei*	Ec*	-	-	-	Ed*	Ef*	5
		!!Ee	!!Ea!	-	-	!!Eg*!	-	-	!!Ed*	!!Ef*	5
	Eh	Ee*!	Ea*!	-	Ec*!	-	Eb*!	Eh*!	-	-	5
		!Ee*	-	!Ei*	-	!Eg*	!Eb*	!Eh*	-	-	5
		Ee*	Ea*	-	-	Eg*	-	-	Ed*	Ef*	5
		!!Ee*	-	!!Ei*	!!Ec*	-	-	-	!!Ed*	!!Ef*	5
5型	Ed	Ee*!	Ea*!	-	-	Eg*!	-	-	Ed*!	Ef*!	5
		!Ee*	-	!Ei*	!Ec*	-	-	-	!Ed*	!Ef*	5
		Ee*	-	Ei*	-	Eg*	Eb*	Eh*	-	-	5
		!!Ee*	!!Ea*	-	!!Ec*	-	!!Eb*	!!Eh*	-	-	5
	Ef	Ee*!	-	Ei*!	Ec*!	-	-	-	Ed*!	Ef*!	5
		!Ee*	!Ea*	-	-	!Eg*	-	-	!Ed*	!Ef*	5
		Ee*	Ea*	-	Ec*	-	Eb*	Eh*	-	-	5
		!!Ee*	-	!!Ei*	-	!!Eg*	!!Eb*	!!Eh*	-	-	5
合計		20	20	20	20	20	20	20	20	20	180

このようにして D 及び E タイプの汎魔方陣は各々180個成立し更にそれぞれの2種類の数字分配タイプによって

	種類	2位補助方陣	1位補助方陣	成立個数
D	1	1タイプ	1タイプ	180
	2	1タイプ	3タイプ	180
	3	3タイプ	1タイプ	180
	4	3タイプ	3タイプ	180
E	1	1タイプ	1タイプ	180
	2	1タイプ	3タイプ	180
	3	3タイプ	1タイプ	180
	4	3タイプ	3タイプ	180

の各4種類のものが成立する．上記のように D タイプも E タイプも合計180×4＝720種類成立することが確認できたが，これに付随するものが更に多数あることが考えられる．

(6) 直斜変換による D タイプと E タイプからの誘導

　上記のように D タイプと E タイプのものが誘導された． D タイプと E タイプのものを考えるベースにはとりあえず B タイプのものを用いてきたが， A タイプ及び B タイプのものを検討した際に A タイプと B タイプのものは互いに直斜変換を行なうことによって誘導されることが確認されている．従って D 及び E タイプのものの直斜変換を検討してみれば更に新しいタイプのものが確認できるものと思われる．

　 D タイプと E タイプのものに直斜変換を行なってみる．前の直斜変換の項で示したように9次汎魔方陣の直斜変換は3回転で6種類のものが考えられるので各補助方陣に実施してみると次のようになる．

　［3］章の［3-2-3］項でふれておいたように直斜変換で考察しておけば等差行列変換によるもの3種類は自動的に含まれている．

D1e₀ → D1e₁ → D1e₂ → D1e₃ → D1e₄ → D1e₅
D3e₀ → D3e₁ → D3e₂ → D3e₃ → D3e₄ → D3e₅
E1e₀ → E1e₁ → E1e₂ → E1e₃ → E1e₄ → E1e₅
E3e₀ → E3e₁ → E3e₂ → E3e₃ → E3e₄ → E3e₅

D1 タイプと E1 タイプについて示すと次のようになる．

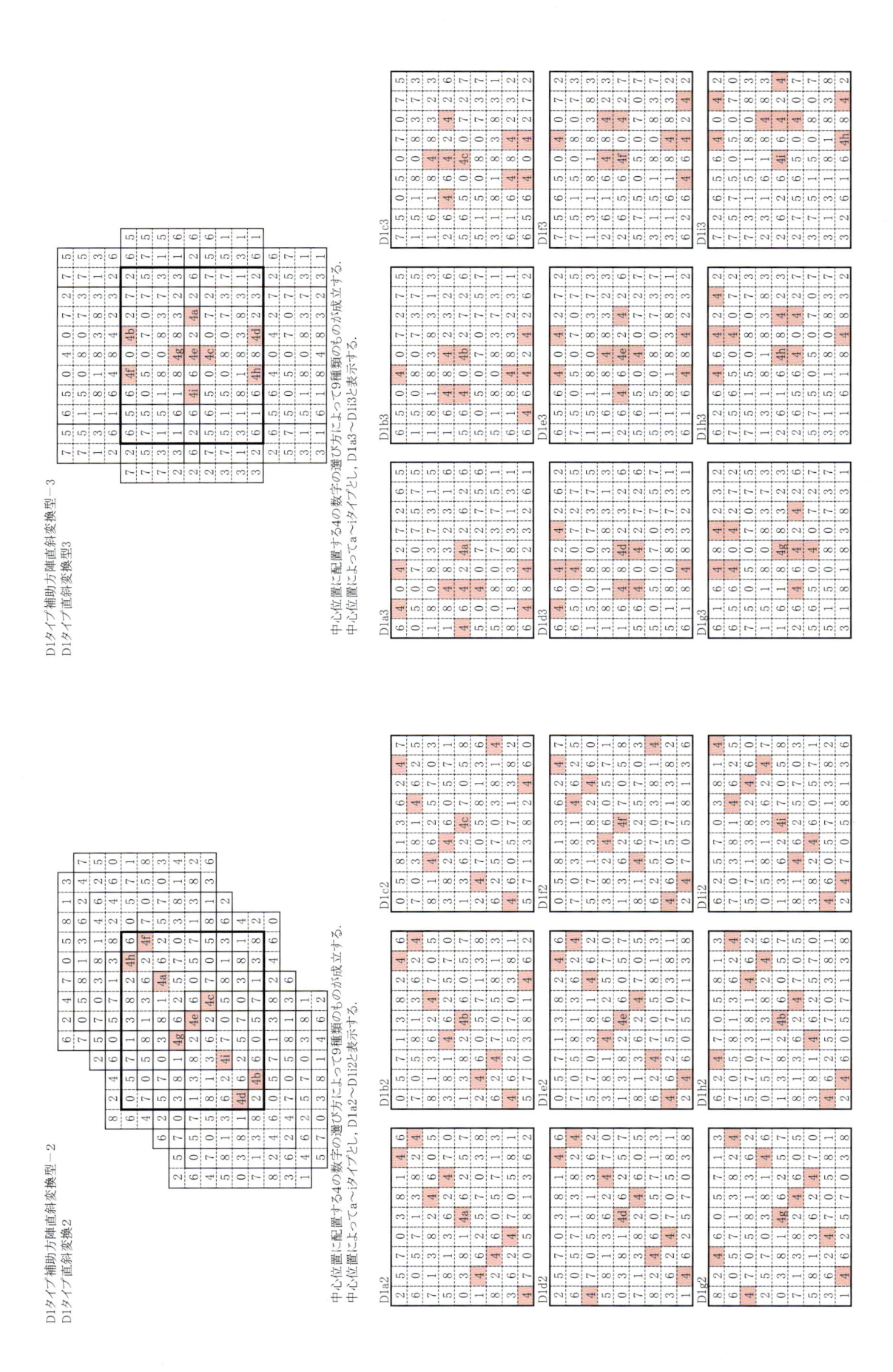

[7] 桂馬とび配置補助方陣による汎魔方陣の検討

D1タイプ補助方陣変化型−4
D1タイプ直斜変換4

D1タイプ補助方陣直斜変換型−5
D1タイプ直斜変換5

中心位置に配置する4の数字の選び方によって9種類のものが成立する。中心位置によってa〜iタイプとし、D1a4〜D1i4と表示する。

中心位置に配置する4の数字の選び方によって9種類のものが成立する。中心位置によってa〜iタイプとし、D1a5〜D1i5と表示する。

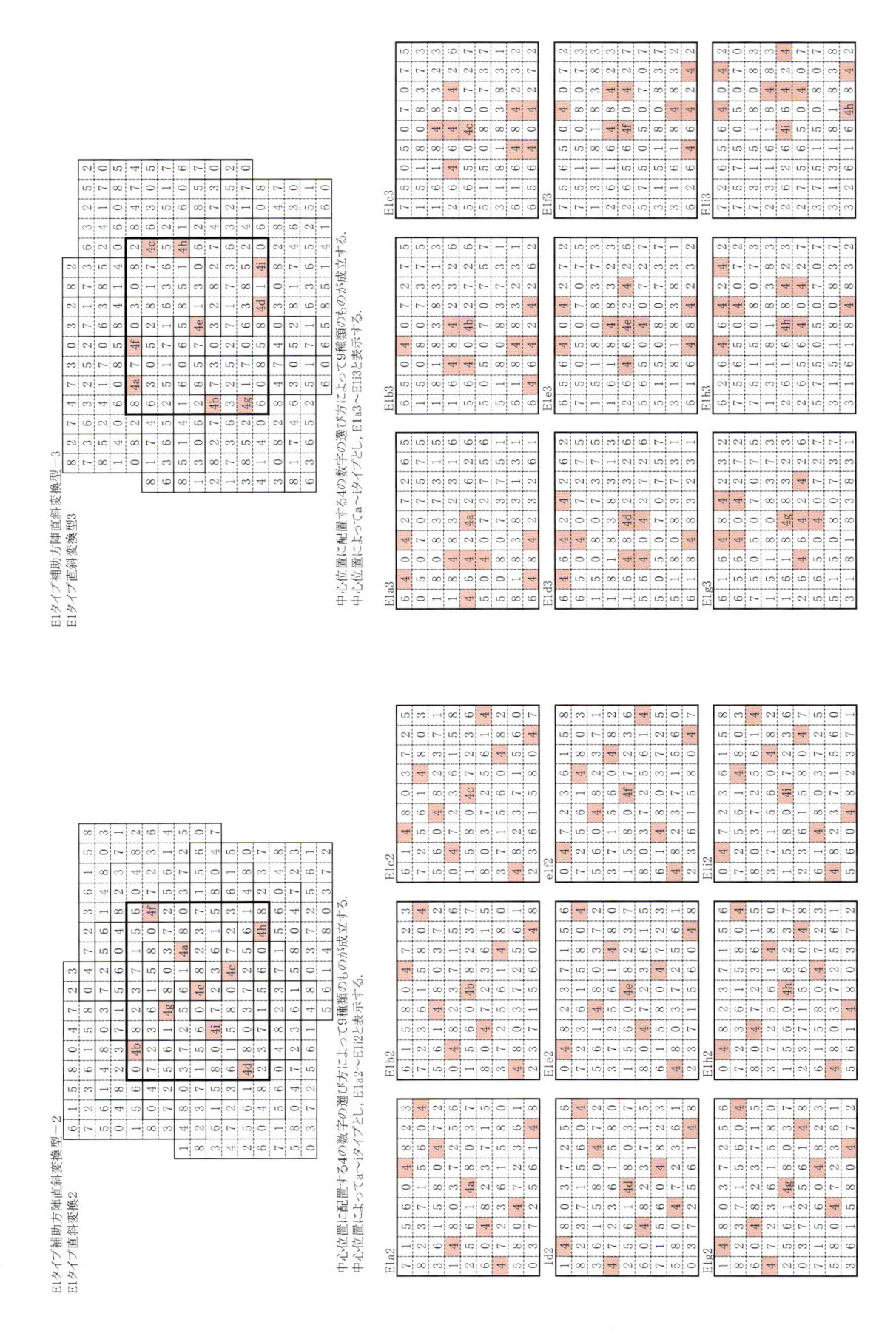

[7] 桂馬とび配置補助方陣による汎魔方陣の検討

223

224

[7] 桂馬とび配置補助方陣による汎魔方陣の検討

いずれも新しいタイプのものがそれぞれ5種類ずつ誘導され合計で6種類となる．

従って前の D タイプと E タイプのものそれぞれ720種類は6倍となり合計で8640種類の汎魔方陣が成立することが確認される．

これらの6種類は前の［6－2］節　汎魔方陣の直斜変換の中で指摘しているように，3種類の汎対角同一配置替えとそれに付属する行列両斜変換である．このように D ， E タイプを考える前提として A ， B タイプは必ず行列両斜変換の関係になっていることを確認している．従ってこの B タイプの配置を修正したものから出発した D ， E タイプの行列両斜変換によって誘導されるタイプのものは，考え直してみると必ず A タイプの配置を修正したものであるはずである．

ここで一つだけ注意しておかなければならないのは5種類の直斜変換により誘導されるタイプのものである．これらの補助方陣は直斜変換により誘導されているので，桂馬とびの構成方法の中に含まれると考えてよいことは間違いないが数字の配置の形は予想外のものであり，いままでにこのような形のものは指摘されていなかったのではないかと思う．

ここでこれらの D1e ， D3e ， E1e ， E3e を参考文献（4）に用いられている表現方法を用いて表現してみると次のようになる．ただし D1e と E1e は左右裏返したもので表している．

まず3次の補助方陣を次のように3種類作り

A =	0	1	2
	0	1	2
	0	1	2

B =	2	0	1
	2	0	1
	2	0	1

C =	1	2	0
	1	2	0
	1	2	0

とし，それぞれの転置方陣を A′ ， B′ ， C′ とすると，前記の D 及び E タイプの補助方陣4個は次のように表される．

D1e* =
B	B	B
A	A	A
C	C	C
+ 3 (
B′	A′	C′
B′	A′	C′
B′	A′	C′
− E)

D3e =
C	C	C
A	A	A
B	B	B
+ 3 (
C′	A′	B′
C′	A′	B′
C′	A′	B′
− E)

E1e* =
C	C	C
A	A	A
B	B	B
+ 3 (
B′	A′	C′
B′	A′	C′
B′	A′	C′
− E)

$$\boxed{E3e}=\begin{array}{|c|c|c|}\hline B&B&B\\\hline A&A&A\\\hline C&C&C\\\hline\end{array}+3\left(\begin{array}{|c|c|c|}\hline C'&A'&B'\\\hline C'&A'&B'\\\hline C'&A'&B'\\\hline\end{array}-E\right)$$

これらの4個の補助方陣を眺めてみると，参考文献（4）に示されているものは
$$\boxed{D3e}\cdot\boxed{D3e*}$$
であることが確認できる．

このようにして従来の文献によると3×3次の合成9次魔方陣として一部だけ紹介されていた9次汎魔方陣の型は桂馬とび配置およびそれからの誘導形配置による構成としてまとめることが大きな効果をあげて，予想外の形のものまで進展し多くのものが誘導された．

9次汎魔方陣は $\boxed{A}$, $\boxed{B}$, $\boxed{D}$, $\boxed{E}$, タイプの合計で
$$497,664+8,640=506,304$$
個成立することまで確認できた．

　これらの汎魔方陣は数字の並び方は今までに予想されていたもののほかにかなり特徴的なものまで含まれていることまでも確認されたがこれらの汎魔方陣の補助方陣はすべて均一タイプの構成のものだけであり，更に7次汎魔方陣の中に成立することが示されているような不規則配置補助方陣タイプや繰上りタイプの補助方陣が成立することの検討を進めてみることが必要であると考えられる．

[筆者提案その20] 3の倍数である奇数次には桂馬とびによる汎魔方陣は作れないという定義を修正して，素数以外の奇数の場合には特有の制限があると変更する．
　素数以外の奇数次には桂馬とびに派生する特徴のある配列の汎魔方陣が成立する．

[7-4]　偶数次の桂馬とび汎魔方陣

　奇数次魔方陣で使用した桂馬とび配置方法を偶数次の魔方陣にも応用してみる．偶数次汎魔方陣の場合には最小の数字0は左上角に配置したものを代表表示とするのが分かりやすいと考えるので補助方陣の数字配置においても0を左上角に固定する．

[7-4-1]　4次汎魔方陣

（1）桂馬とび補助方陣の構成
4次の補助方陣に桂馬とび配列を行なってみると下記のように表される．
1間桂馬とび［A］

0	1	2	3
2	3	0	1
0	1	2	3
2	3	0	1

［A］は1//1桂馬とびタイプである．
［A］は行及び両対角方向の3方向は常に和が一定になるが列方向は一般には同一の和にならないので汎魔方陣の補助方陣としては常に成立するとはいえない．

（2）列方向一定和成立の条件
列方向のみは常には一定和（＝10）にならないが，奇数次の場合と同じように考えて

　　　　0＋2　　　1＋3

の桝目の合計が一定になる組み合わせがあれば汎魔方陣の補助方陣として成立する．一定になる組み合わせは次の2種類である．

　　（a）　0＋3　　：　0は0に固定されると3は2に固定される．
　　（b）　1＋2　　：　1＋2は1＋3に固定される．

従って2種類の配列が可能である．

A1

0	1	3	2
3	2	0	1
0	1	3	2
3	2	0	1

A2

0	2	3	1
3	1	0	2
0	2	3	1
3	1	0	2

の2種類のAタイプ補助方陣が考えられる．A1の回転対称なもの!A1, !!A1, A1!を作ってみると上記のA2は!!A1と同じものであることが分かる．従ってAタイプの補助方陣はA1のみ1種類と考えてよい．

（3）Aタイプ汎魔方陣成立個数
　次にA1, !A1, !!A1, A1!と転置補助方陣A1*, !A1*, !!A1*, A1*!を作ってみると順次A1とA1*!, !A1とA1*, !!A1と!A1*, A1!と!!A1*が同一のものであることが分か

る．
　従って1位の補助方陣としては，A1, !A1, !!A1, A1!を用いるか又はA1*, !A1*, !!A1*, A1*!を用いるかのどちらかであるが，ここではA1*, !A1*, !!A1*, A1*!を用いておく．2位の補助方陣A1との直交が成立するものを探してみると次の2種類のものが成立する．

A1・A1*

1	8	13	12
14	11	2	7
4	5	16	9
15	10	3	6

A1・!!A1*

1	8	13	12
15	10	3	6
4	5	16	9
14	11	2	7
1	8	13	12

　2種類のものを確認してみると上記のように1行だけ移動した同じものであることが確認されるので汎魔方陣としては同じものでありA1・A1*を代表とする．

（4）桂馬とび補助方陣の配置の修正
　次に素数以外の奇数次の場合と同様にして列方向の配列の補正を考えてみる．［A］の列の方向は常には一定和とはならないが，これの特徴を眺めてみると
　　（1）下図のように左右上下の4ブロックに分かれる．
　　（2）左右のブロック内では行が上下にずれている．
　　　　上下のブロックでは同一の列になっていると見ることができる．
　　（3）そうであれば上下ブロックの列の数字を左右にずらしてやればよい．

［A］

0	1	2	3
2	3	0	1
0	1	2	3
2	3	0	1

⇒

［B］

0a	1	2	3
2	3	0b	1
1	0c	3	2
3	2	1	0d

左右にずらしてみると上図右［B］のようになり行及び列方向は0～3の数字で構成されており常に一定和が成立している．両対角方向もこの配列のままですべての両対角の一定和が成立してはいるが検討を進めてみると次のようになる．上記の［A］タイプの場合と同様に考えて
　　　　　　　　0+3　　1+2
の桝目の合計が一定になる組み合わせであれば汎魔方陣の補助方陣として成立する．一定になる組み合わせは次の2種類である．
　　　　（a）0+3　：　0は0に固定されると3は3に固定される．
　　　　（b）1+2　：　1+2は1+2に固定される．
　　　　　　　従って1と2は入れ替え自由であり2種類の配列が可能である．

この型をB タイプとすると，次の2種類が成立する．

B1

0a	1	2	3
2	3	0b	1
1	0c	3	2
3	2	1	0d

B2

0a	2	1	3
1	3	0b	2
2	0c	3	1
3	1	2	0d

　2種類のBタイプのものは一方の転置方陣であることが分かるのでB1を代表表示とする．Bタイプができ上がってみると数字の配置を一部だけ変更したのでどの位置の数字を使っているかによって配列が異なってくる可能性がある．奇数次の場合には中央に中央単数を固定したが偶数次の場合には左上角に最小数字0を固定している．そうすると0a, 0b, 0c, 0dのどれを左上角に配置するかによって4種類の補助方陣が成立するか否か検討しなければならない．

Ba

0a	1	2	3
2	3	0b	1
1	0c	3	2
3	2	1	0d

Bb

0b	1	2	3
3	2	1	0c
1	0d	3	2
2	3	0a	1

Bc

0c	3	2	1
2	1	0d	3
1	2	3	0a
3	0b	1	2

Bd

0d	3	2	1
3	0a	1	2
1	2	3	0b
2	1	0c	3

　これら4種類の補助方陣の回転対称方陣及び転置方陣とその回転対称方陣を作ってみると，これらのBb〜Bdのものはすべて Ba の回転対称方陣及び転置方陣とその回転対称方陣に含まれることが確認できる．従ってBタイプの補助方陣は Ba 1種類だけであり，0aを左上隅に配置したものを代表表示としておけばよい．

(5) B タイプ汎魔方陣成立個数

　上記のような Ba タイプの補助方陣及びそれらの転置対称補助方陣ができ上がる．
1位の補助方陣は次の8種類である．

　　　　Ba, !Ba, !!Ba, Ba!, Ba*, !Ba*, !!Ba*, Ba*!

2位の補助方陣を Ba として，これらの補助方陣との直交が成立する組み合わせを探して見ると次の2種類のものが成立する．

　　　　Ba・!!Ba,　　　Ba・!!Ba*

Ba・!!Ba

1	8	11	14
12	13	2	7
6	3	16	9
15	10	5	4

Ba・!!Ba*

1	8	10	15
12	13	3	6
7	2	16	9
14	11	5	4

　念のためAタイプとBタイプの間で直交の成立するものがないか確認してみたが成立するものはなかった．以上により桂馬とび配置による4次汎魔方陣は，Aタイプのものが1種類，Bタイプのものが2種類合計3種類成立することが確認される．他の方法によってもこれ以外のものは確認されておらず汎魔方陣はこの3種類だけである．

　このように偶数次の場合にも素数以外の奇数次の場合とまったく同じ取り扱いができる．興味のある方は同様にして8次汎魔方陣の場合について確認してみてほしい．9次魔方陣の場合と同じように従来合成魔方陣の形で一部だけ示されている汎魔方陣の形と共に，従来では十分に検討することができなかった形の汎魔方陣が次々に誘導されてくることを確認することができる．筆者の計算では7種類の282万個以上の汎魔方陣が成立する．

［筆者提案その21］偶数次魔方陣の場合にも桂馬とび配置汎魔方陣の考え方が適用できる．

[8] 不規則汎魔方陣

文献（3）によると7次汎魔方陣の中に不規則汎魔方陣と名づけられるものが成立することが示されている．従来は汎魔方陣の大部分のものはそれを構成する2つの補助方陣の形は非常に整った数値配置のものが確認されていた．特に5次や7次などの桂馬とびによる汎魔方陣では，補助方陣はきれいなラテン方陣が形成されることが知られていたので汎魔方陣は主に整った形のものだけ成立するのかなという思い込みがあった．ところが，7次汎魔方陣の中に補助方陣の一方又は両方共がラテン方陣の配列から外れているものが発見されてきた．これは補助方陣の数値配列が平準タイプの中でも複雑タイプになっているものである．ラテン方陣を構成している補助方陣のものは規則的数値配列型汎魔方陣であるのに対してラテン方陣から外れているものは不規則的数値配列型汎魔方陣であるのでこのように名づけられている．不規則汎魔方陣は一方の補助方陣だけが不規則的数値配列となっている半不規則型と両方の補助方陣が不規則的数値配列となっている完全不規則型があることが示されている．文献（3）の中には不規則汎魔方陣の総数は

　　　完全不規則型　　　　64種　　　　　127,073,856個
　　　半不規則型　　　　　3種　　　　　 480,090,240個
　　　合計　　　　　　　　　　　　　　 698,064,096個

の存在が確かめられており，さらにどれくらい増加するか分からないと述べられている．文献（5）および筆者に於いてもラテン方陣型7次汎魔方陣の総数は777,600個と計算されている．これによると7次汎魔方陣の総数は桂馬とびによるラテン方陣型成立数のおよそ1,000倍にもなると考えられるので，少し意外な感じになっている．

　これらの不規則汎魔方陣は完全不規則型，半不規則型のいずれのタイプも八角変換などの数値変換によって桂馬とびラテン方陣タイプから誘導できるものとして記述されている．そうであれば平均して1個のラテン方陣タイプ汎魔方陣から完全不規則型のものが160個あまり，半不規則型のものが610個あまり合計770個あまりから1,000個までも誘導されなければならない．

　7次以外でも9次，11次，13次などの不規則汎魔方陣が成立することが示されており，更に13次汎魔方陣では繰り上がりタイプの汎魔方陣まで発見されている．このように一般魔方陣に成立するすべてのタイプのものが汎魔方陣の中で発見されてみると，もはや汎魔方陣に対して補助方陣が不規則な配列になっているということでめずらしがったり，驚いたりしている段階ではなくなってくる．

[8-1] 不規則汎魔方陣の歴史

1940年にアメリカのキャンディー（A. L. Candy）が初めて発表していたが1976年になってアメリカのベンソン（W. H. Benson）が紹介して以来注目されるようになったと示されている[3]．キャンディーの不規則汎魔方陣は次の2個であった．（文献（3）では魔方陣はA陣とB陣の2つの補助方陣に分解されて示されているが，筆者の呼び方である2位と1位と表示する．）

(1) 半不規則汎魔方陣（1）

1	8	19	25	35	39	48
31	41	44	2	12	17	28
11	21	24	33	37	43	6
36	47	4	14	18	26	30
20	23	29	40	46	7	10
49	3	13	16	22	34	38
27	32	42	45	5	9	15

= 2位

0	1	2	3	4	5	6
4	5	6	0	1	2	3
1	2	3	4	5	6	0
5	6	0	1	2	3	4
2	3	4	5	6	0	1
6	0	1	2	3	4	5
3	4	5	6	0	1	2

· 1位

0	0	4	3	6	3	5
2	5	1	1	4	2	6
3	6	2	4	1	0	5
0	4	3	6	3	4	1
5	1	0	4	3	6	2
6	2	5	1	0	5	2
5	3	6	2	4	1	0

(2) 半不規則汎魔方陣（2）

1	8	20	25	35	39	47
32	40	44	2	12	17	28
11	21	24	33	37	43	6
36	48	3	14	18	26	30
19	23	29	41	46	7	10
49	4	13	15	22	34	38
27	31	42	45	5	9	16

= 2位

0	1	2	3	4	5	6
4	5	6	0	1	2	3
1	2	3	4	5	6	0
5	6	0	1	2	3	4
2	3	4	5	6	0	1
6	0	1	2	3	4	5
3	4	5	6	0	1	2

· 1位

0	0	5	3	6	3	4
3	4	1	1	4	2	6
3	6	2	4	1	0	5
0	5	2	6	3	4	1
4	1	0	5	3	6	2
6	3	5	0	0	5	2
5	2	6	2	4	1	1

(1)，(2)どちらの補助方陣もA陣（2位）は桂馬とびのラテン方陣となっているがB陣（1位）はラテン方陣が崩れている．

このように一方の補助方陣のみ正則が崩れているので半不規則汎魔方陣と称されている．

次に阿部楽方によってA陣，B陣共に正則が崩れている全不規則汎魔方陣が作られている．

(1) 全不規則汎魔方陣

19	7	5	41	29	43	31
46	40	22	1	4	34	28
37	16	45	33	21	10	13
3	6	42	25	48	36	15
35	24	12	9	30	18	47
27	44	23	17	11	14	39
8	38	26	49	32	20	2

= 2位

2	0	0	5	4	6	4
6	5	3	0	0	4	3
5	2	6	4	2	1	1
0	0	5	3	6	5	2
4	3	1	1	4	2	6
3	6	3	2	1	1	5
1	5	3	6	4	2	0

· 1位

4	6	4	5	0	0	2
3	4	0	0	3	5	6
1	1	2	4	6	2	5
2	5	6	3	5	0	0
6	2	4	1	1	3	4
5	1	2	3	6	3	3
0	2	4	6	3	5	1

[8] 不規則汎魔方陣

(2) 八角組変換

41	4	10	15	35	44	26
22	33	48	18	39	8	7
16	42	9	11	20	31	46
3	24	23	49	29	34	13
47	27	38	5	1	21	36
14	2	19	40	45	25	30
32	43	28	37	6	12	17

= 2位

5	0	1	2	4	6	3
3	4	6	2	5	1	0
2	5	1	1	2	4	6
0	3	3	6	4	4	1
6	3	5	0	0	2	5
1	0	2	5	6	3	4
4	6	3	5	0	1	2

・ 1位

5	3	2	0	6	1	4
0	4	5	3	3	0	6
1	6	1	3	5	2	3
2	2	1	6	0	5	5
4	5	2	4	0	6	0
6	1	4	4	2	3	1
3	0	6	1	5	4	2

(3) 7組変換

36	11	19	47	32	16	14
15	49	29	25	5	48	4
41	18	9	42	1	24	40
10	33	13	17	44	35	23
7	22	45	34	27	3	37
46	30	21	8	38	6	26
20	12	39	2	28	43	31

= 2位

5	1	2	6	4	2	1
2	6	4	3	0	6	0
5	2	1	5	0	3	5
1	4	1	2	6	4	3
0	3	6	4	3	0	5
6	4	2	1	5	0	3
2	1	0	3	6	4	

・ 1位

0	3	4	4	3	1	6
0	6	0	3	4	5	3
5	3	1	6	0	2	4
2	4	5	2	1	6	1
6	0	2	5	5	2	1
3	1	6	0	2	5	4
5	4	3	1	6	0	2

(4) 10組変換

13	15	46	3	43	35	20
10	38	37	21	14	26	29
23	7	27	40	1	45	32
41	12	36	31	18	9	28
22	25	4	30	42	5	47
17	44	6	48	33	16	11
49	34	19	2	24	39	8

= 2位

1	2	6	0	6	4	2
1	5	5	2	1	3	4
3	0	3	5	0	6	4
5	1	5	4	2	1	3
3	3	0	4	5	0	6
2	6	0	6	4	2	1
6	4	2	0	3	5	1

・ 1位

5	0	3	2	0	6	5
2	2	1	6	6	4	0
1	6	5	4	0	2	3
5	4	0	2	3	1	6
0	3	3	1	6	4	4
2	1	5	5	4	1	3
6	5	4	1	2	3	0

(5) 12組変換

3	30	28	18	36	11	49
17	34	10	44	14	33	23
47	9	40	21	16	29	13
24	19	32	8	46	7	39
6	45	2	42	27	22	31
37	26	20	38	1	48	5
41	12	43	4	35	25	15

= 2位

0	4	3	2	5	1	6
2	4	1	6	1	4	3
6	1	5	2	2	4	1
3	2	4	1	6	0	5
0	6	0	5	3	3	4
5	3	2	5	0	6	0
5	1	6	0	4	3	2

・ 1位

2	1	6	3	0	3	6
2	5	2	1	6	4	1
4	1	4	6	1	0	5
2	4	3	0	3	6	3
5	2	1	6	5	0	2
1	4	5	2	0	5	4
5	4	0	3	6	3	0

(6) 9組変換 / 2位 / 1位

(7) 不規則対称汎魔方陣 / 2位 / 1位

(2) / 2位 / 1位

[8-2] 不規則汎魔方陣の全数

　　上記のように不規則汎魔方陣は非常に重要な項目であり，興味をそそられるものであるが筆者においては検討が進んでいない．

　　阿部楽方やインターネット上に見られる文献の作者諸氏の力で是非とも7次，8次，9次，11次………等の不規則汎魔方陣の全数が解明されることを期待してこの章をしめくくる．

[9] 魔方陣の総数の推定

各次の魔方陣の総数はどれくらい成立するものか推定しておきたいものである．文献（3），文献（4）によると今日までに判っていることは下の濃い色網かけ部の範囲である．

表 9-1　分配陣，魔方陣，汎魔方陣の成立数

次数N	分配陣数	魔方陣数	汎魔方陣数
3	1	1	0
4	477	880	3
5	160,845,292	275,305,224	144
6	?	(推定値 1.77×10^{19})	0
7	?	?	?

筆者によっても5次の場合の分配陣と魔方陣および汎魔方陣の個数までは計算されたが，6次以上の場合の正確な計数には時間がかかりすぎることが確認されている．文献（5）によると，6次の魔方陣の総数の推定値は 1.77×10^{19} 個と紹介されている．この他には魔方陣の総数はどれくらい成立するものか未だに推定値さえも計算されていないのだろうか．

コンピュータといえども6次以上の魔方陣の正確な個数の計算には時間がかかり過ぎることは以前から予想されていたことである．何か推定総数を求める別の方法が必要とされてはいたのだが，未だに計数されていない一つの原因は魔法陣の特性や魔法陣の表現方法をまとめ上げていく方向の業績が非常に軽視されていたことにあると考えている．魔方陣の分別の方法，行，列に対する両対角の特性を表現する方法，分配陣とその配置替えの特性を表す適切な方法などが準備されていなければならない．筆者が本編で整理した表現方法によりこのような問題を克服して，次のような魔方陣の総数を推定する考え方を取り上げてみたい．

N次魔方陣の構成は N^2 個の等差数列の整数の並べ替えであると考えることができるので，下記の通り順列，組み合わせ，確率の考え方で順次追い込んでいくことができると思われる．

（1）各行，各列及び両対角の定和の成立は不問にしたすべての並べ替え
　　　↓
（2）各行，各列の定和が成立する確率及び分配陣の総数
　　　↓
（3）分配陣の中で両対角の定和が成立する確率及び魔方陣と汎魔方陣の総数

これら（1）〜（3）の各段階についての考え方について順次検討を進めていきたい．

[筆者提案その22] 魔方陣の配列に順列組み合わせの理論および確率統計の理論を応用し[統計魔方陣学]とでも名づけられるものを組み立てることができる．手法自体は決して新しいものではなく19世紀以前の数学ですべて解決できると考えられるものである．

[9－1] N次の数字の全並べ替えと有効並べ替え及び拡大分配陣の個数

（1）全並べ替え個数

N次魔方陣の構成要素N^2個を<u>定和Snの成立を不問にして</u>N^2個の桝目の中に並べ替える全並べ替え数S_oは

$$S_o = (N^2)! \qquad \cdots\cdots\cdots ①$$

このS_oの式をN個ずつのN行の積の形に分解してみると

$$S_o = [(N^2)\cdots(N^2-N+1)] \cdot [(N^2-N)\cdots(N^2-2N+1)] \cdot \cdots \cdot [N(N-1)\cdots 1]$$

$$\qquad\qquad \| \qquad\qquad\qquad\qquad \| \qquad\qquad\qquad\qquad \|$$
$$\qquad\qquad 第1行 \qquad\qquad\qquad 第2行 \qquad\qquad\qquad 第N行$$

更にN列の積の形を導入すると

$$S_o = \left\{ \frac{[(N^2)\cdots(N^2-N+1)]}{N!} \frac{[(N^2-N)\cdots(N^2-2N+1)]}{N!} \cdots \frac{N!}{N!} \right\} \cdot [N!]^N$$

$$= \left\{ \frac{[(N^2)\cdots(N^2-N+1)]}{N!} \frac{[(N^2-N)\cdots(N^2-2N+1)]}{N!} \cdots \frac{N!}{N!} \right\} \cdot \{N^N \cdot (N-1)^N \cdots 1\} \cdots ②$$

$$\qquad\qquad \| \qquad\qquad\qquad \| \qquad\qquad\qquad \| \qquad\quad \| \quad \| \quad \|$$
$$\qquad\quad \{\ n_{r1} \qquad\qquad\quad n_{r2} \qquad\qquad\quad n_{rN}\ \} \quad \{\ n_{c1} \ \ n_{c2} \ \ n_{cN}\}$$

となる．
この形は次のように解釈すればよい．

　（1）まず　　N^2個の中からN個を選び出して第1行を構成する組み合わせ数　　n_{r1}
　（2）残りの(N^2-N)個の　　〃　　　　2　　〃　　　　n_{r2}
　　　…
　（N）残りの　N個の　　〃　　　　N　　〃　　　　$n_{rN}=1$

次に各行の中から

　（1）まず　各N個の中から1個ずつ選び出して第1列を構成する組み合わせ数　　n_{c1}
　（2）残りの$(N-1)$個の　　〃　　　　2　　〃　　　　n_{c2}
　　　…
　（N）残りの　1個の　　〃　　　　N　　〃　　　　$n_{cN}=1$

これらの全組み合わせ数がS_oであり

$$S_o = [n_{r1} \cdot n_{r2} \cdots\cdots n_{rN}] \cdot [n_{c1} \cdot n_{c2} \cdots\cdots n_{cN}] \qquad \cdots\cdots ③$$

全並べ替え数S_oを各N個数のN行×N列の組み合わせ数で表すことができている．

（2）有効並べ替え個数

この全並べ替えにおいても魔方陣の場合に考えられたように，転置と回転の $\boxed{A}$ $!\boxed{A}$ $!!\boxed{A}$

[A]! [A*] ![A*] !![A*] [A*]! と同様に分類される8種類は同一のものと考えられるので，すべての有効並べ替え数S_yは

$$S_y = S_o / 8 = (N^2)! / 8 \qquad \cdots\cdots ④$$

この有効並べ替え数の中で**偶然に各行，各列及び両対角の定和が成立するものが魔方陣である**．またこの有効並べ替えを**拡大分配陣**とみなすことにすれば前章までに考えている分配陣と配置替えの分類方法はそのまま拡張適用できる．すなわち

$$\text{有効並べ替え数} S_y = \text{配置替え数} D \times \text{拡大分配陣数} S_k \qquad \cdots\cdots ⑤$$

と表示することができる．従ってこの有効並べ替えの中で定和Snが成立する確率を求めれば分配陣，魔方陣，汎魔方陣などの成立個数が計算できる．

このようにすべての並べ替えS_o→→有効並べ替えS_y→→拡大分配陣S_k→→分配陣S_b→→魔方陣S_m→→汎魔方陣S_pという道筋をつかんでおくと見通しが大変良くなる．そうしてこのすべての並べ替えS_oの中には8種類の重複が含まれているが，定和Snの成立確率を考えるにあたってはこのすべての並べ替えS_oをベースにして8倍のものを同時に考えていく方が場合分けを省略できるので，非常に単純化されて都合が良い．

各次の全並べ替え数，全配置替え数及び拡大分配陣数の一覧表は次の通りである．

表 9-2　　全並べ替え数，全配置替え数及び拡大分配陣数の一覧表

次数 N	[A]全並べ替え数 $S_o = N^2!$	[B]全配置替え数 $D = [N!/2]^2$	[C]拡大分配陣数 $S_k = S_o / 8D$
3	$9! = 3.6288 \times 10^5$	$[3!/2]^2 = 9$	5.0400×10^3
4	$16! = 2.0923 \times 10^{13}$	$[4!/2]^2 = 1.4400 \times 10^2$	1.8162×10^{10}
5	$25! = 1.5511 \times 10^{25}$	$[5!/2]^2 = 3.6000 \times 10^3$	5.3858×10^{20}
6	$36! = 3.7199 \times 10^{41}$	$[6!/2]^2 = 1.2960 \times 10^5$	3.5879×10^{35}
7	$49! = 6.0828 \times 10^{62}$	$[7!/2]^2 = 6.3504 \times 10^6$	1.1973×10^{55}
8	$64! = 1.2689 \times 10^{89}$	$[8!/2]^2 = 4.0643 \times 10^8$	3.9025×10^{79}
9	$81! = 5.7971 \times 10^{120}$	$[9!/2]^2 = 3.2921 \times 10^{10}$	2.2012×10^{109}
10	$100! = 9.3326 \times 10^{157}$	$[10!/2]^2 = 3.2921 \times 10^{12}$	3.5436×10^{144}
11	$121! = 8.0943 \times 10^{200}$	$[11!/2]^2 = 3.9834 \times 10^{14}$	2.5400×10^{185}
12	$144! = 5.5503 \times 10^{249}$	$[12!/2]^2 = 5.7361 \times 10^{16}$	1.2095×10^{232}
13	$169! = 4.2691 \times 10^{304}$	$[13!/2]^2 = 9.6940 \times 10^{18}$	5.5048×10^{284}
14	$196! = 5.0801 \times 10^{365}$	$[14!/2]^2 = 1.9000 \times 10^{21}$	3.3422×10^{343}
15	$225! = 1.2594 \times 10^{433}$	$[15!/2]^2 = 4.2750 \times 10^{23}$	3.6823×10^{408}
16	$256! = 8.5782 \times 10^{506}$	$[16!/2]^2 = 1.0944 \times 10^{26}$	9.7977×10^{479}
17	$289! = 2.0799 \times 10^{587}$	$[17!/2]^2 = 3.1628 \times 10^{28}$	8.2200×10^{557}

[9-2]　分配陣成立確率の考え方

　前節で，すべての並べ替えから有効並べ替え及び拡大分配陣が導かれ，拡大分配陣の中で分配陣が成立する確率を求めてやればよいことが示された．それでは分配陣が成立する確率はどのように考えることができるであろうか．

（1）分配陣成立確率の考え方

　すべての並べ替え数S_oは各行及び各列の組み合わせ個数を用いて

$$S_o = [n_{r1} \cdot n_{r2} \cdots n_{rN}] \cdot [n_{c1} \cdot n_{c2} \cdots n_{cN}] \quad \cdots\cdots ③$$

と表すことができる．これらすべての行及び列の組み合わせの中で定和Snが成立する確率をそれぞれP_{r1}, P_{r2} $\cdots\cdots P_{rN}$及びP_{c1}, P_{c2} $\cdots\cdots P_{cN}$とするとS_o個の中で分配陣の成立する総個数S_{bo}は

$$S_{bo} = [n_{r1} \cdot P_{r1} \cdot n_{r2} \cdot P_{r2} \cdots n_{rN} \cdot P_{rN}] \cdot [n_{c1} \cdot P_{c1} \cdot n_{c2} \cdot P_{c2} \cdots n_{cN} \cdot P_{cN}]$$

$$= [n_{r1} \cdot n_{r2} \cdots n_{rN}] \cdot [n_{c1} \cdot n_{c2} \cdots n_{cN}] \cdot [P_{r1} \cdot P_{r2} \cdots P_{rN}] \cdot [P_{c1} \cdot P_{c2} \cdots P_{cN}]$$

$$= S_o \cdot [P_{r1} \cdot P_{r2} \cdots P_{rN}] \cdot [P_{c1} \cdot P_{c2} \cdots P_{cN}] \quad \cdots\cdots ⑥$$

このS_{bo}及びS_oの中には $\boxed{A}$ $\boxed{!A}$ $\boxed{!!A}$ $\boxed{A!}$ $\boxed{A^*}$ $\boxed{!A^*}$ $\boxed{!!A^*}$ $\boxed{A^*!}$ の8種類の重複が含まれており，又配置替えD個でまとめることができるので分配陣の成立個数S_bは

$$S_b = \frac{S_{bo}}{8D} = \frac{S_o}{8D} [P_{r1} \cdot P_{r2} \cdots P_{rN}] \cdot [P_{c1} \cdot P_{c2} \cdots P_{cN}] \quad \cdots\cdots ⑦$$

ここで全並べ替え数の中で分配陣の成立する総合の確率P_bは

$$P_b = [P_{r1} \cdot P_{r2} \cdots P_{rN}] \cdot [P_{c1} \cdot P_{c2} \cdots P_{cN}] \quad \cdots\cdots ⑧$$

と表示することができる．従って次にこの分配陣の成立する確率P_bを計算することができればよい．次にこれを計算する方法について考えてみる．

（2）分配陣成立確率$P_b = [P_{r1} \cdot P_{r2} \cdots P_{rN}] \cdot [P_{c1} \cdot P_{c2} \cdots P_{cN}]$の推定

　上記のようにすべての並べ替えの中で分配陣が成立する確率を求めてやればよいのであるが，この確率を精密に正確に求めるということは魔方陣又は分配陣を解いていく事であるので次数Nが大きくなるに従って膨大な作業量になるし，今この章で意図しているところの魔方陣の総数を推定するという目的にはそぐわない．ここでは次数Nが小さいものの結果を元にして次数Nが大きくなった場合の魔方陣の個数を推定する形で検討を進めてみたい．

(A) 単独の行（又は列）の定和Ｓｎ成立確率P_N

Ｎ次拡大分配陣の構成要素は１～N^2のN^2個であり，N^2個の中からＮ個を選び出す組み合わせの総数a_Nは

$$a_N = \frac{N^2(N^2-1)\cdots\cdots(N^2-N+1)}{N!} \quad \cdots\cdots ⑨$$

このすべての組み合わせの中で定和Ｓｎが成立する組み合わせ及びその個数a_Nはパソコンで確認してみると次の通りである．10次になると相当の個数にはなるが下の表の通り確認できる．単独の行（又は列）のＮ個数の組み合わせの中で定和Ｓｎが成立する確率をP_Nとすると

表 9-3　各次の定和Ｓｎ成立確率

次数 N	Ｎ個数組み合わせ総数 n_N	定和Ｓｎ成立数 a_N	定和Ｓｎ成立確率 $P_N = a_N / n_N$
3	84	8	9.5238×10^{-2}
4	1,820	86	4.7253×10^{-2}
5	53,130	1,394	2.6238×10^{-2}
6	1,947,792	32,134	1.6498×10^{-2}
7	85,900,584	957,332	1.1145×10^{-2}
8	4,426,165,368	35,154,340	7.9424×10^{-3}
9	260,887,834,350	1,537,408,202	5.8930×10^{-3}
10	17,310,309,502,640	78,132,541,528	4.5136×10^{-3}

（注）10次のa_Nの計数時間は筆者のパソコンで93時間

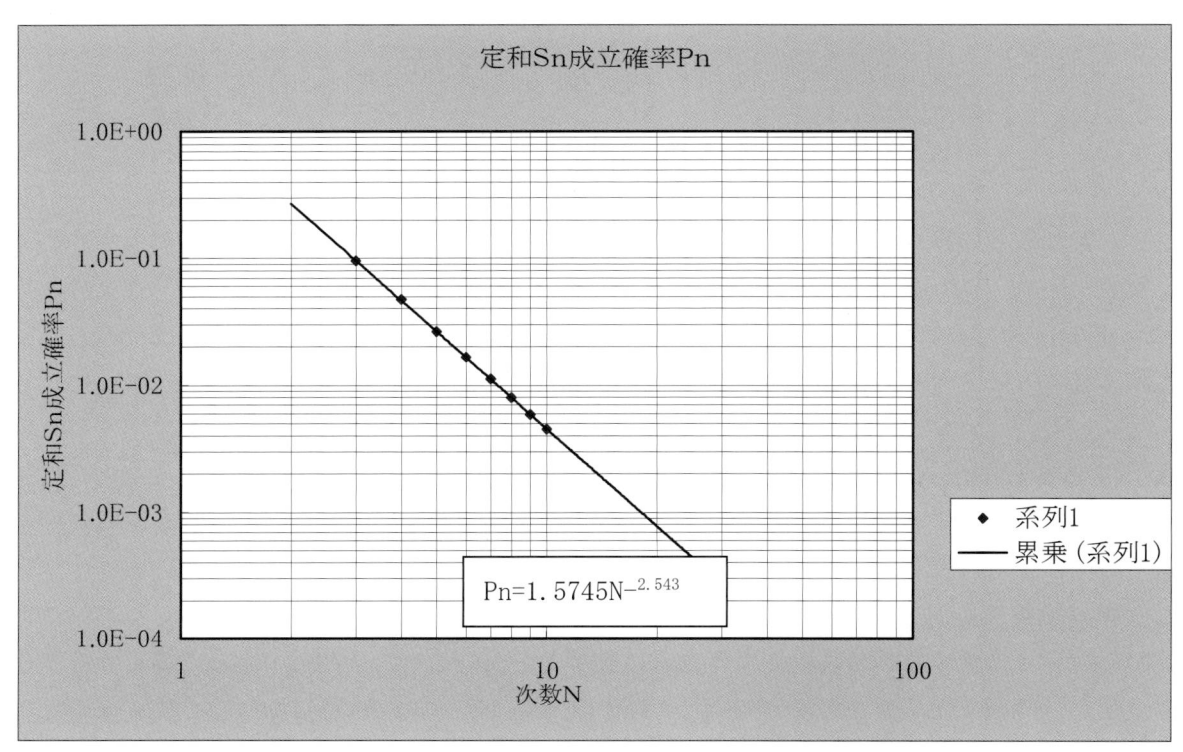

これをグラフに表して見ると下図のようになる．

定和Sn成立確率Pn

$Pn = 1.5745 N^{-2.543}$

● 系列1
― 累乗（系列1）

次数N

239

N＝3以上の場合の近似式を求めてみると定和Ｓｎ成立確率P_Nの推定値（P_N）は次のように予想される．

$$(P_N) = 1.5745 N^{-2.543} \quad \cdots\cdots ⑩$$

このグラフを眺めてみると10次までの定和Ｓｎ成立確率P_Nの規則性が認められ，11次以上の場合に外挿しても十分な精度が期待できるものと思われる．これを一覧表にしてみると以下の通り．

表 9-4　　単独定和Ｓｎ成立確率推定値

次数 N	単独定和Ｓｎ成立確率 $P_N = a_N / n_N$	単独定和Ｓｎ成立確率推定値 $(P_N) = 1.5745 N^{-2.543}$
3	**9.5238×10^{-2}**	(9.6344×10^{-2})
4	**4.7253×10^{-2}**	(4.6356×10^{-2})
5	**2.6238×10^{-2}**	(2.6282×10^{-2})
6	**1.6498×10^{-2}**	(1.6531×10^{-2})
7	**1.1145×10^{-2}**	(1.1170×10^{-2})
8	**7.9424×10^{-3}**	(7.9539×10^{-3})
9	**5.8930×10^{-3}**	(5.8953×10^{-3})
10	**4.5136×10^{-3}**	(4.5096×10^{-3})
11	?	3.5390×10^{-3}
12	?	2.8365×10^{-3}
13	?	2.3141×10^{-3}
14	?	1.9166×10^{-3}
15	?	1.6082×10^{-3}
16	?	1.3648×10^{-3}
17	?	1.1698×10^{-3}

（Ｂ）定和Ｓｎの縛りの条件

　拡大分配陣の各行及び各列の定和Ｓｎが成立する確率についてはさらに次のような特性を考えておかなければならない．拡大分配陣の構成要素であるN^2個の数字の総計は全体として定和ＳｎのＮ倍となっている．

　従って例えばＮ個の行において第１行から順次（Ｎ－１）行まで定和Ｓｎが成立するように数字の組み合わせを選び出していくと，最後のＮ行目には必ず定和Ｓｎが成立する組み合わせが残っているはずである．このように全体として定和ＳｎのＮ倍が成立しているという条件を**縛りの条件**と名づけておく．数学用語では何と名づけられているのか筆者は確認できていない．この**縛りの条件**がある場合には第１行から順次定和Ｓｎが成立する確率を積み重ねていくと最後のＮ番目の組み合わせが成立する確率は必ず１となることが予想される．そのような場合には第１行の成立確率P_Nをベースにして第２行，第３行……と確認していくと成立確率は緩

やかに単調に上昇していくはずである．第１列，第２列……も同様な特性を示すはずと予想する．

従って前記の分配陣成立確率$P_b = [P_{r1} \times P_{r2} \cdots P_{rN}] \cdot [P_{c1} \times P_{c2} \cdots P_{cN}]$は次のように定義しておけばよい．

（１）	まず　第１行の定和Ｓｎが成立する確率	$P_{r1} = P_N$
（２）	次いで第２行も同時に定和Ｓｎが成立する確率	P_{r2}
	………	……
（Ｎ）	最後の第Ｎ行も〃　〃	$P_{rN} = 1$
（Ｎ＋１）	次いで第１列も同時に定和Ｓｎが成立する確率	P_{c1}
（Ｎ＋２）	次いで第２列も〃　〃	P_{c2}
	……	……
（２Ｎ）	最後の第Ｎ列も〃　〃	$P_{cN} = 1$

このように分配陣成立確率P_bを定義すると下の図のような特性になることが予想される．

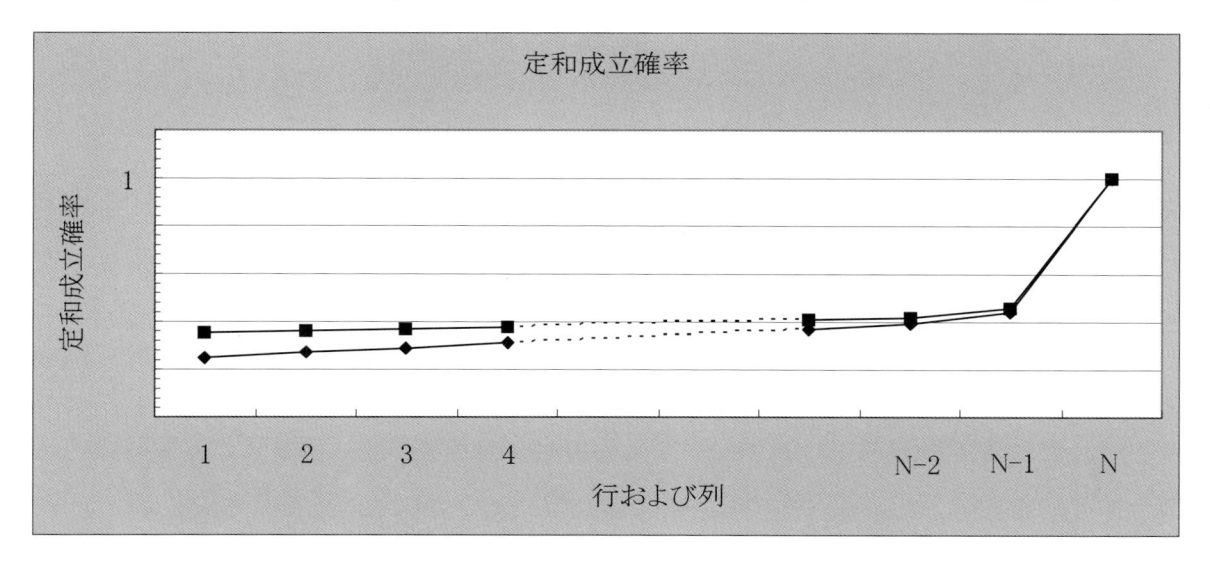

定和成立確率

[仮定１] 全体として定和ＳｎのＮ倍が成立しているという縛りの条件がある場合には第１行から順次定和Ｓｎが成立する確率を積み重ねていくと成立確率は緩やかに単調に上昇していくはずである．第１列，第２列……も同様な特性を示すはずと予想する．

従って分配陣の成立確率P_bは単独定和成立確率P_Nを用いて次のように近似することができる．

$$P_b = [P_{r1} \cdot P_{r2} \cdots\ ] \cdot [P_{c1} \cdot P_{c2} \cdots\ ]$$
$$= \alpha_1 P_N^{(2N-2)} \qquad (\alpha_1：全体の定和成立確率の補正係数) \cdots\cdots ⑪$$

従って分配陣の成立個数S_bは

$$Sb = \left(\frac{S_o}{8D}\right)\alpha_1 P_N{}^{(2N-2)}$$
$$= \alpha_1 S_k P_N{}^{(2N-2)} \quad\quad\quad \cdots\cdots ⑫$$

（C）補正係数 α_1 の推定

次に上記の補正係数 α_1 を推定したい．成立する分配陣の個数がわかっている3次，4次及び5次について計算してみると α_1 は次のようになる．

次数 N	拡大分配陣数 $S_k = S_0/8D$	未補正成立確率 $P_N{}^{(2N-2)}$	未補正分配陣数 $S_k P_N{}^{(2N-2)}$	補正係数 α_1	実在分配陣個数 S_b
3	5.0400×10^3	8.2270×10^{-5}	4.1464×10^{-1}	2.4118	1
4	1.8162×10^{10}	1.1132×10^{-8}	2.0218×10^2	2.3593	477
5	5.3858×10^{20}	2.2434×10^{-13}	1.2083×10^8	1.3312	160,845,292

上記のように行方向の組み合わせを定和が成立するように制限し，さらに列方向の組み合わせを同じように制限していく場合には両者の組み合わせ間に干渉が起こることが予想されるので，上の3，4，5次の α_1 の値から6次以上の α_1 の値を推定することはなかなか難しいことではあるが

［仮定2］ 6次以上の補正係数 α_1 は一定値に収束する
$$\alpha_1 = 1.33$$

上記の結果から6次以上の補正係数 $\alpha_1 = 1.33$ と仮定すると共に，上記の（A）で求めた単独定和Sn成立確率推定値 P_N を用いて，分配陣Sbを次の［表9－5］のように推定することができる．ここで単独定和Sn成立確率の値は10次までの値は実際に確認された値を採用し，11次以上の値は前頁のグラフから推定された値を採用している．上記のように第1ステージの分配陣を推定することができる．

しかし3，4，5次の α_1 の値は次数Nに関して減少関数になっている．縛りの条件がある場合には定和成立確率を第1行から第N行まで積み重ねると緩やかに増加していくと予想されているので α_1 の値はこのまま減少を続けるとは考えられない．ある次数から上は一定値になるかまたは緩やかな増加に転ずるかのいずれかであると考えられる．ここでは6次以上では一定値に収束するという考え方を採用している．このように仮定した理由の一つは次の一般魔方陣の成立確率の特性を統一的に推定できることにある．

この推定値の根拠となっている数値は次数Nが3，4，5，6，7，8，9及び10の場合における定和Sn成立確率 P_N の値9個と，Nが3，4及び5の場合における分配陣の成立個数の値3個のみである．このように根拠となる数値があまりにも少ないので，少なくとも6，7次の場合について分配陣の成立個数を補充して追認の計算を行ないたいものである．

表 9-5　　各次の推定分配陣個数

次数 N	拡大分配陣数 $S_k = S_0 / 8D$	未補正成立確率 $P_N^{(2N-2)}$	推定補正係数 α_1	推定分配陣個数 $S_b = S_k \alpha_1 P_N^{(2N-2)}$
3	5.0400×10^8	8.2270×10^{-5}	2.4117	1.0000
4	1.8162×10^{10}	1.1132×10^{-8}	2.3593	4.7700×10^2
5	5.3858×10^{20}	2.2434×10^{-13}	1.3312	1.6085×10^8
6	3.5879×10^{35}	1.4939×10^{-18}	1.33	7.13×10^{17}
7	1.1973×10^{55}	3.6725×10^{-24}	〃	5.85×10^{31}
8	3.9025×10^{79}	3.9749×10^{-30}	〃	2.06×10^{50}
9	2.2012×10^{109}	2.1154×10^{-36}	〃	6.19×10^{73}
10	3.5436×10^{144}	6.0453×10^{-43}	〃	2.85×10^{102}
11	2.5400×10^{185}	9.4975×10^{-50}	〃	3.21×10^{131}
12	1.2095×10^{232}	9.1458×10^{-57}	〃	1.47×10^{176}
13	5.5048×10^{284}	5.5612×10^{-64}	〃	4.07×10^{221}
14	3.3422×10^{343}	2.2173×10^{-71}	〃	9.86×10^{272}
15	3.6823×10^{408}	5.9913×10^{-79}	〃	2.93×10^{331}
16	9.7977×10^{479}	1.1274×10^{-86}	〃	1.47×10^{394}
17	8.2199×10^{557}	1.5121×10^{-94}	〃	1.65×10^{464}

　上記の推定分配陣成立個数の考え方は第1近似としては十分に評価できるものと考えている．今後6次，及び7次あたりの分配陣の成立個数が確認されてくると補正係数α_1の値が次第に正確に推定できるようになってくる．そうなると6次以上の場合，今は定数と仮定しているα_1の値は何か次数Nの関数として与えられるようになるかもしれない．

　縛りの条件がある場合の定和成立確率の収束性と，行方向と列方向の間での組み合わせに対する干渉性についての考察が必要であるとは思うが大きな差はないと考えている．

（3）分配陣の個数と魔方陣の個数の関係

　今はまだ漠然とした推定であるが3次から5次の魔方陣で比較してみる限り，魔方陣の総数と分配陣の総数の比率は大雑把に見ると同じ程度から2倍程度のものである．次の一般魔方陣の成立個数の推定によって示されているように次数Nが大きくなるとこの比率は次第に大きくなっていくようではあるが，この分配陣の成立個数を以って魔方陣成立個数の第1近似としても良いのではないかと考える．

[筆者提案その23] N次魔方陣の総数は分配陣の総数と同じ程度である．従って上記の推定分配陣個数をもって推定魔方陣成立個数の第1近似とする．

[9-3]　魔方陣及び汎魔方陣の成立確率

(1) 一般魔方陣の成立確率の考え方

　前項までで分配陣の個数が推定できたので次には魔方陣の個数を推定してみたい．全配置替えを含んだ分配陣の中で**偶然に1本ずつの両対角の定和が成立するものが魔方陣であり，N本ずつのすべての両対角成分の定和が成立するものが汎魔方陣である**．それでは分配陣の中で両対角の定和が成立するものはどのように考えられるであろうか．分配陣を選び出す際には各行及び各列の定和の成立を無視したすべての並べ替えの中から各行及び各列の定和の成立する確率を求めるという考え方から出発したので，魔方陣を選び出すためにもこの考え方を延長して，対角の定和の成立を無視したすべての並べ替えを考え，その中で両対角の定和Snの成立する確率を求める考え方を探してみる．

　前節で取り扱ったすべての並べ替えS_oは行と列に注目してその組み合わせ数を考えた

$$S_o = [n_{r1} \cdot n_{r2} \cdots\cdots n_{rN}] \cdot [n_{c1} \cdot n_{c2} \cdots\cdots n_{cN}]$$

このすべての並べ替えを同様に両対角の組み合わせに注目してみると

$$S_o = [n_{m1} \cdot n_{m2} \cdots\cdots n_{mN}] \cdot [n_{s1} \cdot n_{s2} \cdots\cdots n_{sN}]$$

ここでn_{m1}, $n_{m2} \cdots\cdots n_{mN}$は主対角の組み合わせ数であり，$n_{s1}$, $n_{s2} \cdots\cdots n_{sN}$は従対角の組み合わせ数である．
この両対角の定和成立確率をそれぞれP_{m1}, $P_{m2} \cdots\cdots P_{mN}$, P_{s1}, $P_{s2} \cdots\cdots P_{sN}$と表すと

$$S_{do} = [n_{m1}P_{m1} \cdot n_{m2}P_{m2} \cdots n_{mN}P_{mN}][n_{s1}P_{s1} \cdot n_{s2}P_{s2} \cdots n_{sN}P_{sN}]$$

$$= [n_{m1}n_{m2}\cdots][n_{s1}n_{s2}\cdots][P_{m1}P_{m2}\cdots][P_{s1}P_{s2}\cdots]$$

$$= S_o[P_{m1}P_{m2}\cdots P_{mN}][P_{s1}P_{s2}\cdots P_{sN}]$$

ここでS_{do}はすべての組み合わせの中で対角成分のみの定和Snが成立する個数である．
　しかし魔方陣の検討手法としてはまず分配陣を求め，その中で両対角の定和が成立する魔方陣を選びだしていくという手法を採用している．従ってこのすべての組み合わせS_oを分配陣の成立個数S_bにすり替えると共に，両対角の定和成立確率P_{m1}……及びP_{s1}……を分配陣が成立した上で更に両対角の定和が成立する確率と定義し直してやればよい．従って魔方陣の成立する個数は

$$S_m = D \cdot S_b \cdot [P_{m1}P_{m2}\cdots P_{mN}][P_{s1}P_{s2}\cdots P_{sN}]$$

　一般魔方陣の場合には$[P_{m1}P_{m2}\cdots P_{mN}]$と$[P_{s1}P_{s2}\cdots P_{sN}]$はそれぞれその中の1

列のみの定和が成立しておればよい．魔方陣の成立する個数S_mは
$$S_m = D S_b (1/2) \alpha_2 (P_N)^2$$

$$P_m = (1/2) \alpha_2 (P_N)^2$$

と近似できる．

　ここで両対角についても定和成立確率P_Nを用いることにする．α_2は分配陣が成立した上で両対角の定和が成立する確率の補正係数である．そして$(1/2)$の係数は2系列の対角の定和が成立する時にこの2系列が両対角に分かれている確率である．さらにこの両対角の定和成立確率については奇数次と偶数次の場合について確認しておかなければならないことがある．奇数次の場合にはN個ずつの両対角はすべての組み合わせが成立しているのでN個の中の1個ずつが成立すればその組み合わせをすんなりと考えることができる．偶数次の場合には汎魔方陣及び重複魔方陣の項で述べたように両対角の列は互いに対をなすものとなさないものが半分ずつ存在するので魔方陣が成立する組み合わせの成立確率は1/2となるが，組み合わせが成立するときには必ず2個の配置替えが重複しているので総合的には奇数次の場合と同様の確率となるものと考えてよい．このような違いを含んだ上で共通の表示となっていることを確認しておく．

　今分配陣と魔方陣の個数が分かっている3～5次および分配陣と魔方陣の推定個数が分かっている6次について魔方陣成立確率を計算してみると次のようになる．

次数 N	分配陣個数 S_b	配置替え数 D	魔方陣成立確率 P_n^2	補正係数 $(1/2)\alpha_2$	魔方陣個数 S_m(実数)
3	1.00	9	$(9.5238 \times 10^{-2})^2$ $= 9.0703 \times 10^{-3}$	1.2250×10^1	1
4	4.77×10^2	144	$(4.7253 \times 10^{-2})^2$ $= 2.2328 \times 10^{-3}$	5.7378×10^0	880
5	1.6085×10^8	3600	$(2.6238 \times 10^{-2})^2$ $= 6.8843 \times 10^{-4}$	6.9062×10^{-1}	2.7531×10^8
6	7.13×10^{17}	129600	$(1.6498 \times 10^{-2})^2$ $= 2.7218 \times 10^{-4}$	7.04×10^{-1}	1.77×10^{19}

　このように補正係数α_2の値が計算される．その値は次数Nが3，4，5と大きくなるにしたがって減少する比率が分配陣の成立補正係数α_1の値の場合と比較して少し大きいようであるが，基本的にはα_1の値の場合と同様であると考える．

[仮定3] 7次以上の補正係数α_2は一定値に収束する
$$(1/2)\alpha_2 = 0.70$$

N＝3，4，5，6に対する値のみでは(1／2)α_2の値のこれ以上の推定にはある種の危険性も存在するが，α_1の値の場合と同様に7次以上は(1／2)α_2＝0.70の値に収束するものと仮定することができる．今後N＝6，7，8あたりの分配陣と魔方陣の実数が確認されるようになればかなりの精度で(1／2)α_2の値が推定できるようになり，魔方陣の成立総数を推定することができるようになると思われる．

上記の結果から分配陣Ｓｂの推定値を用いて，魔方陣を次のように推定することができる．

表 9-6　各次の推定魔方陣個数

次数 N	推定分配陣個数 S_b ＝$S_k \alpha_1 P_N^{(2N-2)}$	未補正成立確率 DP_N^2	推定補正係数 (1／2)α_2	推定魔方陣個数 S_m ＝$DS_b \alpha_2 P_N^2$
3	1.0000	8.1633×10⁻²	1.2250×10¹	1.0000
4	4.7700×10²	3.2153×10⁻¹	5.7378×10⁰	8.8000×10²
5	1.6085×10⁸	2.4784×10⁰	6.9062×10⁻¹	2.7531×10⁸
6	7.13×10¹⁷	3.5275×10¹	7.04×10⁻¹	1.77×10¹⁹
7	5.85×10³¹	7.8879×10²	7.0×10⁻¹	3.23×10³⁴
8	2.06×10⁵⁰	2.5638×10⁴	〃	3.70×10⁵⁴
9	6.19×10⁷³	1.1432×10⁶	〃	4.96×10⁷⁹
10	2.85×10¹⁰²	6.7067×10⁷	〃	1.34×10¹¹⁰
11	3.21×10¹³¹	4.9890×10⁹	〃	1.12×10¹⁴¹
12	1.47×10¹⁷⁶	4.6151×10¹¹	〃	4.75×10¹⁸⁷
13	4.07×10²²¹	5.1912×10¹³	〃	1.48×10²³⁵
14	9.86×10²⁷²	6.9794×10¹⁵	〃	4.82×10²⁸⁸
15	2.93×10³³¹	1.1056×10¹⁸	〃	2.27×10³⁵⁰
16	1.47×10³⁹⁴	2.0385×10²⁰	〃	2.10×10⁴¹⁴
17	1.65×10⁴⁶⁴	4.3281×10²²	〃	5.03×10⁴⁸⁶

このように補正係数α_1とα_2を次々に推定し，仮定しなければならないが各次の分配陣と魔方陣を上記のように推定することができる．α_1＝1.33とα_2＝1.40の値について考察を補充したいものである．

従来のように正攻法で計数するだけでは6次以上の魔方陣の成立個数の計数は時間的に不可能であるが，本編のように統計的に処理する方法を導入することにより各次の分配陣と魔方陣の成立個数を推定することが可能である．

[筆者提案その24]　N次魔方陣の総数は上記の推定魔方陣個数をもって第2近似とする．

（2）汎魔方陣の成立確率の考え方

汎魔方陣の場合にも一般魔方陣の場合と同様に定義しておけばよい．ただし分配陣の行及び列の場合と同様に汎魔方陣の両対角のN列全体としても定和が成立しているという縛りの条件がある．また汎魔方陣の場合には分配陣の循環配置替えに対応する個数はまとめて１個の汎魔方陣として考えているので配置替え数は組替え配置替えのみで考えておけばよい．

このような特性を織り込んで汎魔方陣の成立個数S_pは

$$S_p = [D/N^2][S_b][\alpha_3 (P_N)^{(2N-2)}]$$

α_3は全体の対角の定和が成立する確率の補正係数である．このようにして汎魔方陣の成立確率の補正係数を推定することを進めていきたいと考えるのだが現在までの状況では汎魔方陣の成立個数が確定しているのは４次の場合の３個と，５次の場合の144個だけである．

更に前章の汎魔方陣と重複魔方陣の項で述べたように，単偶数次の場合には汎魔方陣は１個も成立しない．また複偶数の場合や素数以外の奇数の場合にも，素数次の場合に比較すると桂馬とびを基礎として成立する汎魔方陣の総数は極端に少なくなっているようである．これらは汎魔方陣の成立には成立確率だけでなく，別の配列の特性が絡んで干渉しあってくることによるものと考えられる．

従って，<u>５次以上の素数次数の場合にのみ成立確率どおりの汎魔方陣が成立しているものとして計数することを考えてみたい</u>．しかし７次以上の場合には桂馬とびによる汎魔方陣の成立個数は計数できるが，桂馬とび以外にも成立する多数の不規則汎魔方陣が存在する．７次の場合には桂馬とび汎魔方陣の約10^3倍の不規則汎魔方陣が成立することが文献（３）に示されている．11次以上の汎魔方陣の総数はいまだ見当もついていないようである．たいした根拠はないが11次の場合には10^9倍，13次の場合には10^{12}倍，17次の場合には10^{18}倍の不規則汎魔方陣が成立すると仮定して補正係数を計算すると次の一覧表のようになる．

表 9-7　　汎魔方陣S_p（予想数）

次数 N	分配陣個数 S_b	組替え配置替え D/N^2	成立確率 $(P_N)^{2N-2}$	補正係数 α_3	汎魔方陣 （実数）
4	4.77×10^2	9	1.1132×10^{-8}	6.2775×10^4	3
5	1.6085×10^8	1.44×10^2	2.2462×10^{-13}	2.7678×10^2	144
7	5.85×10^{31}	1.2960×10^5	3.6725×10^{-24}	2.80×10^{-5}	$7.78 \times 10^{(5+3)}$
11	3.21×10^{131}	3.2921×10^{12}	9.4975×10^{-50}	9.19×10^{-73}	$9.22 \times 10^{(13+9)}$
13	4.07×10^{221}	5.7361×10^{16}	5.5612×10^{-64}	1.99×10^{-145}	$2.58 \times 10^{(18+12)}$
17	1.65×10^{464}	1.0944×10^{26}	1.5121×10^{-94}	3.71×10^{-351}	$1.018 \times 10^{(28+18)}$

補正係数α_3は次数Nにしたがってどんどん小さくなっていく．補正係数α_1とα_2については６次および７次の辺りで定数になっていると仮定してきたが，α_3については傾向が異なっているのでこれらの値をどのように解釈していくか検討しなければならないし，これらの値から更

に大きいサイズの奇数次の場合の汎魔方陣の成立個数を推定していくことは，現段階ではとてもできそうにない．また複偶数次や素数次以外のN次の場合の汎魔方陣の成立個数を推定していくことはこの段階では皆目見当もついていない．

追記

第1章でふれたようにこの第9章の内容についてはドイツの Walter Trump のすばらしい文献[12]が存在した．これらは21世紀になってから2005年までの間に発表されたものであった．筆者は魔方陣の取り扱いを，まず分配陣を求め次に魔方陣の成立を求めていくという2段階の方法にまとめているが，Walter Trump の方法は魔方陣だけでなく3次元や4次元以上の立体魔方陣まで含んだものをまとめて取り扱っている．数学的に非常に広く，深い内容であり筆者の取り扱い方法や内容に欠けている点は次のようなものである．

（1）魔方陣の構成の特性は3次元や4次元以上の立体魔方陣まで含んだものをまとめて取り扱うことができる．
（2）筆者が10次までの定和成立個数しか計算出来なかったのに較べて，100次と言わず150次までの定和成立個数を100桁以上の精度で自由に計算できている．
（3）筆者が5次または6次以上の分配陣や魔方陣の補正係数は一定値に収束すると仮定しているのに較べて，6次以上の場合には魔方陣の次数の1次式で表わされることを導いており，20次までの魔方陣の精密な推定値を予想している．さらに10,000次までの魔方陣の成立個数をも推定している．
（4）単独行の定和成立個数の計算式や補正係数の数学的な計算式が開発されており，コンピュータによる計算と数式による計算が連動して，非常に高速に成立個数を推定できている．
（5）7次の汎魔方陣の成立個数は$1.21×10^{17}$個と予想され阿部楽方などが今日までに確認している不規則汎魔方陣の個数をはるかに超えるすさまじいまでの値である．

このようなレベルの取り扱いになると専門的な数学者の力に頼らなければならないが，遅々として進まなかった魔方陣の進歩が新たな一歩を踏み出したように感じている．

おわりに

　以上のように魔方陣の特性と構成法を20世紀までの集大成としてまとめることができる．従来の研究者によってはあまり注目されていなかった分野や特性が多々存在することを指摘することができ，そのような特性を取り入れていくと，魔方陣全体の取り扱いがうまくいくことが示されたものと考えている．

　特に従来の研究者によって断片的に示されている変換の手法などを統一的にまとめることができて非常に明快な取り扱いができるようになったものと考えている．そのようにまとめていくと，歴史的な魔方陣の構成方法を新しい切り口から取り扱うことができると共にその構成方法に隠されていた多くの性質がまるで手品の種明かしをするようにするすると解けていくことを示すことができた．

　しかし魔方陣の成立する特性をまとめていくと定義自体を変更することにもなり，従来のいろいろな研究者のまとめ方や業績を筆者の一存で勝手に修正したり，変更したりしているので，その点は非常に心苦しく思っている．

　今後の研究の大きな目標は汎魔方陣の検討になると考えている．一般魔方陣を最初から検討していく方法とともに，まず汎魔方陣の方を先に検討し，これの成立条件を次第に緩めて一般魔方陣を誘導する方法がもう一つの方法として大きなウエイトを占めているものと確信する．そのためにも不規則汎魔方陣の検討を進めなければならない．

　筆者が魔方陣にのめりこんだそもそもの原点である百人一首に秘められた10次魔方陣の特徴についても第1段階の手がかりだけは得ている．今後はこれについてもさらに考察を進めることができればという希望だけはもっている．

　最後に筆者が本編を書き進めるために読ませていただいた参考文献の著者の皆様には御礼申し上げます．特に文献（3）から多くの歴史的な魔方陣を引用させていただきました．また本編を書き上げる途中で1年間岡山大学の科目等履修生となり，基礎的な知識の一端にふれることができました．そして学生の実習用のコンピュータも利用させていただきました．本当にありがとうございました．

［参考文献］
（1） 太田　明著
　　　 百人一首の魔方陣
　　　 「藤原定家が仕組んだ古今伝授の謎をとく」
　　　 徳間書店出版（1997年）
（2） フランク・B・ギブニー編
　　　 ブリタニカ国際大百科事典　18　魔方陣
　　　 ㈱ティービーエス・ブリタニカ（1975年）
（3） 平山　諦　阿部　楽方著
　　　 方陣の研究
　　　 大阪教育図書（株）出版（昭和58(1983)年）
（4） 大森　清美著
　　　 新編　魔方陣
　　　 富山書房出版（1992年）
（5） 内田　伏一著
　　　 魔方陣にみる数のしくみ
　　　 　　－汎魔方陣への誘い－
　　　 日本評論社出版（2004年）
（6） 高木　貞治著
　　　 数学小景
　　　 岩波書店出版（1981年改版）
（7） 佐藤　肇　一楽　重雄著
　　　 新版　幾何の魔術
　　　 　　魔方陣から現代数学へ
　　　 日本評論社出版（2004年）
（8） 不規則完全魔方陣
　　　 http://members2.jcom.home.ne.jp/mahojin2/sub4.htm
（9） 摂田　寛二
　　　 魔法陣の研究
　　　 http://homepage2.nifty.com/KanjiSetsuda/pages/MSindex.html
（10） 加納　敏著
　　　 数の遊び　魔方陣・図形陣の作り方
　　　 富山書房出版（1980年）
（11） C. A. Grogono
　　　 Grogono Magic Squares
　　　 http://www.grogono.com/magic/
（12） Walter Trump
　　　 Notes on Magic Squares and Cubes
　　　 http://www.trump.de/magic-squares/

【著者略歴】

松島省二（まつしま・しょうじ）

1941年岡山市生まれ。岡山大学理学部物理学科卒業。新日本電気株式会社（現関西日本電気株式会社）入社。大津工場に勤務、電子管の製造開発に従事。75年に岡山に戻り新和建材株式会社に入社。金属系建材の販売及び施工工事に従事。94年から魔法陣に興味を持ち、趣味として調査を始める。2003年に新和建材を定年退職。以後嘱託勤務の傍ら魔法陣の調査に取り組む。2005年4月に岡山大学理学部の科目等履修生となり1年間在籍。
岡山市在住。

魔 方 陣

作り方の魔術とその種明かし

2007年2月28日　初版第1刷発行

著　者　松 島 省 二
発行者　山 川 隆 之
発　行　吉 備 人 出 版
　　　　〒700-0823 岡山市丸の内2丁目11-22
　　　　TEL086-235-3456　FAX086-234-3210
　　　　ホームページ　http://www.kibito.co.jp
　　　　Eメール　mail：books@kibito.co.jp
印　刷　広 和 印 刷 株 式 会 社
製　本　有限会社岡山みどり製本

©2007 SHOJI Matsushima, Printed in Japan
乱丁本、落丁本はお取り替えいたします。
ご面倒ですが小社までご返送ください。
定価はカバーに表示しています。
ISBN978-4-86069-156-1　C0041